DEUTSCHE AKADEMIE DER WISSENSCHAFTEN ZU BERLIN

Veröffentlichungen des Geodätischen Institutes in Potsdam

Nr. 1

# FEHLERTHEORIE UND AUSGLEICHUNG VON RAUTENKETTEN

## IN DER NADIRTRIANGULATION

VON

KARL REICHENEDER
GEODÄTISCHES INSTITUT
POTSDAM

1949

AKADEMIE-VERLAG · BERLIN

Erschienen im Akademie-Verlag GmbH., Berlin NW 7, Schiffbauerdamm 19
Lizenz-Nr. 156 · 1289/47 — 4281/47
Gedruckt in der Buchdruckerei F. Mitzlaff, Rudolstadt i. Thür.
Bestell- und Verlags-Nr. 2016/1
Preis: 11,— DM

Das Geodätische Institut Potsdam ist im November 1946 der Deutschen Akademie der Wissenschaften zu Berlin angegliedert worden. Dieses bedeutsame Ereignis in der Geschichte des Institutes rechtfertigt eine Änderung der Namengebung der Institutsveröffentlichungen. Die Reihe dieser Veröffentlichungen, die zuletzt bis zum Zeitpunkt der Angliederung an die Akademie der Wissenschaften den Namen „Veröffentlichung des Geodätischen Institutes Potsdam, Neue Folge" trug, wird jetzt unter der Bezeichnung

Deutsche Akademie der Wissenschaften zu Berlin
Veröffentlichungen des Geodätischen Institutes in Potsdam

fortgesetzt, deren erstes Heft hiermit der Fachwelt vorgelegt wird.

Möchte die neue Reihe der Institutsveröffentlichungen zu ihrem Teil mit dazu beitragen, der deutschen Wissenschaft wieder die Achtung aller Völker zu erringen und damit der wahren Verständigung der Völker untereinander zu dienen.

F. MÜHLIG
Komm. Direktor

# Inhalt


Seite

Einleitung . . . . . . . . . . VII

I. Grundlagen . . . . . . . . . . 1
1. Richtungs- und Winkelmessung . . . . . . . . . . 1
2. Zur Ausgleichung der Beobachtungen . . . . . . . . . . 2
a) Vermittelnde Beobachtungen . . . . . . . . . . 2
b) Bedingte Beobachtungen . . . . . . . . . . 6
3. Das Gewicht einer Funktion der Beobachtungen . . . . . . . . . . 7
4. Allgemeine Bemerkungen . . . . . . . . . . 10

II. Beziehungen in der Rautenkette . . . . . . . . . . 10
1. Die Bedingungen in einer Raute . . . . . . . . . . 10
2. Richtungs- und Längenübertragung . . . . . . . . . . 12
3. Einführung von Koordinaten . . . . . . . . . . 13
4. Anschluß an zwei Festpunkte . . . . . . . . . . 15

III. Genauigkeitsverhältnisse . . . . . . . . . . 16
1. Entwicklung nach den Beobachtungselementen . . . . . . . . . . 16
a) Einführung der Rautennumerierung . . . . . . . . . . 16
b) Entwicklung nach Winkelelementen . . . . . . . . . . 17
c) Entwicklung nach Richtungselementen . . . . . . . . . . 18
2. Mittlerer Koordinatenfehler . . . . . . . . . . 20
a) Übertragungsfehler, Fehler der Festpunkte . . . . . . . . . . 20
b) Koordinatenfehler bei Winkelmessung . . . . . . . . . . 21
c) Koordinatenfehler bei Richtungsmessung . . . . . . . . . . 21

IV. Strenge Ausgleichung von Winkelbeobachtungen . . . . . . . . . . 23

V. Strenge Ausgleichung von Richtungsbeobachtungen . . . . . . . . . . 25
1. Aufstellung der Normalgleichungen und Ansatz zur Lösung . . . . . . . . . . 25
2. Die Funktionen $U_i$ und $V_i$ . . . . . . . . . . 27
a) Definition und allgemeine Bemerkungen . . . . . . . . . . 27
b) Die wichtigsten Eigenschaften . . . . . . . . . . 27
c) Summenformeln und Grenzwerte . . . . . . . . . . 30
3. Die Berechnung von $\Gamma_{i,k}$ und $X_{i,k}$ . . . . . . . . . . 32
a) Die Gewichtskoeffizienten $\Gamma_{i,k}$ . . . . . . . . . . 32
b) Die zugehörigen Funktionen $X_{i,k}$ . . . . . . . . . . 33
c) Die unendliche Kette . . . . . . . . . . 40
4. Die Koordinatenfehler nach der Ausgleichung . . . . . . . . . . 47
5. Weitere Ausführungen zur Richtungsmessung . . . . . . . . . . 51
a) Zahlenbeispiel . . . . . . . . . . 51
b) Einführung der Funktion $K_P(b, c, d)$ . . . . . . . . . . 51
c) Über die Anordnung der Richtungsmessung . . . . . . . . . . 52

VI. Das Gewicht von Seitenlängen . . . . . . . . . . 56
1. Entwicklung von $L$ nach den Beobachtungselementen . . . . . . . . . . 56
2. Mittlerer Fehler von $L$ . . . . . . . . . . 57
3. Schlußseite und Kettenlänge . . . . . . . . . . 59

Seite

VII. Basismessungen . . . 61
1. Allgemeines . . . 61
2. Die Basisbedingung . . . 61
3. Einfluß auf das Ergebnis . . . 63
a) Bei Ausgleichung von Winkelbeobachtungen . . . 63
b) Bei Ausgleichung von Richtungsbeobachtungen . . . 63

VIII. Anschluß der Nadirkette . . . 65
1. Allgemeine Anschlußmethoden . . . 65
2. Die Helmert-Transformation . . . 65
a) Praktische Ausführung . . . 65
b) Fehlerbetrachtung . . . 67
c) Beispiel . . . 68
3. Übertragung der Festpunkte . . . 69

IX. Behandlung nichtquadratischer Rauten . . . 69
1. Ausgleichung von Winkelbeobachtungen . . . 69
2. Ausgleichung von Richtungsbeobachtungen . . . 70
3. Praktisches Beispiel, Annäherung durch sukzessive Approximation . . . 73

Fehler-Tabellen . . . 81

Schrifttum . . . 97

# Einleitung

Es ist kein Zufall, daß die Fehlertheorie und die damit aufs engste verknüpfte Ausgleichung von Beobachtungen in der Geodäsie ihre stärkste Belebung erfahren haben; denn gerade im Vermessungswesen, wo täglich eine Unzahl von Beobachtungen ausgeführt werden, ist es sehr wichtig, diese nach günstigsten Gesichtspunkten anzusetzen und ihre Auswertung planvoll zu lenken. Die Richtlinien hierfür werden auf Grund fehlertheoretischer Untersuchungen aufgestellt, deren praktische und wirtschaftliche Bedeutung daher nicht hoch genug eingeschätzt werden kann.

Den Gegenstand der folgenden Abhandlung bildet die einfache Rautenkette in jener mit der Nadirtriangulation zum erstenmal aufgetauchten Form (s. z. B. Abb. 11). Bekanntlich ist hierzu eine Reihe sich überdeckender, möglichst senkrechter Aufnahmen erforderlich. Die jeweils im Nadir-, Haupt- oder Fokalpunkt (Mittelpunkt jeder Raute) entnommenen Winkel bzw. Richtungen bilden dann die Messungsgrundlage für die aufzubauende Triangulation. Selbstverständlich darf unter solchen Voraussetzungen bei weitem nicht jene Genauigkeit erwartet werden, wie sie jedem Geodäten von der üblichen Landestriangulation her heilig ist; dafür löst die Nadir- oder, wie man besser allgemein sagt, die Radialtriangulation die an sie gestellten Aufgaben wesentlich schneller und daher billiger.

Freilich wurde sie in ihrer Bedeutung, einen als Vermessungsgrundlage dienenden Rahmen zu schaffen, durch die Konstruktion sinnvoller Geräte stark zurückgedrängt, welche auf graphischem Wege dasselbe, ja weit mehr leisten, und insofern als die Karte das Endziel der Luftphotogrammetrie darstellt, besteht ja auch kein Anlaß zu einer Überbietung der Zeichengenauigkeit. Diese optisch-mechanischen Verfahren der Aerotriangulation vermögen den ganzen überdeckten Bildinhalt voll auszuschöpfen, während die Radialtriangulation begreiflicherweise nur einzelne markante Punkte benutzen kann. Andererseits ist die letzte ziemlich frei von Gerätefehlern und einer fehlertheoretischen Behandlung leichter zugänglich; ja, man wird immer darauf zurückgreifen müssen, wenn man über die zu erwartende Genauigkeit einer geplanten Bildtriangulation eine Aussage machen will.

Die grundlegenden Arbeiten S. Finsterwalders über die Fehlerfortpflanzung in gestreckten Dreiecksketten [20] sind zu einer qualitativen Beurteilung der Genauigkeit in Rautenketten vorzüglich geeignet, sie lassen jedoch eine genaue Fehlerberechnung nur dann zu, wenn der mittlere Fehler der Maßstabs- bzw. Richtungsübertragung bekannt ist. Bei den optisch-mechanischen Auswerteverfahren kann man die Beobachtungsunterlagen quantitativ schlecht erfassen; der „Modellanschlußfehler" läßt sich nur empirisch aus der Übereinstimmung an Kontrollpunkten ableiten. Die Frage nach der Ursache des Abschlußfehlers und seine günstigste Verteilung auf die übrigen Punkte bilden daher den wesentlichen Inhalt und das Ziel der fehlertheoretischen Plaudereien des Praktikers. Demgegenüber geht der Theoretiker vom mittleren Fehler eines beobachteten Winkels bzw. einer Richtung aus, er bestimmt analytisch den zu erwartenden Fehler in den einzelnen Punkten der Nadirkette, und seine Untersuchungen tragen den Stempel einer strengen Gewichtsbestimmung im geodätischen Sinne.

Durch den erfolgreichen und raschen Aufschwung, welchen der Gerätebau in der Aerotriangulation genommen hat, ist er etwas im Schatten zurückgeblieben. Nur so ist es zu verstehen, daß bis heute fast keine der bei der Nadirtriangulation auftretenden Genauigkeitsfragen eine strenge Lösung gefunden hat. Auch die von Buchholtz [21] durchgeführte exakte Fehlerbestimmung für die ausgeglichene Rautenkette hat im Hinblick auf die geringe Rolle, welche die Winkel- gegenüber der Richtungsbeobachtung spielt, nur einen beschränkten praktischen Wert.

Es ist das Ziel der vorliegenden Arbeit, die hier noch klaffende Lücke zu schließen und damit jene feste Unterlage zu schaffen, welche zur Beurteilung der Genauigkeit und des Anwendungsbereichs einer Methode unerläßlich sind. Ich gehe dabei vom mittleren Fehler $\mu$ einer gemessenen Richtung aus, aber ohne mich auf die Genauigkeit von $\mu$ selbst weiter einzulassen, da die Fragen der Reduktionen wegen Neigung, Höhenunterschiede im Gelände u. dgl. in der Literatur [9], [13], [14], [17] bereits reichen Niederschlag gefunden haben. Bei meinen Entwicklungen bediente ich mich vielfach einer für die theoretische Behandlung von Ausgleichungsaufgaben besonders geeigneten abkürzenden Bezeichnung [40], [41]. Ihre Vorteile treten z. B. schon im IV. Kapitel recht deutlich hervor, wenn man damit die schwerfälligen Ableitungen von Buchholtz [21] vergleicht, und die Behandlung der Richtungsausgleichung im V. Kapitel ist ohne diesen „Indizes-Kalkül" kaum denkbar.

Nach einer kurzen Auseinandersetzung mit den fehlertheoretischen und ausgleichungstechnischen Voraussetzungen im I. Kapitel und nach Entwicklung der für Gewichtsbestimmungen grundlegenden Formeln werden im II. Kapitel die Beziehungen innerhalb der Rautenkette abgeleitet und die Genauigkeitsverhältnisse vor der Ausgleichung im III. Kapitel dargestellt. Obwohl der Winkelbeobachtung nur eine untergeordnete praktische Bedeutung zukommt, wird sie immer neben der Richtungsmessung behandelt. Die Untersuchung verschiedener Gewichte für die Richtungen nach den Nadir- und Hilfspunkten führt auf die Möglichkeit Längs- und Querfehler einander anzugleichen (optimale Richtungsbeobachtung) und eröffnet gleichzeitig gewisse Rückschlüsse auf die Genauigkeit des optisch-mechanisch durchgeführten Folgebildanschlusses (Kap. V, 5 c). Zur Lösung der Gewichtsgleichungen werden in Kapitel V die Lucasschen Funktionen U und V herangezogen. Wegen ihrer großen Bedeutung für die weiteren Entwicklungen, insbesondere für die Darstellung der Gewichtskoeffizienten $\Gamma_{i,k}$ und der für die Fehlerberechnung ebenso wichtigen zugeordneten Koeffizienten $X_{i,k}$ hielt ich es für geboten, ihre wichtigsten Eigenschaften abzuleiten. Im Hinblick auf die einseitig und beiderseits ins Unendliche gehenden Kette, welche ich in den Rahmen meiner Ausführungen einbeziehe, ist es unerläßlich, einige Grenzwerte zu betrachten. Der praktische Rechner wird die Tabellen für $\Gamma_{i,k}$ (Korrelatentabellen) und $X_{i,k}$ begrüßen. Das VI. Kapitel ist dem Gewicht von Seitenlängen gewidmet, wobei insbesondere die Gesamtlänge der Rautenkette und die Schlußseite in der sog. freien Kette Interesse beanspruchen. Im nächsten Kapitel kommen die Basismessungen zur Sprache, und das VIII. Kapitel befaßt sich kurz mit dem Anschluß der Nadirkette, vor allem mit der Anwendung der Helmert-Transformation. Auf die meines Wissens hierfür zum erstenmal durchgeführte strenge Fehlerbetrachtung sei besonders hingewiesen. Schließlich behandelt das letzte Kapitel nichtschematische Ketten und beantwortet damit auch die Frage nach der günstigsten Form der Rauten. An einem praktischen Beispiel wird gleichzeitig das Verfahren der sukzessiven Approximation demonstriert; wie bei allen Rechnungen im Verlaufe dieser Arbeit, so legte ich gerade auch hier großen Wert auf eine schematische Abwicklung, wie sie im Vermessungswesen gern gesehen wird. Ich hoffe dadurch auch manche Bedenken abzudämmen, welche häufig gegen die Anwendung der strengen Ausgleichung erhoben werden.

Mit Rücksicht auf den Praktiker, welcher in erster Linie aus meinen Untersuchungen Nutzen ziehen wird, habe ich auch die umfangreichen Fehlertabellen berechnet; aber auch für den nicht-photogrammetrisch arbeitenden Geodäten bilden diese Zeilen eine wertvolle Studie, nicht zuletzt wegen der vom üblichen Rahmen abweichenden Behandlung des Stoffes. Der reine Mathematiker wird ebenfalls auf seine Kosten kommen und vor allem im V. Kapitel manche reizvolle, neuartige und anregende Stelle finden.

Beim Aufstellen der Tabellen hat mich der Rechner Herr Herrmann, bei der Reinschrift des Manuskriptes meine Frau Gertrud und beim Lesen der Korrekturen Fräulein Rahmsdorf unterstützt. Ihnen allen sei an dieser Stelle Dank gesagt, nicht zuletzt auch dem Verlag für sein ständiges Entgegenkommen und der Druckerei Mitzlaff für die vorzügliche Herstellung des oft schwierigen Satzes.

Potsdam, im Januar 1949

KARL REICHENEDER

# I. Grundlagen

## 1. Richtungs- und Winkelmessung

Jede fehlertheoretische Untersuchung muß sich zunächst über das Wesen der Beobachtungselemente Klarheit verschaffen, d. h. jener Größen, welche als die Träger von Fehlern eingeführt werden. Es braucht sich dabei durchaus nicht um unmittelbar beobachtete Größen zu handeln, auch sog. fingierte Beobachtungen können dem gleichen Zweck dienen; wesentlich ist jedoch, daß diese Beobachtungselemente als voneinander völlig unabhängig angesehen werden können.

Zur Herstellung einer einfachen Rautenkette sind bei der Radialtriangulation auf jeder Aufnahme außer dem Plattenmittelpunkt — Haupt-, Fokal- oder Nadirpunkt [15] — acht Punkte festzulegen, nämlich die Nadire der vorangegangenen und der folgenden Aufnahme, sowie je drei Hilfspunkte H auf jeder Seite der Flugrichtung. Am genauesten und einfachsten ermittelt man die Richtungen nach diesen Punkten mit dem Radialtriangulator; man kann auch die Plattenkoordinaten ausmessen und die Richtungen daraus rechnen; für grobe Verfahren genügt bei eingezeichneten Richtungen die Benutzung eines aufgelegten Vollkreiswinkelmessers.

In jedem Fall erhält man einen vollständigen Richtungssatz (Abb. 1a), sofern während eines einmaligen Durchmessens keine Orientierungsänderung vorgenommen wird. Eine solche würde zu sog. unvollständigen Richtungssätzen führen, welche, da überflüssig, außerhalb unserer Betrachtungen bleiben.

Die Eigenart des Rautenaufbaus der Radialtriangulation erfordert die Bestimmung der in Abb. 1b eingezeichneten Winkel. Die Richtungsmessung läßt sich nun auch so anordnen, daß

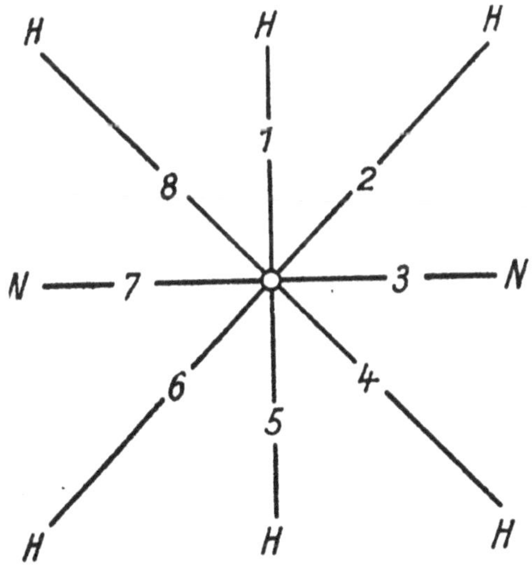

Abb. 1a. Richtungs-Messung

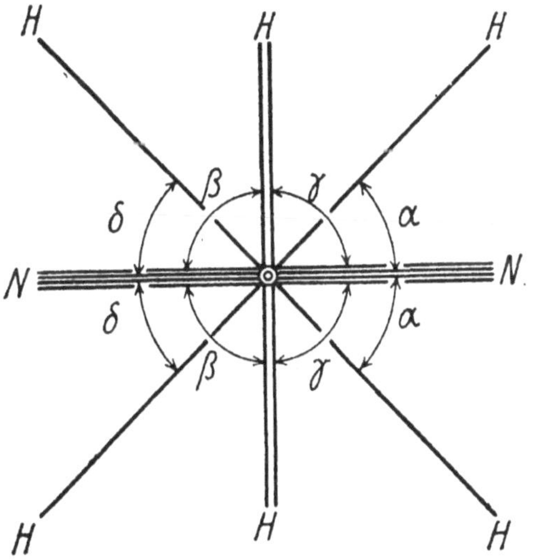

Abb. 1b. Winkel-Messung

diese Winkel als fingierte Beobachtungselemente eingeführt werden können. Um ihre Unabhängigkeit zu gewährleisten, darf keine beobachtete Richtung gleichzeitig für zwei verschiedene Winkel benutzt werden. Praktisch läuft dies also darauf hinaus, daß die Richtungen nach den Nadiren je viermal, jene nach den Hilfspunkten je zwei- bzw. einmal zu messen sind.

Diese Mehrarbeit bringt jedoch keine Genauigkeitssteigerung mit sich (s. die Fehlertabellen). Die Winkelmessung hat daher für die Nadirtriangulation keine praktische Bedeutung, noch dazu, wo alle Gründe, welche bei der Triangulation I. Ordnung dafür sprechen [4, S. 489], hier wegfallen.

Auch die einfache Ausgleichung der Rautenkette bei Winkelmessung rechtfertigt sie nicht, ist aber wohl der Anlaß gewesen, sie den ersten strengen Fehlerrechnungen zugrunde zu legen [21]. Nur um den Anschluß daran zu gewinnen und der Vollständigkeit halber werden sie auch hier kurz behandelt.

Ich möchte noch bemerken, daß man auch die 8 Winkel zwischen je zwei aufeinanderfolgenden Richtungen in Abb. 1a als fingierte Beobachtungselemente einführen könnte, was auf eine Doppelbeobachtung jeder Richtung hinausliefe, da die Winkel ja unabhängig voneinander sein sollen. Es ist von vornherein klar, daß diese Auffassung der Winkelmessung zu denselben Ergebnissen führen muß wie eine Richtungsbeobachtung von doppeltem Gewicht. Ich selbst gehe daher auch nicht näher darauf ein, zumal diese Auffassung nicht in der Literatur über Nadirtriangulation üblich ist.

Eine Winkelbeobachtung als wirkliche physikalische Operation gibt es überhaupt nicht; das Primäre sind immer Richtungsmessungen, vgl. [24, § 82, S. 313].

Im folgenden sei $\mu$ der mittlere Fehler einer einmal beobachteten Richtung, entsprechend $\mu\sqrt{2}$ jener eines einmal beobachteten Winkels, und zwar werde $\mu$, wie im Vermessungswesen üblich, im (alten oder neuen) Gradmaß angegeben. Beim Übergang zum analytischen Maß, z. B. für die Berechnung der Koordinatenfehler (s. III, 2 b) muß dann durch $\varrho$ ($= 3437',75 = 6366^c,20$) dividiert werden.

Wir betrachten die Richtungsmessung unter dem allgemeinen Gesichtspunkt, daß die Richtungen nach den Nadiren und Hilfspunkten ungleiches Gewicht haben. Im Gegensatz zu der bei Winkelmessung (Abb. 1b) kennengelernten Anordnung wird sich herausstellen, daß gerade eine Häufung der Hilfspunkt- gegenüber den Nadirbeobachtungen für die Punktgenauigkeit günstiger ist. Es sei jedoch nachdrücklich darauf hingewiesen, daß man durch mehrfaches Ausmessen der Filme die Genauigkeit nur so lange steigern kann, bis man in den Bereich der durch die Aufnahmeverhältnisse (ungenügend bekannte Neigung, Höhenunterschiede im Gelände) bedingten Fehler gelangt.

## 2. Zur Ausgleichung der Beobachtungen

### *a) Vermittelnde Beobachtungen*

Da wir uns auch mit der strengen Ausgleichung der Rautenkette beschäftigen müssen, soll zunächst ein kurzer Blick über den einzuschlagenden Weg geworfen werden.

Dem Vermessungsfachmann ist die Ausgleichung vermittelnder Beobachtungen, bei welcher neben den Orientierungsunbekannten $z$ der Richtungssätze die Koordinaten $x$, $y$ aller neu einzuschaltenden Punkte zu bestimmen sind, im allgemeinen vertrauter. Das Verfahren ist sehr durchsichtig, schematisch abzuwickeln und wird der tatsächlichen Rautenform und den Anschlußbedingungen in aller Strenge gerecht. Freilich, die Zahl der Unbekannten und damit die Rechenarbeit schwellen schon bei mäßiger Kettenlänge ins Unermeßliche an, treten doch mit jeder Raute gleichzeitig die Koordinaten zweier Hilfspunkte und eines Nadirs, also einschließlich der Orientierungsgröße sieben neue Unbekannte hinzu. Die strenge Durchführung des Verfahrens ist also praktisch völlig aussichtslos; auch an eine schrittweise Annäherung unter Ausnutzung des losen Zusammenhangs nicht direkt benachbarter Rauten ist kaum zu denken.

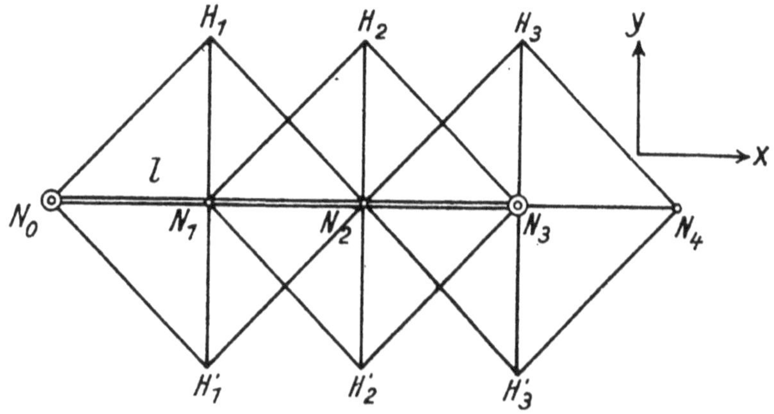

Abb. 2

Gewissermaßen als abschreckendes Beispiel habe ich für eine aus nur drei Rauten bestehende Kette, bei welcher die Nadire $N_0$ und $N_3$ als Festpunkte gelten (s. Abb. 2), die Rechnung durch-

Tabelle 1a. Koeffizienten der Fehlergleichungen

| | $N_0$ | $H_1$ | | $N_1$ | | | $H'_1$ | | $H_2$ | | $N_2$ | | | $H'_2$ | | $H_3$ | | $N_3$ | $H'_3$ | | $N_4$ | | | $S$ |
|---|---|---|---|---|---|---|---|---|---|---|---|---|---|---|---|---|---|---|---|---|---|---|---|---|
| | $z$ | $y$ | $x$ | $y$ | $x$ | $z$ | $y$ | $x$ | $y$ | $x$ | $y$ | $x$ | $z$ | $y$ | $x$ | $y$ | $x$ | $z$ | $y$ | $x$ | $y$ | $x$ | $z$ | |
| $N_0-H_1$ | +1 | −1 | +1 | | | | | | | | | | | | | | | | | | | | | +1 |
| $-N_1$ | +1 | | | −2 | | | | | | | | | | | | | | | | | | | | −1 |
| $-H'_1$ | +1 | | | | | | −1 | −1 | | | | | | | | | | | | | | | | −1 |
| $N_1-N_0$ | | | | −2 | | +1 | | | | | | | | | | | | | | | | | | −1 |
| $-H_1$ | | | +2 | | −2 | +1 | | | | | | | | | | | | | | | | | | +1 |
| $-H_2$ | | | | +1 | −1 | +1 | | | −1 | +1 | | | | | | | | | | | | | | +1 |
| $-N_2$ | | | | +2 | | +1 | | | | | −2 | | | | | | | | | | | | | +1 |
| $-H'_2$ | | | | +1 | +1 | +1 | | | | | | | | −1 | −1 | | | | | | | | | +1 |
| $-H'_1$ | | | | | +2 | +1 | | −2 | | | | | | | | | | | | | | | | +1 |
| $N_2-N_1$ | | | | +2 | | | | | | | −2 | | +1 | | | | | | | | | | | +1 |
| $-H_1$ | | +1 | +1 | | | | | | | | −1 | −1 | +1 | | | | | | | | | | | +1 |
| $-H_2$ | | | | | | | | | | +2 | | −2 | +1 | | | | | | | | | | | +1 |
| $-H_3$ | | | | | | | | | | | +1 | −1 | +1 | | | −1 | +1 | | | | | | | +1 |
| $-N_3$ | | | | | | | | | | | +2 | | +1 | | | | | | | | | | | +3 |
| $-H'_3$ | | | | | | | | | | | +1 | +1 | +1 | | | | | −1 | −1 | | | | | +1 |
| $-H'_2$ | | | | | | | | | | | | +2 | +1 | | −2 | | | | | | | | | +1 |
| $-H'_1$ | | | | | | | +1 | −1 | | | −1 | +1 | +1 | | | | | | | | | | | +1 |
| $N_3-N_2$ | | | | | | | | | | | +2 | | | | | | | +1 | | | | | | +3 |
| $-H_2$ | | | | | | | | | +1 | +1 | | | | | | | | +1 | | | | | | +3 |
| $-H_3$ | | | | | | | | | | | | | | | | | +2 | +1 | | | | | | +3 |
| $-N_4$ | | | | | | | | | | | | | | | | | | +1 | | | −2 | | | −1 |
| $-H'_3$ | | | | | | | | | | | | | | | | | | +1 | | −2 | | | | −1 |
| $-H'_2$ | | | | | | | | | | | | | | +1 | −1 | | | +1 | | | | | | +1 |
| $N_4-N_3$ | | | | | | | | | | | | | | | | | | | | | −2 | | +1 | −1 |
| $-H_3$ | | | | | | | | | | | | | | | | +1 | +1 | | | | −1 | −1 | +1 | +1 |
| $-H'_3$ | | | | | | | | | | | | | | | | | | | +1 | −1 | −1 | +1 | +1 | +1 |

Tabelle 1b. Koeffizienten der Normalgleichungen

| | | $H_1$ | | $H'_1$ | | $H_2$ | | $H'_2$ | | $H_3$ | | $H'_3$ | | $N_0$ | $N_1$ | $N_2$ | $N_3$ | $N_4$ | $N_1$ | | $N_2$ | | $N_4$ | | $S$ |
|---|---|---|---|---|---|---|---|---|---|---|---|---|---|---|---|---|---|---|---|---|---|---|---|---|---|
| | | $y$ | $x$ | $y$ | $x$ | $y$ | $x$ | $y$ | $x$ | $y$ | $x$ | $y$ | $x$ | $z$ | $z$ | $z$ | $z$ | $z$ | $y$ | $x$ | $y$ | $x$ | $y$ | $x$ | |
| $H_1$ | $y$ | +2 | | | | | | | | | | | | −1 | | +1 | | | | | −1 | −1 | | | 0 |
| | $x$ | | +6 | | | | | | | | | | | +1 | +2 | +1 | | | | −4 | −1 | −1 | | | + 4 |
| $H'_1$ | $y$ | | | +2 | | | | | | | | | | −1 | | +1 | | | | | −1 | +1 | | | + 2 |
| | $x$ | | | | +6 | | | | | | | | | −1 | −2 | −1 | | | | −4 | +1 | −1 | | | − 2 |
| $H_2$ | $y$ | | | | | +2 | | | | | | | | | −1 | | +1 | | −1 | +1 | | | | | + 2 |
| | $x$ | | | | | | +6 | | | | | | | | +1 | +2 | +1 | | +1 | −1 | | −4 | | | + 6 |
| $H'_2$ | $y$ | | | | | | | +2 | | | | | | | −1 | | +1 | | −1 | −1 | | | | | 0 |
| | $x$ | | | | | | | | +6 | | | | | | −1 | −2 | −1 | | −1 | −1 | | −4 | | | − 4 |
| $H_3$ | $y$ | | | | | | | | | +2 | | | | | | −1 | | +1 | | | −1 | +1 | −1 | −1 | 0 |
| | $x$ | | | | | | | | | | +6 | | | | | +1 | +2 | +1 | | | +1 | −1 | −1 | −1 | + 8 |
| $H'_3$ | $y$ | | | | | | | | | | | +2 | | | | −1 | | +1 | | | −1 | −1 | −1 | +1 | 0 |
| | $x$ | | | | | | | | | | | | +6 | | | −1 | −2 | −1 | | | −1 | −1 | +1 | −1 | 0 |
| $N_0$ | $z$ | −1 | +1 | −1 | −1 | | | | | | | | | +3 | | | | | −2 | | | | | | − 1 |
| $N_1$ | $z$ | | +2 | | −2 | −1 | +1 | −1 | −1 | | | | | | +6 | | | | +2 | | −2 | | | | + 4 |
| $N_2$ | $z$ | +1 | +1 | +1 | −1 | | +2 | | −2 | −1 | +1 | −1 | −1 | | | +8 | | | +2 | | | | | | +10 |
| $N_3$ | $z$ | | | | | +1 | +1 | +1 | −1 | | +2 | | −2 | | | | +6 | | | | +2 | | −2 | | + 8 |
| $N_4$ | $z$ | | | | | | | | | +1 | +1 | +1 | −1 | | | | | +3 | | | | | −4 | | + 1 |
| $N_1$ | $y$ | | | | | −1 | +1 | −1 | −1 | | | | | −2 | +2 | +2 | | | +18 | | −8 | | | | +10 |
| | $x$ | | −4 | | −4 | +1 | −1 | −1 | −1 | | | | | | | | | | | +10 | | | | | 0 |
| $N_2$ | $y$ | −1 | −1 | −1 | +1 | | | | | −1 | +1 | −1 | −1 | | −2 | | +2 | | −8 | | +20 | | | | + 8 |
| | $x$ | −1 | −1 | +1 | −1 | | −4 | | −4 | +1 | −1 | −1 | −1 | | | | | | | | | +12 | | | 0 |
| $N_4$ | $y$ | | | | | | | | | −1 | −1 | −1 | +1 | | | | −2 | −4 | | | | | +10 | | + 2 |
| | $x$ | | | | | | | | | −1 | −1 | +1 | −1 | | | | | | | | | | | +2 | 0 |

| a | | $H_1$ | | $H'_1$ | | $H_2$ | | $H'_2$ | | $H_3$ | | $H'_3$ | | $N_0$ | $N_1$ | $N_2$ | $N_3$ | $N_4$ | $N_1$ | |
|---|---|---|---|---|---|---|---|---|---|---|---|---|---|---|---|---|---|---|---|---|
| | | $y$ | $x$ | $y$ | $x$ | $y$ | $x$ | $y$ | $x$ | $y$ | $x$ | $y$ | $x$ | $z$ | $z$ | $z$ | $z$ | $z$ | $y$ | $x$ |
| $H_1$ | $y$ | +1 / +2 | 0 | 0 | 0 | 0 | 0 | 0 | 0 | 0 | 0 | 0 | 0 | −0.50000 | 0 | +0.50000 | 0 | 0 | 0 | 0 |
| | $x$ | 0 | +1 / +6 | 0 | 0 | 0 | 0 | 0 | 0 | 0 | 0 | 0 | 0 | +0.16667 | +0.33333 | +0.16667 | 0 | 0 | 0 | −0.66667 |
| $H'_1$ | $y$ | 0 | 0 | +1 / +2 | 0 | 0 | 0 | 0 | 0 | 0 | 0 | 0 | 0 | −0.50000 | 0 | +0.50000 | 0 | 0 | 0 | 0 |
| | $x$ | 0 | 0 | 0 | +1 / +6 | 0 | 0 | 0 | 0 | 0 | 0 | 0 | 0 | −0.16667 | −0.33333 | −0.16667 | 0 | 0 | 0 | −0.66667 |
| $H_2$ | $y$ | 0 | 0 | 0 | 0 | +1 / +2 | 0 | 0 | 0 | 0 | 0 | 0 | 0 | 0 | −0.50000 | 0 | +0.50000 | 0 | −0.50000 | +0.50000 |
| | $x$ | 0 | 0 | 0 | 0 | 0 | +1 / +6 | 0 | 0 | 0 | 0 | 0 | 0 | 0 | +0.16667 | +0.33333 | +0.16667 | 0 | +0.16667 | −0.16667 |
| $H'_2$ | $y$ | 0 | 0 | 0 | 0 | 0 | 0 | +1 / +2 | 0 | 0 | 0 | 0 | 0 | 0 | −0.50000 | 0 | +0.50000 | 0 | −0.50000 | −0.50000 |
| | $x$ | 0 | 0 | 0 | 0 | 0 | 0 | 0 | +1 / +6 | 0 | 0 | 0 | 0 | 0 | −0.16667 | −0.33333 | −0.16667 | 0 | −0.16667 | −0.16667 |
| $H_3$ | $y$ | 0 | 0 | 0 | 0 | 0 | 0 | 0 | 0 | +1 / +2 | 0 | 0 | 0 | 0 | 0 | −0.50000 | 0 | +0.50000 | 0 | 0 |
| | $x$ | 0 | 0 | 0 | 0 | 0 | 0 | 0 | 0 | 0 | +1 / +6 | 0 | 0 | 0 | 0 | +0.16667 | +0.33333 | +0.16667 | 0 | 0 |
| $H'_3$ | $y$ | 0 | 0 | 0 | 0 | 0 | 0 | 0 | 0 | 0 | 0 | +1 / +2 | 0 | 0 | 0 | −0.50000 | 0 | +0.50000 | 0 | 0 |
| | $x$ | 0 | 0 | 0 | 0 | 0 | 0 | 0 | 0 | 0 | 0 | 0 | +1 / +6 | 0 | 0 | −0.16667 | −0.33333 | −0.16667 | 0 | 0 |
| $N_0$ | $z$ | −1 | +1 | −1 | −1 | 0 | 0 | 0 | 0 | 0 | 0 | 0 | 0 | +1.00000 / +1.66667 | −0.40000 | +0.40000 | 0 | 0 | −1.20000 | 0 |
| $N_1$ | $z$ | 0 | +2 | 0 | −2 | −1 | +1 | −1 | −1 | 0 | 0 | 0 | 0 | 0 | +1.00000 / +3.06667 | +0.34783 | +0.21739 | 0 | −0.04348 | 0 |
| $N_2$ | $z$ | +1 | +1 | +1 | −1 | 0 | +2 | 0 | −2 | −1 | +1 | −1 | −1 | +0.66667 | −1.06667 | +1.00000 / +3.36231 | −0.32759 | +0.19828 | +0.62069 | 0 |
| $N_3$ | $z$ | 0 | 0 | 0 | 0 | +1 | +1 | +1 | −1 | 0 | +2 | 0 | −2 | 0 | +0.66667 | −1.10145 | +1.00000 / +2.82759 | −0.15854 | +0.48781 | 0 |
| $N_4$ | $z$ | 0 | 0 | 0 | 0 | 0 | 0 | 0 | 0 | +1 | +1 | +1 | −1 | 0 | 0 | +0.66667 | −0.44828 | +1.00000 / +1.46340 | −0.13333 | 0 |
| $N_1$ | $y$ | 0 | 0 | 0 | 0 | −1 | +1 | −1 | −1 | 0 | 0 | 0 | 0 | −2.00000 | −0.13333 | +2.08695 | +1.37932 | −0.19512 | +1.00000 / +12.26666 | 0 |
| | $x$ | 0 | −4 | 0 | −4 | +1 | −1 | −1 | −1 | 0 | 0 | 0 | 0 | 0 | 0 | 0 | 0 | 0 | 0 | +1.00000 / +3.33333 |
| $N_2$ | $y$ | −1 | −1 | −1 | +1 | 0 | 0 | 0 | 0 | −1 | +1 | −1 | −1 | −0.66667 | −1.60000 | −0.28986 | +1.58620 | +0.97562 | −9.33334 | 0 |
| | $x$ | −1 | −1 | +1 | −1 | 0 | −4 | 0 | −4 | +1 | −1 | −1 | −1 | 0 | 0 | 0 | 0 | 0 | 0 | −2.66667 |
| $N_4$ | $y$ | 0 | 0 | 0 | 0 | 0 | 0 | 0 | 0 | −1 | −1 | −1 | +1 | 0 | 0 | −0.66667 | −1.55172 | −2.78049 | +0.80002 | 0 |
| | $x$ | 0 | 0 | 0 | 0 | 0 | 0 | 0 | 0 | −1 | −1 | +1 | −1 | 0 | 0 | 0 | 0 | 0 | 0 | 0 |
| $S$ | | 0 | +4 | +2 | −2 | +2 | +6 | 0 | −4 | 0 | +8 | 0 | 0 | −1.00000 | +0.93333 | +4.05795 | +3.79311 | −0.53659 | +3.73334 | +0.66666 |

Tabelle 2

a) Reduktion der Normalgleichungen  
b) „ „ letzten sechs Gewichtsgleichungen  
c) Ermittlung der Gewichtskoeffizienten  
d) Koordinatenfehler.

| $N_2$ |  | $N_4$ |  | $S$ |
|---|---|---|---|---|
| $y$ | $x$ | $y$ | $x$ |  |
| —0.50000 | —0.50000 | 0 | 0 | 0 |
| —0.16667 | —0.16667 | 0 | 0 | +0.66667 |
| —0.50000 | +0.50000 | 0 | 0 | +1.00000 |
| +0.16667 | —0.16667 | 0 | 0 | —0.33334 |
| 0 | 0 | 0 | 0 | +1.00000 |
| 0 | —0.66667 | 0 | 0 | +1.00000 |
| 0 | 0 | 0 | 0 | 0 |
| 0 | —0.66667 | 0 | 0 | —0.66668 |
| —0.50000 | +0.50000 | —0.50000 | —0.50000 | 0 |
| +0.16667 | —0.16667 | —0.16667 | —0.16667 | +1.33333 |
| —0.50000 | —0.50000 | —0.50000 | +0.50000 | 0 |
| —0.16667 | —0.16667 | +0.16667 | —0.16667 | — 1 |
| —0.40000 | 0 | 0 | 0 | —0.60000 |
| —0.52174 | 0 | 0 | 0 | +0.30434 |
| —0.08621 | 0 | —0.19828 | 0 | +1.20689 |
| +0.56097 | 0 | —0.54878 | 0 | +1.34146 |
| +0.66668 | 0 | —1.90002 | 0 | —0.36667 |
| —0.76087 | 0 | +0.06522 | 0 | +0.30435 |
| 0 | —0.80000 | 0 | 0 | +0,20000 |
| +1.00000<br>+7.56519 | 0 | +0.34483 | 0 | +1,34483 |
| 0 | +1.00000<br>+1.86666 | 0 | +0.35715 | +1,35715 |
| +2.60873 | 0 | +1.00000<br>+1.44820 | 0 | +1,00000 |
| 0 | +0.66667 | 0 | +1.00000<br>+0.42857 | +1.00000 |
| +10.17392 | +2.53333 | +1.44820 | +0.42857 | + 3 |

| $d$ | $m_y^2$ | $m_x^2$ |
|---|---|---|
| $N_1$ | $0.9286\ l^2 \left(l \frac{\mu}{\varrho}\right)^2$ | $3.3334\ l^2 \left(l \frac{\mu}{\varrho}\right)^2$ |
| $N_2$ | 0.8571 „ | 3.3334 „ |
| $N_4$ | 2.7620 „ | 9.3334 „ |

Erläuterung.

Die Reduktion des Gleichungssystems ist in der für das Maschinenrechnen geeignetsten Form durchgeführt und weicht in manchen Punkten vom üblichen Gaußschen Allgorithmus ab. Die Glieder der Kolonnen (unter der Treppenlinie) und Zeilen (über der Treppe) werden in der Reihenfolge 1. Kolonne, 1. Zeile, 2. Kol., 2. Z., 3. Kol., 3. Z. usw. berechnet, und zwar ist jedes zu rechnende Glied in den reduzierten Gleichungen dem entsprechenden Koeffizienten im ursprünglichen Gleichungssystem abzüglich einer Produktsumme gleich. Dabei müssen alle Glieder links von (bzw. über) dem zu rechnenden Kolonnen- (bzw. Zeilen-)glied mit den entsprechenden Gliedern multipliziert werden, welche jenseits der Treppe senkrecht über (bzw. links von) dem gesuchten Koeffizienten stehen (Matrizenmultiplikation). Soweit es sich um Glieder über der Treppe handelt, muß außerdem jeder so gerechnete Koeffizient durch das quadratische Glied der zugehörigen Kolonne (unmittelbar unter der Treppe stehend) dividiert werden, so daß also die quadratischen Glieder in den Zeilen (auf der Treppe stehend) durchwegs gleich 1 sind.

Die Glieder der ersten Kolonne stimmen mit den entsprechenden Koeffizienten des gegebenen Gleichungssystems überein; ebenso die Glieder der ersten Zeile, wenn man von der Division durch das quadratische Glied absieht. Bei symmetrischen Gleichungssystemen — Normalgleichungen sind es immer — sind bis auf obige Division auch die reduzierten Gleichungen symmetrisch, was dann zur Berechnung der Zeilen ausgenutzt wird.

Die Reduktion der Gewichtskoeffizienten (b) bzw. der konstanten Glieder geschieht ähnlich. Zur Produktbildung bei Berechnung eines Gliedes werden alle in gleicher Zeile, aber links von der Treppe, in (a) stehenden und alle Glieder senkrecht über dem gesuchten Glied — die der Einfachheit nichtgeschriebenen Nullen über der Treppe in (b) mitgezählt — herangezogen, außerdem ist durch das entsprechende quadratische Glied zu dividieren. Durch sukzessives Einsetzen von rückwärts werden schließlich die Gewichtskoeffizienten (c) bzw. Unbekannten gewonnen.

Es sei betont, daß beim Maschinenrechnen nicht mehr geschrieben zu werden braucht, als was auch in der Tabelle abgedruckt ist, da die Bildung der Produkte, ihre gleichzeitige Addition und gegebenenfalls die Division unmittelbar und genauer in der Maschine erledigt werden kann.

Die Horizontal- bzw. Vertikalsummen $S$ gehen nur bis zur Treppenlinie und dienen in üblicher Weise zur Kontrolle der Rechnung.

| $S$ | $N_1$ $y$ | $N_1$ $x$ | $N_2$ $y$ | $N_2$ $x$ | $N_4$ $y$ | $N_4$ $x$ | $b$ |
|---|---|---|---|---|---|---|---|
| +0.08152 | +0.08152 |  |  |  |  |  |  |
| +0.30000 | 0 | +0.30000 |  |  |  |  |  |
| +0.23275 | +0.10057 | 0 | +0.13218 |  |  |  |  |
| +0.96429 | 0 | +0.42857 | 0 | +0.53572 |  |  |  |
| +0.22621 | —0.22620 | 0 | —0.23810 | 0 | +0.69051 |  |  |
| +0.83332 | 0 | —0.66667 | 0 | —0.83335 | 0 | +2.33334 |  |

| $S$ | $N_1$ $y$ | $N_1$ $x$ | $N_2$ $y$ | $N_2$ $x$ | $N_4$ $y$ | $N_4$ $x$ |  | $c$ |
|---|---|---|---|---|---|---|---|---|
| +0.83332 | 0 | —0.66667 | 0 | —0.83335 | 0 | +**2.33334** | $x$ | $N_4$ |
| +0.22621 | —0.22620 | 0 | —0.23810 | 0 | +**0.69051** | 0 | $y$ | $N_4$ |
| +0.66667 | 0 | +0.66667 | 0 | +**0.83335** | 0 | —0.83335 | $x$ | $N_2$ |
| +0.15474 | +0.17857 | 0 | +**0.21428** | 0 | —0.23811 | 0 | $y$ | $N_2$ |
| +0.83334 | 0 | +**0.83334** | 0 | +0.66668 | 0 | —0.66668 | $x$ | $N_1$ |
| +0.18450 | +**0.23214** | 0 | +0.17857 | 0 | —0.22621 | 0 | $y$ | $N_1$ |

geführt. Jede Raute wurde quadratisch (Diagonale $2\,l$) vorausgesetzt und als Längeneinheit $\frac{2\,l}{\varrho}$ gewählt, so daß die Koeffizienten in den Fehlergleichungen (Tab. 1a) einfache Zahlenwerte sind. Da hier nur die Fehler der Nadirkoordinaten interessieren, sind Beobachtungswerte gar nicht eingeführt und nur die letzten sechs Normalgleichungen in Tab. 2 unbestimmt aufgelöst. Einzelheiten zur Reduktion finden sich dort.

### *b) Bedingte Beobachtungen*

Eine Ausgleichung bedingter Beobachtungen erfordert immer etwas mehr Überlegung. Die Rechenarbeit wird durch die Zahl der Bedingungen diktiert, welche bei der Nadirtriangulation verhältnismäßig gering ist. Die einfachen Koeffizienten in den Seitenbedingungen der schematischen Rautenkette bedeuten dabei eine wesentliche Erleichterung. Zwar wirken Anschlußbedingungen erschwerend; häufig ist jedoch ihrer strengen Erfüllung ein Einfelderungsverfahren sogar vorzuziehen. Bei Anschlußpunkten von stark unterschiedlicher Genauigkeit — ein für die Nadirtriangulation nicht seltener Fall — wird dadurch nicht nur jede bedenkliche Netzverformung vermieden, sondern man kann der Güte der einzelnen Festpunkte auch leicht Rechnung tragen.

Bei der Ausgleichung bedingter Beobachtungen müssen bekanntlich die verbesserten Beobachtungen $l_\mathfrak{r} + v_\mathfrak{r}$ ($\mathfrak{r} = 1, 2, \ldots$) mehrere Bedingungen $\mathfrak{B}_i(l_\mathfrak{r} + v_\mathfrak{r}) = 0$ erfüllen, welche nach Einführung der Widersprüche $w_i$ ($i = 1, 2, \ldots n$) zu den Fehlerbedingungsgleichungen führen

$$c_{\mathfrak{r}i} v_\mathfrak{r} + w_i = 0 \quad \text{mit} \quad w_i = \mathfrak{B}_i(l_\mathfrak{r}). \tag{1}$$

Wegen der Schreibweise verweise ich auf [40], [41] und bemerke hier nur, daß über jeden in einem Glied doppelt auftretenden Index, z. B. $\mathfrak{r}$ in (1), zu summieren ist. Das Summenzeichen $\Sigma$ verwende ich nur dort, wo über die Zahl der Summanden Zweifel bestehen könnten.

Die strenge Ausgleichung fordert das Minimum der Quadratsumme $v_\mathfrak{r} v_\mathfrak{r}$ und kommt bei Einführung sog. Korrelaten $k_q$ (= unbestimmte Multiplikatoren der Bedingungsgleichungen) zu folgendem Ansatz für die Verbesserungen

$$v_\mathfrak{r} = c_{\mathfrak{r}q} k_q, \tag{2}$$

wo die Korrelaten selbst, wie beim Einsetzen von (2) in (1) folgt, entweder durch Reduktion der Normalgleichungen

$$C_{iq} k_q + w_i = 0 \quad \text{mit} \quad C_{iq} = c_{\mathfrak{r}i} c_{\mathfrak{r}q} \tag{3}$$

gefunden werden oder falls die Gewichtskoeffizienten $\Gamma_{hi}$, d. h. die Lösungen der Gewichtsgleichungen (oft auch als unbestimmte Auflösung der Normalgleichungen bezeichnet)

$$\Gamma_{hi} C_{iq} = I_{hq}, \text{ wo } I_{hq} = \begin{cases} 1 & \text{für } h = q \\ 0 & \text{wenn } h \neq q \end{cases} \tag{4}$$

bekannt sind, viel schneller aus sog. Korrelatenentwicklungen

$$k_h = -\Gamma_{hi} w_i \tag{5}$$

erhalten werden, wie durch Multisummation von (3) mit $\Gamma_{hi}$ und Berücksichtigung von (4) unmittelbar folgt.

Die Einheitsmatrix $I_{hq}$ wird uns öfter begegnen; wie in (4) angegeben, ist sie längs der Hauptdiagonale durch 1, an allen übrigen Stellen durch 0 besetzt. Im Hinblick auf das Folgende erwähne ich in diesem Zusammenhang die theoretisch wichtige Größe

$$E_{\mathfrak{r}\mathfrak{s}} = c_{\mathfrak{r}h} \Gamma_{hi} c_{\mathfrak{s}i}, \tag{6}$$

welche von mir [40, S. 77] als fünfte Hauptgröße eines Normalsystems eingeführt wurde.

Sind die Beobachtungen $v_\mathfrak{r}$ nicht gleich genau und $p_\mathfrak{r}$ die zugehörigen Gewichte, so ist statt $[vv]$ die gewichtete Quadratsumme $[pvv]$ zum Minimum zu machen. Setzt man daher

$$\sqrt{p}\, v = \dot{v} \quad \text{und} \quad c = \sqrt{p}\, \dot{c}, \tag{7}$$

so nehmen die Bedingungsgleichungen (1) die Form

$$\dot{c}_{\mathfrak{r}i} \dot{v}_\mathfrak{r} + w_i = 0$$

an und sind neben der Miniumsforderung für $[\dot{v}\dot{v}]$ zu erfüllen. Damit ist aber der Fall verschieden gewichteter Beobachtungen auf jenen im Vorhergehenden behandelten Fall gleich genauer Beobachtungen zurückgeführt.

## 3. Das Gewicht einer Funktion der Beobachtungen

Um das Gewicht $p_{\mathfrak{F}}$ bzw. den mittleren Fehler $M_{\mathfrak{F}}$ irgendeiner Funktion $\mathfrak{F}\,(l_\mathfrak{r})$ der Beobachtungsgrößen $l_\mathfrak{r}$ zu finden, ermittelt man zunächst die (bestimmte) Änderung $d\mathfrak{F}$ dieser Funktion, welche durch irgendwelche Änderungen $dl_\mathfrak{r}$ hervorgerufen werden. Setzt man die letzten Änderungen genügend klein voraus, so daß man die TAYLORsche Entwicklung der gegebenen Funktion mit den linearen Gliedern abbrechen kann, so ergibt sich

$$d\mathfrak{F} = \sum_\mathfrak{r} \left(\frac{\partial \mathfrak{F}}{\partial l_\mathfrak{r}}\right) dl_\mathfrak{r} = f_\mathfrak{r}\, dl_\mathfrak{r} \quad \text{mit } f_\mathfrak{r} = \frac{\partial \mathfrak{F}}{\partial l_\mathfrak{r}}. \tag{8a}$$

Beim Übergang von den bestimmten Änderungen $dl_\mathfrak{r}$ zum mittleren Fehler $m$ der Beobachtungen erhält man aus (8a) nach dem Fehlerfortpflanzungsgesetz

$$M^2_{\mathfrak{F}} = m^2 f_\mathfrak{r} f_\mathfrak{r} \quad \text{bzw.} \quad \frac{1}{p_{\mathfrak{F}}} = \frac{M^2_{\mathfrak{F}}}{m^2} = f_\mathfrak{r} f_\mathfrak{r}, \tag{8b}$$

wenn, wie üblich, das Gewicht einer Beobachtung gleich 1 gesetzt wird oder anders ausgedrückt, falls $m$ den mittleren Fehler einer Beobachtung vom Gewicht 1 bedeutet.

Bei ungleich genauen Beobachtungen sind für die einzelnen Beobachtungen (oder Beobachtungsgruppen) ihrem Gewicht $p_\mathfrak{r}$ entsprechend verschiedene Werte $m^2_\mathfrak{r} = \frac{m^2}{p_\mathfrak{r}}$ einzusetzen, und an Stelle von (8 b) ergibt sich dann

$$M^2_{\mathfrak{F}} = m^2 \bar{f}_\mathfrak{r} \bar{f}_\mathfrak{r} \quad \text{bzw.} \quad \frac{1}{p_{\mathfrak{F}}} = \bar{f}_\mathfrak{r} \bar{f}_\mathfrak{r} \quad \text{mit } \bar{f} = \frac{f}{\sqrt{p}}. \tag{8c}$$

Bei überschüssigen Beobachtungen lassen sich zur Berechnung etwa der Koordinaten des Endpunktes $Z$ einer Rautenkette verschiedene Funktionen $\mathfrak{F}\,(l_\mathfrak{r})$ aufstellen, je nachdem welche Beobachtungselemente man dazu heranzieht.

Beispielsweise kann man von $A$ ausgehend die Koordinaten von $Z$ mit Hilfe der oberhalb $AZ$ gelegenen sich überdeckenden Dreiecke (Abb. 3a) bestimmen — im folgenden als Fall A bezeichnet. Ebensogut kann man natürlich die nur unterhalb $AZ$ liegenden Dreiecke ins Auge fassen (Fall B). Aber auch der Weg über eine Kette sich nicht überdeckender Dreiecke (Abb. 3b) liegt sehr nahe

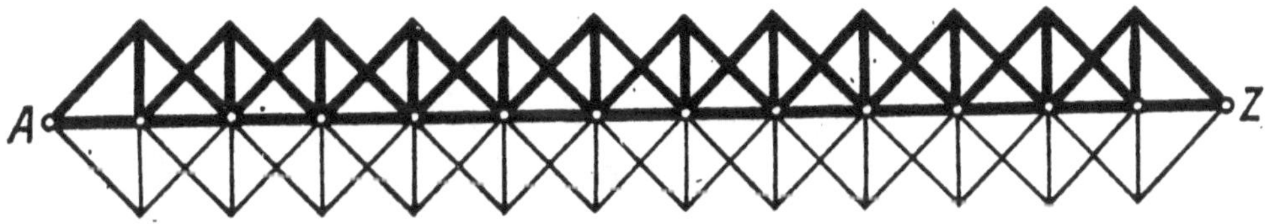

Abb. 3a

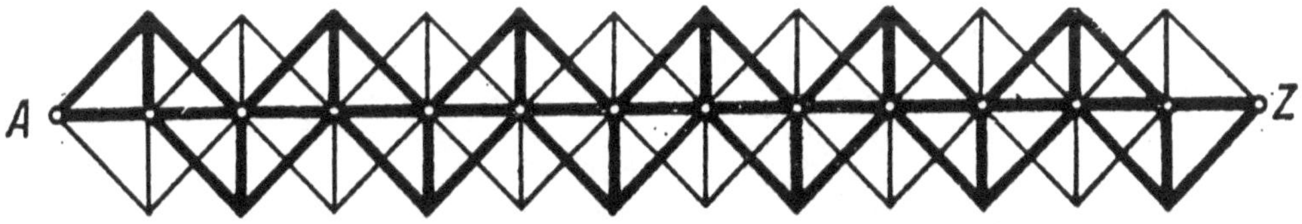

Abb. 3b

(Fall D). Es kommen dann noch jene Möglichkeiten in Betracht, bei denen auch überschüssige Beobachtungen mit benutzt werden, also schon eine gewisse Ausgleichung angestrebt wird. Von Bedeutung ist etwa das arithmetische Mittel der Werte, welche man mit der ganz über $AZ$ und der ganz darunter gelegenen Dreieckskette gewonnen hat (Fall C). Das beste Ergebnis, d. h. die kleinsten Koordinatenfehler, erhält man durch eine strenge Ausgleichung aller überhaupt vorhandenen Beobachtungen nach der Methode der kleinsten Quadrate. Abb. 4 veranschaulicht diesen Sachverhalt für den Längsfehler.

So ließen sich noch unzählig viele andere Wege angeben; in jedem Fall wird das Gesicht der Funktion $\mathfrak{F}\,(l_\mathfrak{r})$ und damit im allgemeinen auch ihr Gewicht ein anderes. Wenn man schlechthin vom mittleren Fehler spricht, meint man gewöhnlich jenen nach einer strengen Ausgleichung. Nach der einschlägigen Literatur [4, S. 236] und [24, S. 143] wird er praktisch in der Weise ermittelt, daß man die Funktion $\mathfrak{F}(l_r)$ als fingierte Bedingungsgleichung anhängt und die Koeffizienten $f_r$ bei Aufstellung und Lösung der Normalgleichungen entsprechend behandelt und reduziert.

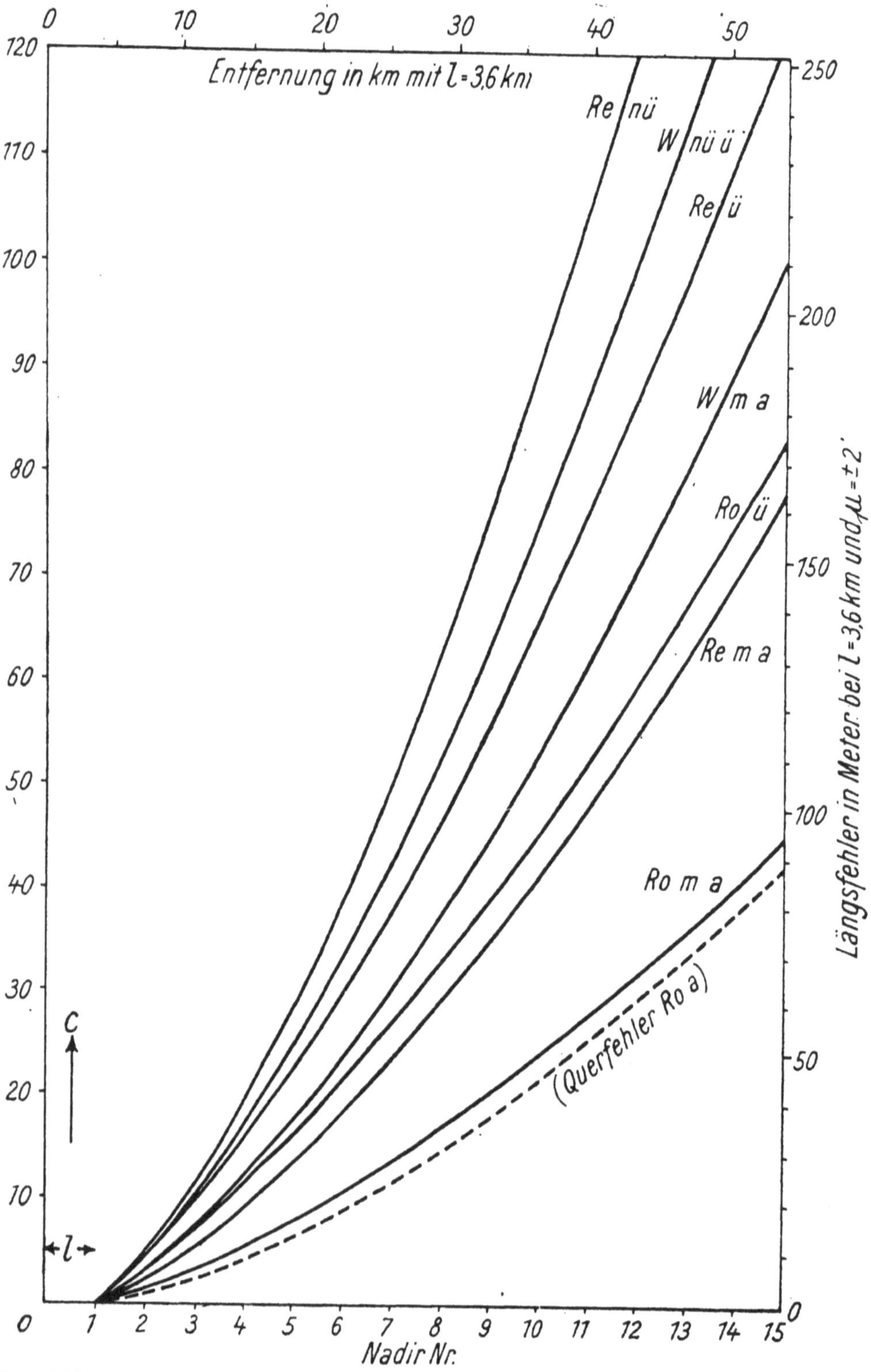


Abb. 4. Längsfehler in der endfreien Kette $c \cdot l \cdot \mu/\varrho$ bei Winkel $W$- und Richtungs $R$ $(e, o)$-Beobachtung nach verschiedenem Rechnungsgang, und zwar bedeuten:

ü = sich überdeckende Dreieckskette
nü = nicht überschlagene Dreieckskette
m = arithmetisches Mittel
a = strenge Ausgleichung

Bei der allgemeinen theoretischen Behandlung geht man davon aus, daß zur Berechnung der Funktion $\mathfrak{F}$ nach der Ausgleichung die verbesserten Beobachtungen $l_\mathfrak{r} + v_\mathfrak{r}$ benutzt werden, wo $v_\mathfrak{r}$ selbst wieder von den Beobachtungen $l_\mathfrak{r}$ abhängt. Aus (2), (5) und (1) folgt nämlich

$$v_\mathfrak{r} = c_{\mathfrak{r}q} k_q = - c_{\mathfrak{r}q} \Gamma_{qi} w_i = - c_{\mathfrak{r}q} \Gamma_{qi} \mathfrak{B}_i (l_\mathfrak{s}) \qquad (9)$$

und bei Reihenentwicklung mit (9) und (8 a)

$$\mathfrak{F}\,(l_\mathfrak{r} + v_\mathfrak{r}) = \mathfrak{F}\,(l_\mathfrak{r}) + \sum_\mathfrak{r} \frac{\partial \mathfrak{F}}{\partial l_\mathfrak{r}} v_\mathfrak{r} + \ldots = \mathfrak{F}\,(l_\mathfrak{r}) - f_\mathfrak{r} c_{\mathfrak{r}q} \Gamma_{qi} \mathfrak{B}_i (l_\mathfrak{s}).$$

Da wegen (1) $d\mathfrak{B}_i (l_\mathfrak{s}) = c_{\mathfrak{s}i} dl_\mathfrak{s}$, ergibt sich bei Benutzung von (6) nach der Ausgleichung statt (8 a)

$$d\mathfrak{F} = \sum \frac{\partial \mathfrak{F}\,(l_\mathfrak{r} + v_\mathfrak{r})}{\partial l_\mathfrak{s}} dl_\mathfrak{s}; \quad \text{mit } \frac{\partial \mathfrak{F}\,(l_\mathfrak{r} + v_\mathfrak{r})}{\partial l_\mathfrak{s}} = \frac{\partial \mathfrak{F}\,(l_\mathfrak{r})}{\partial l_\mathfrak{s}} - f_\mathfrak{r} E_{\mathfrak{rs}} = f_\mathfrak{s} - f_\mathfrak{r} E_{\mathfrak{rs}} \qquad (10)$$

und für den mittleren Fehler $m_\mathfrak{F}$ nach der Ausgleichung bzw. das Gewicht $p_\mathfrak{F}$

$$m^2{}_\mathfrak{F} = \frac{m^2}{p_\mathfrak{F}} = m^2 (f_\mathfrak{s} - f_\mathfrak{r} E_{\mathfrak{rs}})^2 = m^2 (f_\mathfrak{s} f_\mathfrak{s} - 2 f_\mathfrak{s} f_\mathfrak{r} E_{\mathfrak{rs}} + f_\mathfrak{r} E_{\mathfrak{rs}} f_\mathfrak{q} E_{\mathfrak{qs}}) = m^2 (f_\mathfrak{s} f_\mathfrak{s} - f_\mathfrak{r} f_\mathfrak{q} E_{\mathfrak{rq}}),$$

da $E_{\mathfrak{rs}} E_{\mathfrak{qs}} = E_{\mathfrak{rq}}$ [40, Gl. (28 ċ)] ist. Berücksichtigt man (6) und setzt zur Abkürzung

$$f_\mathfrak{r} c_{\mathfrak{r}q} = F_q; \text{ bzw. } \dot{f}_\mathfrak{r} \dot{c}_{\mathfrak{r}q} = \dot{F}_q, \qquad (11)$$

so erhält man schließlich wegen (8 b)

$$m^2{}_\mathfrak{F} = \frac{m^2}{p_\mathfrak{F}} = m^2 (f_\mathfrak{s} f_\mathfrak{s} - f_\mathfrak{r} c_{\mathfrak{r}t} \Gamma_{ti} c_{\mathfrak{q}i} f_\mathfrak{q}) = M^2{}_\mathfrak{F} - F_i \Gamma_{ti} F_i \cdot m^2, \qquad (12\,a)$$

bzw. allgemein bei verschieden genauen Beobachtungen, s. (7) und (8 c)

$$m^2{}_\mathfrak{F} = M^2{}_\mathfrak{F} - \dot{F}_t \dot{\Gamma}_{ti} \dot{F}_i m^2; \quad \frac{1}{p_\mathfrak{F}} = \frac{1}{P_\mathfrak{F}} - \dot{F}_t \dot{\Gamma}_{ti} \dot{F}_i. \qquad (12\,b)$$

Unsere spätere Aufgabe wird es sein, die Größen $F_q$, welche unter der GAUSSschen Bezeichnung $[af]$, $[bf]$ usw. geläufiger sind, und $m^2{}_\mathfrak{F}$ in allgemeiner Form für die Rautenkette abzuleiten.

Sind mehrere Funktionen $\mathfrak{F}_\lambda (l_\mathfrak{r})$ gegeben, d. h. die einzelnen Entwicklungen (8 a) $d\mathfrak{F}_\lambda = f_{\lambda\mathfrak{r}} dl_\mathfrak{r}$ bekannt und soll der mittlere Fehler einer linearen Funktion dieser Funktionen

$$G = g_\lambda \mathfrak{F}_\lambda$$

angegeben werden, so findet man ganz entsprechend (8 a) und (8 b)

$$d\mathfrak{G} \doteq g_\lambda d\mathfrak{F}_\lambda = g_\lambda f_{\lambda\mathfrak{r}} dl_\mathfrak{r}; \quad M^2{}_\mathfrak{G} = g_\lambda f_{\lambda\mathfrak{r}} g_\mu f_{\mu\mathfrak{r}} m^2 \qquad (13)$$

bzw. nach der strengen Ausgleichung analog (10) bis (12)

$$d\mathfrak{G} = g_\lambda (f_{\lambda\mathfrak{s}} - f_{\lambda\mathfrak{r}} E_{\mathfrak{rs}})\, dl_\mathfrak{s}; \qquad (14\,a)$$

$$m^2{}_\mathfrak{G} = g_\lambda (f_{\lambda\mathfrak{s}} - f_{\lambda\mathfrak{r}} E_{\mathfrak{rs}})\, g_\mu (f_{\mu\mathfrak{s}} - f_{\mu\mathfrak{q}} E_{\mathfrak{qs}})\, m^2 = M^2{}_\mathfrak{G} - g_\lambda F_{\lambda t} \Gamma_{ti} F_{\mu i} g_\mu m^2, \qquad (14\,b)$$

wo wieder zur Abkürzung $F_{\lambda t} = f_{\lambda\mathfrak{r}} c_{\mathfrak{r}t}$ eingeführt wurde.

Man kann nun in Anlehnung an die durch (8 b) bzw. (12 a) gegebenen Fehlerquadrate auch Mischwerte $M^2{}_{\lambda\mu}$ bzw. $m^2{}_{\lambda\mu}$ definieren, welche aus den Entwicklungskoeffizienten der Funktionen $\mathfrak{F}_\lambda$ und $\mathfrak{F}_\mu$ analog (8 b) und (12 a) gebildet werden, nämlich

$$M^2{}_{\lambda\mu} = f_{\lambda\mathfrak{r}} f_{\mu\mathfrak{r}} m^2; \quad m^2{}_{\lambda\mu} = M^2{}_{\lambda\mu} - F_{\lambda t} \dot{\Gamma}_{ti} F_{\mu i} m^2. \qquad (14\,c)$$

Statt (13) bzw. (14 b) läßt sich dann auch schreiben

$$M^2{}_\mathfrak{G} = g_\lambda g_\mu M^2{}_{\lambda\mu} \quad \text{bzw. } m^2{}_\mathfrak{G} = g_\lambda g_\mu m^2{}_{\lambda\mu} \qquad (14\,d)$$

und man erkennt, daß sich der mittlere Fehler einer Funktion von Funktionen durch die mittleren Fehler der Einzelfunktionen allein nicht ausdrücken läßt.

Nicht uninteressant ist das Gewicht einer ausgeglichenen Beobachtung [4, S. 239]. Wir setzen also für unsere Funktion $\mathfrak{F} = l_{\underline{j}}$, indem wir eine ganz bestimmte Beobachtung ins Auge fassen und deuten dieses durch Unterstreichen des Index an. Damit $\mathfrak{F}$ als Funktion aller Beobachtungen in Erscheinung tritt, nehmen wir die Einheitsmatrix (4) zu Hilfe und schreiben $\mathfrak{F} = I_{\underline{j}\mathfrak{s}} l_\mathfrak{s}$, so daß also nach (8 a) $f_\mathfrak{r} = I_{\underline{j}\mathfrak{r}}$ und nach (11) $F_q = I_{\underline{j}\mathfrak{r}} c_{\mathfrak{r}q} = c_{\underline{j}q}$ ist. Wegen $I_{\underline{j}\mathfrak{s}} I_{\underline{j}\mathfrak{s}} = I_{\underline{jj}} = 1$ (über individuelle Indizes — $\underline{j}$ — wird nicht summiert) und $c_{\underline{j}q} \Gamma_{tm} c_{\underline{j}m} = E_{\underline{jj}}$ gemäß (6) folgt daher aus (8 b) und (12 a) $M^2{}_\mathfrak{F} = m^2$; $m^2{}_\mathfrak{F} = m^2 (1 - E_{\underline{jj}})$, also $\frac{1}{p_\mathfrak{F}} = 1 - E_{\underline{jj}}$.

### 4. Allgemeine Bemerkungen

Die Behandlung der in I, 3 angeschnittenen Fragen hat überall dort praktische Bedeutung, wo es nicht nur darauf ankommt, das genaueste Ergebnis zu erzielen, sondern vielmehr darauf ein gutes Ergebnis möglichst schnell zu erhalten. Damit man hier eine Entscheidung treffen kann, müssen die verschiedenen Rechenmöglichkeiten im Hinblick auf die aufgewandte Arbeit und die erreichte Genauigkeit gegeneinander abgewogen werden. Deshalb habe ich auch die wichtigsten, bereits angedeuteten Fälle in den Kreis dieser Untersuchungen einbezogen.

Sofern man sich überhaupt die Zeit nehmen kann, überschüssige Beobachtungen durchzuführen — und schon aus Gründen der Kontrollmöglichkeiten wird man nicht gern darauf verzichten —, muß man auch noch die Zeit übrig haben, sie alle für die Rechnung zu benutzen, d. h. eine gewisse, nicht unbedingt strenge Ausgleichung vorzunehmen.

Wie wir gesehen haben, ist der mittlere Fehler einer Funktion der Beobachtungen von dem Wege abhängig, der zur Berechnung dieser Funktion eingeschlagen wurde; ohne nähere Angabe setzt man immer eine strenge Ausgleichung voraus.

Bei größeren Problemen erfordert die strenge Ausgleichung sehr viel Rechenarbeit, wenn die Normalgleichungen erst aufgestellt und reduziert werden müssen, und sie gilt daher oft mit Recht als ein zeitraubendes und praktisch ungeeignetes Verfahren. Für häufig wiederkehrende, regelmäßige Gebilde, zu welchen auch die schematische Rautenkette gezählt werden darf, können aber die Gewichtsgleichungen (4) ein für allemal gelöst und die Gewichtskoeffizienten $\Gamma_{mi}$ zusammengestellt werden. Mit Hilfe solcher „Korrelatentabellen" — z. B. Tab. 4a und 4b, vgl. auch [17, S. 26] — und der bekannten Widersprüche lassen sich dann die Korrelaten (5) und weiter die Verbesserungen (2) sehr leicht und rasch mit der Maschine berechnen, und der gegen die strenge Ausgleichung erhobene Vorwurf ist dann hinfällig.

Freilich bedarf es einer besonderen Untersuchung, wieweit die für schematische Rautenketten aufgestellten Korrelatentabellen im allgemeinen Fall benutzbar sind; es ist jedoch anzunehmen, daß die Widersprüche mit ihrer Hilfe in allen praktischen Fällen der Nadirtriangulation hinreichend herabgemindert werden können. Vgl. das größere Beispiel am Schluß der Arbeit (Kap. IX, 3).

## II. Beziehungen in der Rautenkette

### 1. Die Bedingungen in einer Raute

Ich bezeichne im folgenden Winkelgrößen durch griechische Buchstaben, Richtungsgrößen durch eingeklammerte Ziffern, und zwar ist dabei an kleine Änderungen zu denken, welche den Hauptgegenstand unserer Rechnungen bilden. Demgegenüber werden nur an deren Rande auftretende endliche Winkel bzw. Richtungen durch einen Strich unterschieden, z. B. $\bar{\gamma}$, $(\bar{2})$ oder auch $\tilde{\gamma}$, $(\tilde{2})$, wenn es sich um Näherungswerte handelt.

Im einzelnen ist die Bezeichnung in der i-ten Raute, für welche Beobachtungen in den Nadiren $N_{i-1}$, $N_i$ und $N_{i+1}$ erforderlich sind, in Abb. 5 (vgl. auch Abb. 1a, b) niedergelegt. Es entspricht dem natürlichen Zusammenhang, wenn wir als Index bei Richtungen die Nummer des Nadirs, dagegen bei Winkeln jene der Raute anfügen. Die Rautennummer stimmt mit der Nummer des im Diagonalenschnittpunkt gelegenen Nadirs überein. Aus der Figur liest man folgende Beziehungen ab:

$$
\begin{aligned}
\bar{\alpha}_i &= (\bar{3})_{i-1} - (\bar{2})_{i-1} & \qquad \bar{\alpha}'_i &= (\bar{4})_{i-1} - (\bar{3})_{i-1} \\
\bar{\beta}_i &= (\bar{1})_i \quad - (\bar{7})_i & \bar{\beta}'_i &= (\bar{7})_i \quad - (\bar{5})_i \\
\bar{\gamma}_i &= (\bar{3})_i \quad - (\bar{1})_i & \bar{\gamma}'_i &= (\bar{5})_i \quad - (\bar{3})_i \\
\bar{\delta}_i &= (\bar{8})_{i+1} - (\bar{7})_{i+1} & \bar{\delta}'_i &= (\bar{7})_{i+1} - (\bar{6})_{i+1}
\end{aligned}
\qquad (15)
$$

Dem Prinzip der Nadirtriangulation zufolge werden in jeder Raute 8 Winkel bzw. 10 Richtungen gemessen und, wie man sich leicht überzeugt, vgl. auch [24, S. 222 u. 224], sind somit zwei bzw.

eine Überbestimmung vorhanden, also ebenso viele Bedingungsgleichungen in jeder Raute zu erfüllen. Es handelt sich vor allem um die Seitenbedingung, vgl. [13, S. 35].

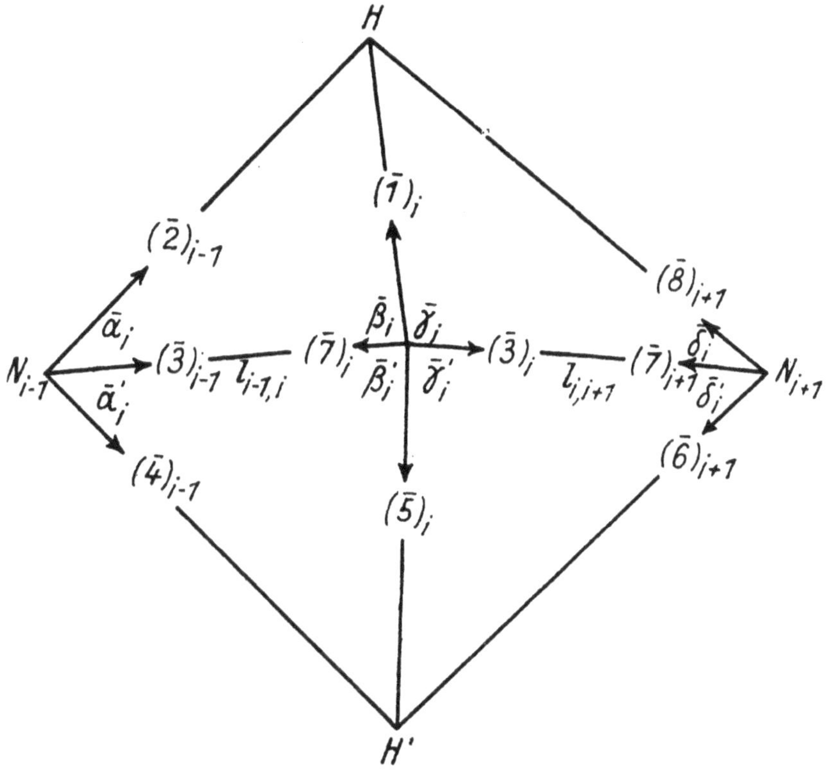


Abb. 5. Raute um den Nadir $N_i$

$$\frac{\sin\bar{\alpha}_i \sin(\bar{\gamma}_i+\bar{\delta}_i)\sin\bar{\delta}'_i \sin(\bar{\alpha}'_i+\bar{\beta}'_i)}{\sin\bar{\alpha}'_i\sin(\bar{\gamma}'_i+\bar{\delta}'_i)\sin\bar{\delta}_i\sin(\bar{\alpha}_i+\bar{\beta}_i)} = 1, \tag{16}$$

welche für die praktische Rechnung in logarithmischer Form aufgestellt wird, wobei die benutzten Näherungswerte, gekennzeichnet durch $\sim$, den Widerspruch

$$\begin{aligned}\overline{W}_i = {} & \log\sin\tilde{\alpha}_i + \log\sin(\tilde{\gamma}_i+\tilde{\delta}_i) + \log\sin\tilde{\delta}'_i + \log\sin(\tilde{\alpha}'_i+\tilde{\beta}'_i)\\ & - \log\sin\tilde{\alpha}'_i - \log\sin(\tilde{\gamma}'_i+\tilde{\delta}'_i) - \log\sin\tilde{\delta}_i - \log\sin(\tilde{\alpha}_i+\tilde{\beta}_i)\end{aligned} \tag{17}$$

zeigen werden. Irgendwelche differentiellen Änderungen $\alpha_i, \beta_i, \ldots \delta'_i$ der Näherungswinkel müssen dann — vgl. (1) — auf Grund der Gl. (16) und (17) die Bedingung erfüllen:

$$\begin{aligned}& \alpha_i[\operatorname{ctg}\tilde{\alpha}_i - \operatorname{ctg}(\tilde{\alpha}_i+\tilde{\beta}_i)] - \alpha'_i[\operatorname{ctg}\tilde{\alpha}'_i - \operatorname{ctg}(\tilde{\alpha}'_i+\tilde{\beta}'_i)]\\ & - \beta_i\operatorname{ctg}(\tilde{\alpha}_i+\tilde{\beta}_i) + \gamma_i\operatorname{ctg}(\tilde{\gamma}_i+\tilde{\delta}_i) + \beta'_i\operatorname{ctg}(\tilde{\alpha}'_i+\tilde{\beta}'_i) - \gamma'_i\operatorname{ctg}(\tilde{\gamma}'_i+\tilde{\delta}'_i)\\ & - \delta_i[\operatorname{ctg}\tilde{\delta}_i - \operatorname{ctg}(\tilde{\gamma}_i+\tilde{\delta}_i)] + \delta'_i[\operatorname{ctg}\tilde{\delta}'_i - \operatorname{ctg}(\tilde{\gamma}'_i+\tilde{\delta}'_i)] + W'_i = 0,\end{aligned} \tag{18a}$$

worin $$W'_i = \overline{W}_i\frac{\varrho}{M} \quad \left(M = \overset{10}{\log} e = 0{,}4343;\ \frac{\varrho}{M} = 7915',71 = 14658^c,71\right). \tag{18b}$$

Es wird dabei angenommen, daß die Änderungen im Gradmaß (Alt- oder Neuminuten) ausgedrückt sind und die Rechnung in dekadischen Logarithmen durchgeführt wird. Das Aufschlagen der numerischen ctg-Werte kann man sich bei der praktischen Rechnung ersparen, sofern man gleichzeitig mit dem Aufschlagen der log sin-Werte die Tafeldifferenzen $D'$ bzw. $D^c$ entnehmen kann. Werden diese, wie bei n-stelligen Logarithmen üblich, in Einheiten der n-ten Dezimalstelle angegeben und setzt man $\operatorname{ctg} = D\frac{\varrho}{10^n M}$ in (18a) ein, so nimmt diese Gleichung folgendes Gesicht an:

$$\begin{aligned}& \alpha_i[D(\tilde{\alpha}_i) - D(\tilde{\alpha}_i+\tilde{\beta}_i)] - \alpha'_i[D(\tilde{\alpha}'_i) - D(\tilde{\alpha}'_i+\tilde{\beta}'_i)]\\ & - \beta_i D(\tilde{\alpha}_i+\tilde{\beta}_i) + \gamma_i D(\tilde{\gamma}+\tilde{\delta}_i) + \beta'_i D(\tilde{\alpha}'_i+\tilde{\beta}'_i) - \gamma'_i D(\tilde{\gamma}'_i+\tilde{\delta}'_i)\\ & - \delta_i[D(\tilde{\delta}_i) - D(\tilde{\gamma}_i+\tilde{\delta}_i)] - \delta'_i[D(\tilde{\delta}'_i) - D(\tilde{\gamma}'_i+\tilde{\delta}'_i)] + \overline{W}_i 10^n = 0.\end{aligned} \tag{18c}$$

Bei Winkelmessungen kommt außerdem noch die Stationsbedingung hinzu:

$$\beta_i + \gamma_i + \beta'_i + \gamma'_i + W''_i = 0 \tag{19a}$$

mit

$$W''_i = \tilde{\beta}_i + \tilde{\gamma}_i + \tilde{\beta}'_i + \tilde{\gamma}'_i - 360^0 \text{ (bzw. } 400^g). \tag{19b}$$

Ersetzt man in (18a) die Winkelverbesserungen durch die entsprechenden Richtungsverbesserungen gemäß (15), so ergibt sich

$$\begin{aligned}
&-(2)_{i-1}[\operatorname{ctg}\tilde{\alpha}_i - \operatorname{ctg}(\tilde{\alpha}_i + \tilde{\beta}_i)]\\
&+(3)_{i-1}[\operatorname{ctg}\tilde{\alpha}_i - \operatorname{ctg}(\tilde{\alpha}_i + \tilde{\beta}_i) + \operatorname{ctg}\tilde{\alpha}'_i - \operatorname{ctg}(\tilde{\alpha}'_i + \tilde{\beta}'_i)]\\
&-(4)_{i-1}[\operatorname{ctg}\tilde{\alpha}'_i - \operatorname{ctg}(\tilde{\alpha}'_i + \tilde{\beta}'_i)]\\
&-(1)_i\quad[\operatorname{ctg}(\tilde{\alpha}_i + \tilde{\beta}_i) + \operatorname{ctg}(\tilde{\gamma}_i + \tilde{\delta}_i)]\\
&+(3)_i\quad[\operatorname{ctg}(\tilde{\gamma}_i + \tilde{\delta}_i) + \operatorname{ctg}(\tilde{\gamma}'_i + \tilde{\delta}'_i)]\\
&-(5)_i\quad[\operatorname{ctg}(\tilde{\alpha}'_i + \tilde{\beta}'_i) + \operatorname{ctg}(\tilde{\gamma}'_i + \tilde{\delta}'_i)]\\
&+(7)_i\quad[\operatorname{ctg}(\tilde{\alpha}'_i + \tilde{\beta}'_i) + \operatorname{ctg}(\tilde{\alpha}_i + \tilde{\beta}_i)]\\
&-(6)_{i+1}[\operatorname{ctg}\tilde{\delta}'_i - \operatorname{ctg}(\tilde{\gamma}'_i + \tilde{\delta}'_i)]\\
&+(7)_{i+1}[\operatorname{ctg}\tilde{\delta}_i - \operatorname{ctg}(\tilde{\gamma}_i + \tilde{\delta}_i) + \operatorname{ctg}\tilde{\delta}'_i - \operatorname{ctg}(\tilde{\gamma}'_i + \tilde{\delta}'_i)]\\
&-(8)_{i+1}[\operatorname{ctg}\tilde{\delta}_i - \operatorname{ctg}(\tilde{\gamma}_i + \tilde{\delta}_i)] \; + W'_i \; = 0,
\end{aligned} \tag{20}$$

für Richtungsbeobachtungen die einzige Fehlerbedingungsgleichung, welche man natürlich auch in einer (18c) entsprechenden Form anschreiben könnte.

Wir beschränken uns im folgenden auf schematische Ketten, bei welchen alle Rauten gleichgroße Quadrate sind. In diesem Fall werden die Winkel $\bar{\alpha} = \bar{\delta} = 45^0$, ferner $\bar{\beta} = \bar{\gamma} = 90^0$, und die Bedingungen (18) bis (20) vereinfachen sich wesentlich. Sie lauten

bei Winkelbeobachtung:

$$+2\alpha_i - 2\alpha'_i + \beta_i - \gamma_i - \beta'_i + \gamma'_i - 2\delta_i + 2\delta'_i + W'_i = 0 \tag{21a}$$

$$+\beta_i + \gamma_i + \beta'_i + \gamma'_i \qquad + W''_i = 0, \tag{21b}$$

bei Richtungsbeobachtung:

$$\begin{aligned}
&-2(2)_{i-1} + 4(3)_{i-1} - 2(4)_{i-1} + 2(1)_i - 2(3)_i + 2(5)_i\\
&\quad - 2(7)_i - 2(6)_{i+1} + 4(7)_{i+1} - 2(8)_{i+1} + W'_i = 0.
\end{aligned} \tag{22}$$

Diese Gleichungen liegen unseren weiteren Untersuchungen zugrunde.

## 2. Richtungs- und Längenübertragung

Der von den Nadirpunkten einer Rautenkette gebildete Zug kann ähnlich wie ein Polygonzug behandelt werden.

Ein wesentlicher Unterschied gegenüber diesem besteht jedoch darin, daß die einzelnen Seiten bei der Rautenkette nicht direkt gemessen, sondern rechnerisch von einer Ausgangsseite her abgeleitet werden. Wegen der überschüssigen Beobachtungen kann man dabei, wie schon in I, 3 erwähnt, verschiedene Wege gehen. Je nachdem, ob man nur über dem Nadirzug gelegene Beobachtungen oder nur solche darunter benutzt, erhält man gemäß Abb. 5

$$l_{i,i+1} = l_{i-1,i}\frac{\sin\bar{\alpha}_i \sin(\bar{\gamma}_i + \bar{\delta}_i)}{\sin(\bar{\alpha}_i + \bar{\beta}_i)\sin\bar{\delta}_i}; \qquad \lambda_{i,i+1} = \lambda_{i-1,i} + \bar{\beta}_i + \bar{\gamma}_i - \pi \tag{23A}$$

oder

$$l_{i,i+1} = l_{i-1,i}\frac{\sin\bar{\alpha}'_i \sin(\bar{\gamma}'_i + \bar{\delta}'_i)}{\sin(\bar{\alpha}'_i + \bar{\beta}'_i)\sin\bar{\delta}'_i}; \qquad \lambda_{i,i+1} = \lambda_{i-1,i} - \bar{\beta}'_i - \bar{\gamma}'_i + \pi. \tag{23B}$$

Für die schematische Kette, wo $l_{i,i+1} = l_{i-1,i} \ldots = l$; $\operatorname{ctg}\bar{\alpha} = 1$, $\operatorname{ctg}(\bar{\alpha} + \bar{\beta}) = -1$ usw., ergeben sich hieraus die differentiellen Änderungen

$$dl_{i,i+1} = dl_{i-1,i} + \frac{l}{\varrho}(2\alpha_i + \beta_i - \gamma_i - 2\delta_i); \qquad d\lambda_{i,i+1} = d\lambda_{i-1,i} + \beta_i + \gamma_i \tag{24A}$$

bzw.

$$dl_{i,i+1} = dl_{i-1,i} + \frac{l}{\varrho}(2\alpha'_i + \beta'_i - \gamma'_i - 2\delta'_i); \qquad d\lambda_{i,i+1} = d\lambda_{i-1,i} - \beta'_i - \gamma'_i. \tag{24B}$$

Indem man diese Gleichungen sukzessiv anwendet und zur Abkürzung

$$2\alpha_i + \beta_i - \gamma_i - 2\delta_i = \varphi_i; \qquad \beta_i + \gamma_i = \psi_i \tag{25 a}$$

$$2\alpha'_i + \beta'_i - \gamma'_i - 2\delta'_i = \varphi'_i; \qquad \beta'_i + \gamma'_i = \psi'_i \tag{25 b}$$

setzt, folgt für alle $i \geq 1$

$$dl_{i,i+1} = dl_{0,1} + \frac{l}{\varrho}\sum_{j=1}^{i}\varphi_j; \quad d\lambda_{i,i+1} = d\lambda_{0,1} + \sum_{j=1}^{i}\psi_j \tag{26 A}$$

bzw.

$$dl_{i,i+1} = dl_{0,1} + \frac{l}{\varrho}\sum_{j=1}^{i}\varphi'_j; \quad d\lambda_{i,i+1} = d\lambda_{0,1} - \sum_{j=1}^{i}\psi'_j . \tag{26 B}$$

Das arithmetische Mittel der nach (26 A) und (26 B) ermittelten Werte führt zu dem Ergebnis

$$dl_{i,i+1} = dl_{0,1} + \frac{l}{\varrho}\sum_{j=1}^{i}\frac{\varphi_j + \varphi'_j}{2}; \quad d\lambda_{i,i+1} = d\lambda_{0,1} + \sum_{j=1}^{i}\frac{\psi_j - \psi'_j}{2}. \tag{26 C}$$

Schlägt man für die Rechnung jedoch den durch Abb. 3 b vorgezeichneten Weg ein, so ist zu bedenken, daß für ungerade Nummern $i$ die Gl. (24 A), dagegen für gerade $i$ Gl. (24 B) anzuwenden ist (oder umgekehrt). Wegen

$$dl_{2i,2i+1} = dl_{2i-1,2i} + \frac{l}{\varrho}\varphi'_{2i} = dl_{2i-2,2i-1} + \frac{l}{\varrho}(\varphi_{2i-1} + \varphi'_{2i});$$

$$d\lambda_{2i,2i+1} = d\lambda_{2i-2,2i-1} + \psi_{2i-1} - \psi'_{2i}$$

erhält man in diesem Fall für alle $i \geqq 1$

$$\left.\begin{aligned}
dl_{2i,2i+1} &= dl_{0,1} + \frac{l}{\varrho}\sum_{j=1}^{i}(\varphi_{2j-1} + \varphi'_{2j});\\
dl_{2i+1,2i+2} &= dl_{0,1} + \frac{l}{\varrho}\sum_{j=1}^{i}(\varphi_{2j-1} + \varphi'_{2j}) + \frac{l}{\varrho}\varphi_{2i+1};\\
dl_{1,2} &= dl_{0,1} + \frac{l}{\varrho}\varphi_1;\\
d\lambda_{2i,2i+1} &= d\lambda_{0,1} + \sum_{j=1}^{i}(\psi_{2j-1} - \psi'_{2j});\\
d\lambda_{2i+1,2i+2} &= d\lambda_{0,1} + \sum_{j=1}^{i}(\psi_{2j-1} - \psi'_{2j}) + \psi_{2i+1};\\
d\lambda_{1,2} &= d\lambda_{0,1} + \psi_1 .
\end{aligned}\right\} \tag{26 D}$$

## 3. Einführung von Koordinaten

Wir legen den Koordinaten-Nullpunkt in den Nadir $N_0$, die X-Achse, wie in der Geodäsie üblich, nach Norden, die Y-Achse nach Osten. Die Kette denken wir uns in Richtung der X-Achse ausgespannt, so daß alle Nadire auf dieser zu liegen kommen. Bezeichnen $l_{i,i+1}$ die Länge der von dem i-ten und $(i+1)$-ten Punkt eines Polygonzugs begrenzten Seite und $\lambda_{i,i+1}$ ihre Richtung in $N_i$, ferner

$$\Delta x_{i,i+1} = l_{i,i+1}\cos\lambda_{i,i+1}; \quad \Delta y_{i,i+1} = l_{i,i+1}\sin\lambda_{i,i+1}$$

die Projektionen auf die Koordinatenachsen, so sind bekanntlich die Koordinaten des Punktes $N_k$

$$x_k = x_0 + \sum_{i=0}^{k-1}\Delta x_{i,i+1}; \quad y_k = y_0 + \sum_{i=0}^{k-1}\Delta y_{i,i+1},$$

wenn $x_0, y_0$ jene von $N_0$ bedeuten. Hieraus ergeben sich die differentiellen Änderungen, vgl. [8],

$$dx_k = dx_0 + \sum_{i=0}^{k-1}\left(\frac{dl_{i,i+1}}{l_{i,i+1}}\Delta x_{i,i+1} - \frac{1}{\varrho}\Delta y_{i,i+1}\, d\lambda_{i,i+1}\right)$$

$$dy_k = dy_0 + \sum_{i=0}^{k-1}\left(\frac{dl_{i,i+1}}{l_{i,i+1}}\Delta y_{i,i+1} + \frac{1}{\varrho}\Delta x_{i,i+1}\, d\lambda_{i,i+1}\right),$$

welche sich, angewandt auf unseren Nadirzug ($\Delta x = l$, $\Delta y = 0$) sehr vereinfachen:

$$dx_k = dx_0 + \sum_{i=0}^{k-1} dl_{i,i+1}; \quad dy_k = dy_0 + \frac{l}{\varrho}\sum_{i=0}^{k-1} d\lambda_{i,i+1}. \tag{27}$$

Die in den Gleichungen (26) ermittelten Werte sind nun in (27) einzusetzen; z. B. ergibt sich aus (27) mit Benutzung von (26 A)

$$dx_k = dx_0 + dl_{0,1} + \sum_{i=1}^{k-1}\left(dl_{0,1} + \frac{l}{\varrho}\sum_{j=1}^{i}\varphi_j\right) = dx_0 + k\,dl_{0,1} + \frac{l}{\varrho}\sum_{i=1}^{k-1}\sum_{j=1}^{i}\varphi_j.$$

Nun ist aber

$$\sum_{i=1}^{k-1}\sum_{j=1}^{i}\varphi_j = \sum_{j=1}^{1}\varphi_j + \sum_{j=1}^{2}\varphi_j + \ldots + \sum_{j=1}^{k-1}\varphi_j$$

$$= (k-1)\,\varphi_1 + (k-2)\,\varphi_2 + \ldots + 2\varphi_{k-2} + \varphi_{k-1} = \sum_{i=1}^{k-1}(k-i)\,\varphi_i. \tag{28}$$

Führt man dieselbe Ableitung für die zweite Koordinate, sowie auch in den Fällen (26 B) und (26 C) durch und verwendet die Abkürzungen

$$\Phi_k = \sum_{i=1}^{k-1}(k-i)\,\varphi_i;\quad \Phi'_k = \sum_{i=1}^{k-1}(k-i)\,\varphi'_i;\quad \Psi_k = \sum_{i=1}^{k-1}(k-i)\,\psi_i;\quad \Psi'_k = \sum_{i=1}^{k-1}(k-i)\,\psi'_i; \tag{29}$$

so erhält man:

$$dx_k = dx_0 + k\,dl_{0,1} + \frac{l}{\varrho}\Phi_k;\qquad dy_k = dy_0 + \frac{l}{\varrho}(k\,d\lambda_{0,1} + \Psi_k); \tag{30 A}$$

$$\text{bzw. } dx_k = dx_0 + k\,dl_{0,1} + \frac{l}{\varrho}\Phi'_k;\qquad dy_k = dy_0 + \frac{l}{\varrho}(k\,d\lambda_{0,1} - \Psi'_k); \tag{30 B}$$

$$\text{bzw. } dx_k = dx_0 + k\,dl_{0,1} + \frac{l}{\varrho}\frac{\Phi_k + \Phi'_k}{2};\quad dy_k = dy_0 + \frac{l}{\varrho}\left(k\,d\lambda_{0,i} + \frac{\Psi_k - \Psi'_k}{2}\right). \tag{30 C}$$

Geht man schließlich den in Abb. 3 b gewiesenen Weg und zieht dementsprechend Gl. (26 D) heran, so folgt aus (27) mit Berücksichtigung von (28)

a) wenn $k = 2\varkappa + 1$; d. h. eine ungerade Zahl ist

$$dx_{2\varkappa+1} = dx_0 + dl_{0,1} + dl_{1,2} + \sum_{i=1}^{\varkappa} dl_{2i,2i+1} + \sum_{i=1}^{\varkappa-1} dl_{2i+1,2i+2}$$

$$= dx_0 + (2\varkappa+1)dl_{0,1} + \frac{l}{\varrho}\varphi_1 + \frac{l}{\varrho}\sum_{i=1}^{\varkappa}(\varkappa+1-i)(\varphi_{2i-1}+\varphi'_{2i}) + \frac{l}{\varrho}\sum_{1}^{\varkappa-1}[(\varkappa-i)(\varphi_{2i-1}+\varphi'_{2i})+\varphi_{2i+1}]$$

$$= dx_0 + (2\varkappa+1)dl_{0,1} + \frac{l}{\varrho}\sum_{i=1}^{\varkappa}(2\varkappa+2-2i)\varphi_{2i-1} + \frac{l}{\varrho}\sum_{i=1}^{\varkappa}(2\varkappa+1-2i)\varphi'_{2i};$$

b) wenn $k = 2\varkappa$; d. h. eine gerade Zahl ist

$$dx_{2\varkappa} = dx_0 + dl_{0,1} + dl_{1,2} + \sum_{i=1}^{\varkappa-1} dl_{2i,2i+1} + \sum_{i=1}^{\varkappa-1} dl_{2i+1,2i+2}$$

$$= dx_0 + 2\varkappa dl_{0,1} + \frac{l}{\varrho}\varphi_1 + \frac{l}{\varrho}\sum_{i=1}^{\varkappa-1}(\varkappa-i)(\varphi_{2i-1}+\varphi'_{2i}) + \frac{l}{\varrho}\sum_{i=1}^{\varkappa-1}[(\varkappa-i)(\varphi_{2i-1}+\varphi'_{2i})+\varphi_{2i+1}]$$

$$= dx_0 + 2\varkappa dl_{0,1} + \frac{l}{\varrho}\sum_{i=1}^{\varkappa}(2\varkappa+1-2i)\varphi_{2i-1} + \frac{l}{\varrho}\sum_{i=1}^{\varkappa}(2\varkappa-2i)\varphi'_{2i}.$$

Offensichtlich lassen sich beide Fälle in eine einzige Gleichung fassen:

$$dx_k = dx_0 + k dl_{0,1} + \frac{l}{\varrho} \sum_{i=1}^{\varkappa} (k - 2i)\, \varphi'_{2i} + \frac{l}{\varrho} \sum_{i=1}^{\varkappa} (k + 1 - 2i)\, \varphi_{2i-1},$$

wo als Summationsgrenze $\varkappa$ die ganze der beiden Zahlen $\frac{k}{2}$ oder $\frac{k-1}{2}$ zu nehmen ist. Durch sinngemäße Buchstabenvertauschung ergibt sich auch $dy_k$, so daß schließlich

$$dx_k = dx_0 + k dl_{0,1} + \frac{l}{\varrho} \overline{\Phi}_k; \quad dy_k = dy_0 + \frac{l}{\varrho} (k d\lambda_{0,1} + \overline{\Psi}_k) \tag{30 D}$$

wird, wo folgende Abkürzungen benutzt sind:

$$\overline{\Phi}_k = \sum_{i=1}^{\varkappa} [(k + 1 - 2i)\, \varphi_{2i-1} + (k - 2i)\, \varphi'_{2i}],$$

$$\overline{\Psi}_k = \sum_{i=1}^{\varkappa} [(k + 1 - 2i)\, \psi_{2i-1} - (k - 2i)\, \psi'_{2i}], \quad \text{mit } \varkappa = \frac{k(-1)}{2}. \tag{31}$$

## 4. Anschluß an zwei Festpunkte

Bei welchem Nadir die Zählung beginnt, kann vorläufig noch ganz offen bleiben. Natürlicherweise wird man den am weitesten nach links gelegenen Nadir als $N_0$ wählen, doch versagt diese Festsetzung, sobald die Kette sich links ins Unendliche ausdehnt. In dieser Hinsicht sind $dx_0$, $dy_0$, $dl_{0,1}$ und $d\lambda_{0,1}$ als irgendwelche unbekannte Parameter aufzufassen, welche auf Grund der Anschlußbedingungen eliminiert werden müssen.

Zu diesem Zweck müssen auch vier Bestimmungsgleichungen vorliegen; d. h. die Werte $dx_r$, $dy_r$, $dx_s$, $dy_s$ für zwei Punkte gegeben sein, welche wir ganz allgemein durch die Nummern $r$ und $s$ $(0 \leqq r \leqq s)$ auszeichnen. Handelt es sich bei diesen Nadiren um Fixpunkte, so müssen obige Verschiebungsgrößen eben verschwinden. Wir behalten sie jedoch im Hinblick auf die spätere Fehlerrechnung vorläufig noch im Auge.

Je nachdem, welcher Weg zur Rechnung beschritten wurde, lauten die Bestimmungsgleichungen etwas anders. Der Einfachheit halber schreiben wir zunächst die Gl. (30 A—D) in der einheitlichen Form

$$dx_k = dx_0 + k dl_{0,1} - X_k, \quad dy_k = dy_0 + k \frac{l}{\varrho} d\lambda_{0,1} - Y_k, \tag{32 a}$$

wo $X_k$ und $Y_k$ in den Fällen A—D folgende Bedeutung haben:

$$\begin{array}{lcccc} & \text{A} & \text{B} & \text{C} & \text{D} \\ X_k = & -\frac{l}{\varrho} \Phi_k & -\frac{l}{\varrho} \Phi'_k & -\frac{l}{\varrho} \frac{\Phi_k + \Phi'_k}{2} & -\frac{l}{\varrho} \overline{\Phi}_k \\ Y_k = & -\frac{l}{\varrho} \Psi_k & +\frac{l}{\varrho} \Psi'_k & -\frac{l}{\varrho} \frac{\Psi_k - \Psi'_k}{2} & -\frac{l}{\varrho} \overline{\Psi}_k \end{array} \tag{32 b}$$

und setzen nun $k = r$ bzw. $k = s$:

$$\begin{array}{lllll} dx_r = dx_0 & & + r dl_{0,1} & & - X_r \\ dy_r = & dy_0 & & + r \frac{l}{\varrho} d\lambda_{0,1} & - Y_r \\ dx_s = dx_0 & & + s dl_{0,1} & & - X_s \\ dy_s = & dy_0 & & + s \frac{l}{\varrho} d\lambda_{0,1} & - Y_s. \end{array} \tag{33}$$

Die Koeffizienten-Determinante dieser Gleichungen ist

$$D = \begin{vmatrix} 1 & 0 & r & 0 \\ 0 & 1 & 0 & r\frac{l}{\varrho} \\ 1 & 0 & s & 0 \\ 0 & 1 & 0 & s\frac{l}{\varrho} \end{vmatrix} = (s - r)^2 \frac{l}{\varrho} \tag{34}$$

und die gesuchten Unbekannten ergeben sich sehr leicht:

$$dx_0 = \frac{s(X_r + dx_r) - r(X_s + dx_s)}{s - r}, \quad dy_0 = \frac{s(Y_r + dy_r) - r(Y_s + dy_s)}{s - r},$$
$$dl_{0,1} = \frac{(X_s + dx_s) - (X_r + dx_r)}{s - r}, \quad d\lambda_{0,1} = \frac{(Y_s + dy_s) - (Y_r + dy_r)}{(s - r)l}\,\varrho\,. \tag{35}$$

Wir substituieren sie in (32a) und erhalten dadurch die Verschiebungen eines beliebigen Punktes

$$dx_k = \frac{(s-k)(X_r + dx_r) + (k-r)(X_s + dx_s) + (r-s)X_k}{s-r};$$
$$dy_k = \frac{(s-k)(Y_r + dy_r) + (k-r)(Y_s + dy_s) + (r-s)Y_k}{s-r}. \tag{36}$$

Gewöhnlich unterscheidet man die zwischen zwei Festpunkten „eingehängte Kette“ und die sog. „freie Kette“, bei welcher nur ein Festpunkt, außerdem aber Länge und Richtung der Ausgangsseite gegeben sind. Da mit diesen Elementen auch der zweite Endpunkt der Ausgangsbasis zu rechnen ist, wird obige Unterscheidung überflüssig. Bestenfalls kann man von einer eingehängten Kette mit freiem Ende sprechen, wenn sie nach einer oder auch nach beiden Seiten über die Festpunkte hinaus fortgesetzt wird, wobei aber die Lage dieser Festpunkte innerhalb der Kette unwesentlich ist. Unser Ansatz schließt alle diese Fälle in sich ein, da $r$, $s$ und $k$ ganz beliebig sind.

# III. Genauigkeitsverhältnisse

## 1. Entwicklung nach den Beobachtungselementen

### *a) Einführung der Rautennumerierung*

Unsere eigentliche Aufgabe ist es, die Koordinatenfehler eines beliebigen Punktes $N_k$ der Nadirkette zu bestimmen. Wie in I, 3 gezeigt wurde, muß zu diesem Zweck die Änderung der Funktion $\mathfrak{F}(l_\tau)$, welche bei unserem Problem durch $x_k$ bzw. $y_k$ repräsentiert wird, entsprechend (8a) dargestellt, d.h. es müssen die Koeffizienten $\mathfrak{f}_\tau$ der Beobachtungselemente in dieser Entwicklung bestimmt werden.

Zur Entlastung nehmen wir von jetzt ab $dx_r = dx_s = dy_r = dy_s = 0$, wie es die Festpunkte $r$ und $s$ verlangen und führen die Rechnung zunächst für $dx_k$ im Falle (A) durch, indem wir gemäß (32b) und (29) $X_r = -\frac{l}{\varrho}\Phi_r = -\frac{l}{\varrho}\sum_{i=1}^{r-1}(r-i)\varphi_i$, $X_s$, $X_k$ analog in (36) einsetzen:

$$dx_k = -\frac{l}{(s-r)\varrho}\left[(s-k)\sum_{i=1}^{r-1}(r-i)\varphi_i + (k-r)\sum_{i=1}^{s-1}(s-i)\varphi_i + (r-s)\sum_{i=1}^{k-1}(k-i)\varphi_i\right].$$

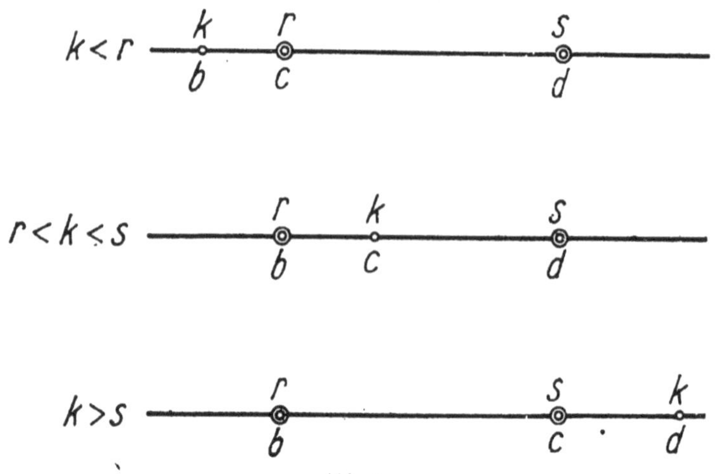


Abb 6

Die Beobachtungselemente, nach welchen nun zu ordnen ist, stecken in $\varphi_i$ — s. Gl. (25a) — und manche unter ihnen in mehreren von obigen drei Summen. Für die weitere allgemeine Behandlung wäre daher eine Unterscheidung der Fälle $k < r$, $r < k < s$ und $k > s$ erforderlich. Wir umgehen diese Schwierigkeiten dadurch, daß wir neben $r$, $s$ und $k$ eine neue Bezeichnung verwenden, nämlich dem am weitesten links gelegenen der drei Nadire $N_r$, $N_s$, $N_k$ die Nummer b, dem mittleren die Nummer c und dem äußersten rechts die Nummer d zuweisen (s. Abb. 6). An dieser Stelle vervollständigen wir die Einteilung, indem auch Anfang und Ende der Kette gekennzeichnet werden, und zwar geben wir der ersten Raute (dem zweiten Nadir) die Nummer a, der letzten Raute (dem vorletzten Nadir) die Nummer z. Besteht die Kette aus insgesamt n-Rauten, so muß bei dieser „Rautennumerierung" die Beziehung gelten

$$z - a = n - 1 . \tag{37}$$

### b) *Entwicklung nach Winkelelementen*

Der Klammerausdruck in der vorletzten Gleichung ist in $(r, s, k)$ zyklisch symmetrisch; dagegen würde der Zyklus $(r, k, s)$ dessen Vorzeichen umkehren. Wegen

$$a - 1 \leqq b < c < d \leqq z + 1 \tag{38}$$

erhält man daher mit der neuen Bezeichnung beim Zyklus $(b, c, d)$

$$dx_k = \frac{\mp\, l}{(s-r)\varrho}\left\{(b-c)\sum_{i=1}^{d-1}(d-i)\varphi_i + (c-d)\sum_{i=1}^{b-1}(b-i)\varphi_i + (d-b)\sum_{i=1}^{c-1}(c-i)\varphi_i\right\}$$

$$= \frac{\mp\, l}{(s-r)\varrho}\left\{\sum_{i=1}^{b-1}[(b-c)(d-i) + (c-d)(b-i) + (d-b)(c-i)]\varphi_i \right.$$
$$\left. + \sum_{i=b}^{c-1}[(b-c)(d-i) + (d-b)(c-i)]\varphi_i + \sum_{i=c}^{d-1}(b-c)(d-i)\varphi_i\right\}$$

$$= \frac{\mp\, l}{(s-r)\varrho}\left\{\sum_{i=b}^{c-1}(d-c)(b-i)\varphi_i + \sum_{i=c}^{d-1}(b-c)(d-i)\varphi_i\right\},$$

wobei das obere Vorzeichen zu nehmen ist, falls der Nadir $N_k$ außerhalb der Festpunkte liegt, also der Zyklus $(b, c, d) \equiv (r, s, k)$; dagegen das untere Zeichen, wenn $k$ zwischen $r$ und $s$ liegt, weil dann $(b, c, d) \equiv (r, k, s)$. Wie aus (32b) und (29) ersichtlich, ergibt sich $dy_k$, indem man $\varphi_i$ durch $\psi_i$ ersetzt, und durch entsprechende Vertauschung erledigen sich auch die Fälle (B) und (C):

Fall A

$$dx_k = \frac{\pm\, l}{(s-r)\varrho}\left\{(d-c)\sum_{i=b}^{c-1}(i-b)\varphi_i + (c-b)\sum_{i=c}^{d-1}(d-i)\varphi_i\right\},$$

$$dy_k = \frac{\pm\, l}{(s-r)\varrho}\left\{(d-c)\sum_{i=b}^{c-1}(i-b)\psi_i + (c-b)\sum_{i=c}^{d-1}(d-i)\psi_i\right\}. \tag{39 A}$$

Fall B

$$dx_k = \frac{\pm\, l}{(s-r)\varrho}\left\{(d-c)\sum_{i=b}^{c-1}(i-b)\varphi'_i + (c-b)\sum_{i=c}^{d-1}(d-i)\varphi'_i\right\},$$

$$dy_k = \frac{\mp\, l}{(s-r)\varrho}\left\{(d-c)\sum_{i=b}^{c-1}(i-b)\psi'_i + (c-b)\sum_{i=c}^{d-1}(d-i)\psi'_i\right\}, \tag{39 B}$$

Fall C

$$dx_k = \frac{\pm\, l}{(s-r)\varrho}\left\{(d-c)\sum_{i=b}^{c-1}(i-b)\frac{\varphi_i+\varphi'_i}{2} + (c-b)\sum_{i=c}^{d-1}(d-i)\frac{\varphi_i+\varphi'_i}{2}\right\},$$

$$dy_k = \frac{\pm\, l}{(s-r)\varrho}\left\{(d-c)\sum_{i=b}^{c-1}(i-b)\frac{\psi_i-\psi'_i}{2} + (c-b)\sum_{i=c}^{d-1}(d-i)\frac{\psi_i-\psi'_i}{2}\right\}. \tag{39C}$$

Dem Wege (D) folgend setzen wir gemäß (32 b) und (31)

$$X_r = -\frac{l}{\varrho}\bar{\Phi}_r = -\frac{l}{\varrho}\sum_{i=1}^{\frac{r(-1)}{2}}[(r+1-2i)\varphi_{2i-1} + (r-2i)\varphi'_{2i}],$$

analog $X_s$ und $X_k$ in (36) ein, benutzen dann die Rautennumerierung und erhalten nach einer ganz entsprechenden Rechnung

$$\text{Fall D}\quad dx_k = \frac{\pm\, l}{(s-r)\varrho}\left\{(d-c)\sum_{i=\beta+1}^{\gamma}[(2i-1-b)\varphi_{2i-1} + (2i-b)\varphi'_{2i}] + (c-b)\sum_{i=\gamma+1}^{\delta}[(d+1-2i)\varphi_{2i-1} + (d-2i)\varphi'_{2i}]\right\},$$

$$dy_k = \frac{\pm\, l}{(s-r)\varrho}\left\{(d-c)\sum_{i=\beta+1}^{\gamma}[(2i-1-b)\psi_{2i-1} - (2i-b)\psi'_{2i}] + (c-b)\sum_{i=\gamma+1}^{\delta}[(d+1-2i)\psi_{2i-1} - (d-2i)\psi'_{2i}]\right\}, \qquad (39\,\text{D})$$

worin $\beta = \left(\frac{b}{2}, \frac{b-1}{2}\right)$, $\gamma = \left(\frac{c}{2}, \frac{c-1}{2}\right)$, $\delta = \left(\frac{d}{2}, \frac{d-1}{2}\right)$; d. h. die ganze der beiden eingeklammerten Zahlen bedeuten. Werden noch gemäß (25 a, b) die Differentiale der Originalwinkel in den Gl. (39) eingeführt, so ist die gewünschte Ordnung nach den Beobachtungselementen im Falle einer Winkelmessung hergestellt.

*c) Entwicklung nach Richtungselementen*

Für Richtungsmessungen ist die Sachlage weit verwickelter. Unter Heranziehung von (15) zu (25 a, b) und mit Benutzung abkürzender Bezeichnung für die immer wiederkehrenden Kombinationen

$$\omega_i = 2\,[(1)_i - (2)_{i-1} - (8)_{i+1}], \quad \omega'_i = 2\,[(5)_i - (4)_{i-1} - (6)_{i+1}] \qquad (40)$$

stellen wir zunächst $\varphi$ und $\psi$ durch die Richtungselemente dar:

$$\varphi_i = \omega_i + 2\,(3)_{i-1} - (3)_i - (7)_i + 2\,(7)_{i+1}; \qquad \psi_i = (3)_i - (7)_i, \qquad (41\,\text{a})$$

$$\varphi'_i = -\,\omega'_i - 2\,(3)_{i-1} + (3)_i + (7)_i - 2\,(7)_{i+1}, \quad \psi'_i = -\,(3)_i + (7)_i. \qquad (41\,\text{b})$$

Diese Ausdrücke werden in den Gl. (39) eingesetzt und dann die Beobachtungselemente geordnet. Zu diesem Zweck machen wir von folgenden Umformungen Gebrauch, bei welchen erst $i = q + 1$ und dann wieder $q = i$ gesetzt wird:

$$\sum_{i=b}^{c-1}(i-b)\,[2\,(3)_{i-1} - (7)_i] = \sum_{q=b-1}^{c-2}(q+1-b)\,[2\,(3)_q - (7)_{q+1}]$$
$$= \sum_{i=b}^{c-1}(i+1-b)\,[2\,(3)_i - (7)_{i+1}] - (c-b)\,[2\,(3)_{c-1} - (7)_c];$$

$$\sum_{i=c}^{d-1}(d-i)\,[2\,(3)_{i-1} - (7)_i] = \sum_{q=c-1}^{d-2}(d-q-1)\,[2\,(3)_q - (7)_{q+1}]$$
$$= \sum_{i=c}^{d-1}(d-i-1)\,[2\,(3)_i - (7)_{i+1}] + (d-c)\,[2\,(3)_{c-1} - (7)_c].$$

Damit erhält man z. B. aus (39 A) bei Substitution von (41 a)

$$dx_k = \pm \frac{l}{(s-r)\varrho}\Big[(d-c)\sum_{i=b}^{c-1}\{(i-b)[\omega_i-(3)_i+2(7)_{i+1}]+(i+1-b)[2(3)_i-(7)_{i+1}]\}$$
$$-(d-c)(c-b)[2(3)_{c-1}-(7)_c]$$
$$+(c-b)\sum_{i=c}^{d-1}\{(d-i)[\omega_i-(3)_i+2(7)_{i+1}]+(d-1-i)[2(3)_i-(7)_{i+1}]\}$$
$$+(c-b)(d-c)[2(3)_{c-1}-(7)_c]\Big]$$

$$= \pm \frac{l}{(s-r)\varrho}\Big\{(d-c)\sum_{i=b}^{c-1}[(i-b)\omega_i+(i+2-b)(3)_i+(i-1-b)(7)_{i+1}]$$
$$+(c-b)\sum_{i=c}^{d-1}[(d-i)\omega_i+(d-2-i)(3)_i+(d+1-i)(7)_{i+1}]\Big\}. \quad (42\,\text{A})$$

Genau ebenso kann man die weiteren Fälle behandeln; so folgt aus (39 B) bzw. (39 C) mit Benutzung von (41 a, b) — oder einfacher durch entsprechenden Zeichenaustausch:

$$dx_k = \mp \frac{l}{(s-r)\varrho}\Big\{(d-c)\sum_{i=b}^{c-1}[(i-b)\omega'_i+(i+2-b)(3)_i+(i-1-b)(7)_{i+1}]$$
$$+(c-b)\sum_{i=c}^{d-1}[(d-i)\omega'_i+(d-2-i)(3)_i+(d+1-i)(7)_{i+1}]\Big\} \quad (42\,\text{B})$$

bzw. $$dx_k = \pm \frac{l}{(s-r)\varrho}\Big\{(d-c)\sum_{i=b}^{c-1}(i-b)\frac{\omega_i-\omega'_i}{2}+(c-b)\sum_{i=c}^{d-1}(d-i)\frac{\omega_i-\omega'_i}{2}\Big\}. \quad (42\,\text{C})$$

In die letzte Gleichung gehen offensichtlich — s. (40) und Abb. 5 — nur Richtungen nach den Hilfspunkten ein; das arithmetische Mittel der aus der oberen und unteren Dreieckskette gerechneten Punktlage ist also in der Kettenrichtung unabhängig von den Beobachtungen zwischen den Nadirpunkten. Dieses ist natürlich so zu verstehen, daß kleine Änderungen bis auf Größen höherer Ordnung ohne Einfluß bleiben.

Im Falle (D) bilden wir erst mit Hilfe von (41 a, b)

$$(2i-1-b)\varphi_{2i-1}+(2i-b)\varphi'_{2i}$$
$$=(2i-1-b)\omega_{2i-1}-(2i-b)\omega'_{2i}+2(2i-1-b)(3)_{2i-2}-(6i-1-3b)(3)_{2i-1}+(2i-b)(3)_{2i}$$
$$-(2i-1-b)(7)_{2i-1}+(6i-2-3b)(7)_{2i}-2(2i-b)(7)_{2i+1},$$

$$(d+1-2i)\varphi_{2i-1}+(d-2i)\varphi'_{2i}$$
$$=(d+1-2i)\omega_{2i-1}-(d-2i)\omega'_{2i}+2(d+1-2i)(3)_{2i-2}-(3d+1-6i)(3)_{2i-1}+(d-2i)(3)_{2i}$$
$$-(d+1-2i)(7)_{2i-1}+(3d+2-6i)(7)_{2i}-2(d-2i)(7)_{2i+1}.$$

Summiert man darüber gemäß (39 D) und berücksichtigt, daß

$$\sum_{i=\beta+1}^{\gamma}(2i-1-b)[2(3)_{2i-2}-(7_{2i})_{-1}]=\sum_{q=\beta}^{\gamma-1}(2q+1-b)[2(3)_{2q}-(7)_{2q+1}]$$
$$=(2\beta+1-b)[2(3)_{2\beta}-(7)_{2\beta+1}]+\sum_{i=\beta+1}^{\gamma-1}(2i+1-b)[2(3)_{2i}-(7)_{2i+1}]$$

$$\sum_{i=\gamma+1}^{\delta}(d+1-2i)[2(3)_{2i-2}-(7)_{2i-1}]=\sum_{q=\gamma}^{\delta-1}(d-1-2q)[2(3)_{2q}-(7)_{2q+1}]$$
$$=(d-1-2\gamma)[2(3)_{2\gamma}-(7)_{2\gamma+1}]+\sum_{i=\gamma+1}^{\delta-1}(d-1-2i)[2(3)_{2i}-(7)_{2i+1}],$$

so erhält man schließlich

$$dx_k = \pm \frac{l}{(s-r)\varrho}\Bigg[(d-c)\Big\{(2\beta+1-b)[2(3)_{2\beta}-(7)_{2\beta+1}] + \sum_{i=\beta+1}^{\gamma-1}[(6i+2-3b)(3)_{2i}-(6i+1-3b)(7)_{2i+1}]$$

$$+\sum_{i=\beta+1}^{\gamma}[(2i-1-b)\omega_{2i}-(2i-b)\omega'_{2i}-(6i-1-3b)(3)_{2i-1}+(6i-2-3b)(7)_{2i}]\Big\}$$

$$+[(d-c)(2\gamma-b)+2(c-b)(d-1-2\gamma)](3)_{2\gamma}-[2(d-c)(2\gamma-b)+(c-b)(d-1-2\gamma)](7)_{2\gamma+1}$$

$$+(c-b)\Big\{\sum_{i=\gamma+1}^{\delta}[(d+1-2i)\omega_{2i-1}-(d-2i)\omega'_{2i}-(3d+1-6i)(3)_{2i-1}+(3d+2-6i)(7)_{2i}]$$

$$+\sum_{i=\gamma+1}^{\delta-1}[(3d-2-6i)(3)_{2i}-(3d-1-6i)(7)_{2i+1}]+(d-2\delta)[(3)_{2\delta}-2(7)_{2\delta+1}]\Big\}\Bigg]. \tag{42 D}$$

Für die andere Koordinate gestaltet sich die Rechnung einfacher; dabei folgt aus (39 A), (39 B) und (39 C) die gleiche Entwicklung

$$dy_k = \pm \frac{l}{(s-r)\varrho}\Big\{(d-c)\sum_{i=b}^{c-1}(i-b)[(3)_i-(7)_i] + (c-b)\sum_{i=c}^{d-1}(d-i)[(3)_i-(7)_i]\Big\} \tag{43 A, B, C}$$

und aus (39 D) mit Benutzung von (41 a, b)

$$dy_k = \pm \frac{l}{(s-r)\varrho}\Big\{(d-c)\sum_{i=2\beta+1}^{2\gamma}(i-b)[(3)_i-(7)_i] + (c-b)\sum_{i=2\gamma+1}^{2\delta}(d-i)[(3)_i-(7)_i]\Big\} \tag{43 D}$$

## 2. Mittlere Koordinatenfehler

### *a) Übertragungsfehler, Fehler der Festpunkte*

Die Ordnung nach voneinander unabhängigen Beobachtungselementen ist in den Gleichungen (39) bzw. (42, 43) hergestellt und daher bereitet die Anwendung des Fehlerfortpflanzungsgesetzes (8 b, c) zur Ermittlung der Koordinatenfehler $M_x$, $M_y$ keine Schwierigkeiten mehr. An einige bekannte Summenformeln, welche dabei mehrfach gebraucht werden, sei nur kurz erinnert:

$$\sum_{q=1}^{n} q^2 = \frac{1}{6}n(n+1)(2n+1); \quad \sum_{q=1}^{n} q = \frac{1}{2}n(n+1); \quad \sum_{a}^{b} 1 = b-a+1. \tag{44}$$

Da sowohl die einzelnen in $\varphi_i$ (25) auftretenden Winkelelemente wie auch jene in verschiedenen $\varphi_i$ voneinander völlig unabhängig sind und ein gleiches für $\psi_i$, $\varphi'_i$ und $\psi'_i$ gilt, gelingt die Fehlerbestimmung bei Winkelmessung recht einfach. Bezeichnet nach unserer in I, 1 getroffenen Vereinbarung $\mu\sqrt{2}$ den mittleren Fehler eines beobachteten Winkels, so ist nämlich nach (25 a, b)

$$m^2_\varphi = m^2_{\varphi'} = 20\,\mu^2; \quad m^2_\psi = m^2_{\psi'} = 4\,\mu^2. \tag{45}$$

Diese beiden Größen können im Sinne Finsterwalders [19, S. 33], [20, S. 155] als mittlere Fehler der Richtungs- bzw. Maßstabsübertragung von einem Kettenglied zum nächsten angesprochen werden; jedoch gelten die angegebenen Werte nur bei Winkelbeobachtung und bei Benutzung einer einfachen überschlagenen Dreieckskette zur Punktberechnung. In anderen Fällen, z. B. für eine nach Richtungen beobachtete und streng ausgeglichene Kette, dürfte die Angabe obiger Übertragungsfehler in allgemeiner Form recht schwierig, wenn nicht praktisch unmöglich sein.

An dieser Stelle soll auch die Ungenauigkeit der gegebenen Festpunkte (Nadir Nr. $r$ und $s$) berücksichtigt werden, und zu diesem Zweck greifen wir auf (36) zurück. Die darin auftretenden Verschiebungen $dx_r$, $dy_r$, $dx_s$, $dy_s$ sind zwar wegen des Charakters von Fixpunkten gleich Null zu setzen, aber auch mit Fehlern behaftet. Bezeichnen daher $m_x(r)$, $m_y(r)$, $m_x(s)$, $m_y(s)$ die mittleren Fehler der Festpunktkoordinaten und $M'_x$, $M'_y$ die allein durch Beobachtungsgrößen (in $X_r$, $Y_r$ ... enthalten) hervorgerufenen Fehler in den Koordinaten, so findet man aus (36) auf Grund des Fehlerfortpflanzungsgesetzes

$$\left.\begin{matrix} M^2_x(k) \\ M^2_y(k) \end{matrix}\right\} = \left(\frac{s-k}{s-r}\right)^2 \left\{\begin{matrix} m^2_x(r) \\ m^2_y(r) \end{matrix}\right. + \left(\frac{k-r}{s-r}\right)^2 \left\{\begin{matrix} m^2_x(s) \\ m^2_y(s) \end{matrix}\right. + \left\{\begin{matrix} M'^2_x(k) \\ M'^2_y(k) \end{matrix}\right. . \tag{46}$$

*b) Koordinatenfehler bei Winkelmessung*

Für $M'_y(k)$ ergibt sich mit Benutzung von (44) und (45) bei Winkelmessung z. B. im Falle (39 A)

$$M'^2_y(k) = \left(\frac{l}{s-r}\right)^2 \left\{(d-c)^2 \sum_{i=b}^{c-1} (i-b)^2\, 4\left(\frac{\mu}{\varrho}\right)^2 + (c-b)^2 \sum_{i=c}^{d-1} (d-i)^2\, 4\left(\frac{\mu}{\varrho}\right)^2\right\}$$

$$= \frac{4l^2}{(s-r)^2}\left\{(d-c)^2 \sum_{q=0}^{c-b-1} q^2 + (c-b)^2 \sum_{q=1}^{d-c} q^2\right\}\left(\frac{\mu}{\varrho}\right)^2$$

$$= \frac{2l^2\mu^2}{3(s-r)^2\varrho^2}(d-c)(c-b)[(d-c)(c-b-1)(2c-2b-1)+(c-b)(d-c+1)(2d-2c+1)]$$

$$= \frac{2l^2\mu^2}{3(s-r)^2\varrho^2}(d-c)(c-b)(d-b)[1+2(d-c)(c-b)]\,.$$

Wegen $m^2_\varphi = 5m^2_\psi$ (45) ist offensichtlich auch $M'^2_x = 5M'^2_y$. Die übrigen Fälle erledigen sich von selbst. Zu (39 C) bemerke ich nur, daß $m^2\left(\frac{\psi+\psi'}{2}\right) = \frac{1}{4}(m^2_\psi + m^2_{\psi'}) = 2\mu^2$ ist, ferner zu (39 D), daß

$$\sum_{i=\beta+1}^{\gamma} [(2i-1-b)^2 + (2i-b)^2] = \sum_{q=2\beta+1}^{2\gamma} (q-b)^2 = \sum_{i=2\beta+1-b}^{2\gamma-b} i^2 = \sum_{i=1}^{2\gamma-b} i^2;$$

$$\sum_{i=\gamma+1}^{\delta} [(d+1-2i) + (d-2i)^2] = \sum_{q=2\gamma+1}^{2\delta} (d-q)^2 = \sum_{i=d-2\delta}^{d-2\gamma-1} i^2 = \sum_{i=1}^{d-2\gamma-1} i^2,$$

weil die Summe entsprechend der Bedeutung von $\beta = \left(\frac{b}{2}, \frac{b-1}{2}\right)$ bzw. $\delta = \left(\frac{d}{2}, \frac{d-1}{2}\right)$ faktisch immer mit 1 beginnt und daß, wie man sich leicht überzeugt, auch die beiden Möglichkeiten $\gamma = \left(\frac{c}{2}, \frac{c-1}{2}\right)$ zum nämlichen Ergebnis führen. Berücksichtigt man gleichzeitig (46), so erhält man schließlich

$$\begin{matrix} M^2_x(k) \\ M^2_y(k) \end{matrix}\Bigg\} = \left(\frac{s-k}{s-r}\right)^2 \left\{\begin{matrix} m^2_x(r) \\ m^2_y(r) \end{matrix}\right. + \left(\frac{k-r}{s-r}\right)^2 \left\{\begin{matrix} m^2_x(s) \\ m^2_y(s) \end{matrix}\right. + \left.\begin{matrix} 10 \\ 2 \end{matrix}\right\} \frac{2(d-c)(c-b)+1}{3(s-r)^2}(d-b)(d-c)(c-b)l^2\left(\frac{\mu}{\varrho}\right)^2 \quad (47\,\text{A, B, D})$$

$$\begin{matrix} M^2_x(k) \\ M^2_y(k) \end{matrix}\Bigg\} = \left(\frac{s-k}{s-r}\right)^2 \left\{\begin{matrix} m^2_x(r) \\ m^2_y(r) \end{matrix}\right. + \left(\frac{k-r}{s-r}\right)^2 \left\{\begin{matrix} m^2_x(s) \\ m^2_y(s) \end{matrix}\right. + \left.\begin{matrix} 5 \\ 1 \end{matrix}\right\} \frac{2(d-c)(c-b)+1}{3(s-r)^2}(d-b)(d-c)(c-b)l^2\left(\frac{\mu}{\varrho}\right)^2 \quad (47\,\text{C})$$

Es war von vornherein klar, und die Rechnung bestätigt es, daß die Rechenwege A, B und D bei Winkelmessung gleich genau sind. Das starke Überwiegen des Längs- gegenüber dem Querfehler ist bekannt.

*c) Koordinatenfehler bei Richtungsmessung*

Bei der Richtungsbeobachtung kann man dem von Natur aus verschiedenen Charakter von Hilfs- und Nadirpunkten dadurch leicht Rechnung tragen, daß die Richtungen nach den Nadiren $N$-Mal, jene nach den Hilfspunkten $H$-Mal ausgemessen werden und die Frage nach dem günstigsten Verhältnis $\eta = \frac{H}{N}$; d. h. nach jenem Wert $\eta$, bei dem die Fehlerellipse des einzuschaltenden Punktes möglichst kreisförmig wird, ist gerade im Hinblick auf die letzte Feststellung des vorigen Abschnittes wohl berechtigt.

Wir setzen daher im Einklang mit der in I, 1 getroffenen Festsetzung das mittlere Fehlerquadrat einer zur Rechnung benutzten Richtung gleich $\frac{\mu^2}{N}$ bzw. $\frac{\mu^2}{H}$, je nachdem ob es sich um eine solche nach einem Nadir oder nach einem Hilfspunkt handelt. Gemäß Abb. 5 gehören (3) und (7) zur ersten Art, (1), (2), (4), (5), (6) und (8) zur zweiten; daher ist — vgl. (40) und (41 a, b) —

$$m^2(\omega) = m^2(\omega') = \frac{12}{H}\mu^2; \quad m^2(\varphi) = m^2(\varphi') = 2\left(\frac{6}{H} + \frac{5}{N}\right)\mu^2; \quad m^2(\psi) = m^2(\psi') = \frac{2}{N}\mu^2. \quad (48)$$

Nach ähnlicher Rechnung wie oben, wobei im Falle (43 D) ähnliche Überlegungen wie im vorhergehenden Abschnitt anzustellen sind, erhält man aus den Gl. (43 A, B, C) und (43 D) unter Heranziehung von (46)

$$M^2_y(k) = \left(\frac{s-k}{s-r}\right)^2 m^2_y(r) + \left(\frac{k-r}{s-r}\right)^2 m^2_y(s) + \frac{2(d-c)(c-b)+1}{3N(s-r)^2}(d-b)(d-c)(c-b)l^2\left(\frac{\mu}{\varrho}\right)^2 \quad (49\,\text{A, B, C, D})$$

Für den Längsfehler folgt aus (42 A) oder (42 B), wenn dort in der ersten Summe $i - b = q$, in der zweiten $d - i = q$ substituiert wird, mit Hilfe von (48) und der Formeln (44)

$$M'^2_x(k) = \left(\frac{l}{s-r}\right)^2 \left\{(d-c)^2 \sum_{q=0}^{c-b=1} \left[\frac{12}{H} q^2 + \frac{(q+2)^2 + (q-1)^2}{N}\right] + (c-b)^2 \sum_{q=1}^{d-c} \left[\frac{12}{H} q^2 + \frac{(q-2)^2 + (q+1)^2}{N}\right]\right\} \left(\frac{\mu}{\varrho}\right)^2$$

$$= \left[\frac{l\mu}{(s-r)\varrho}\right]^2 (d-c)(c-b) \left\{(d-c)\left[\left(\frac{6}{H} + \frac{1}{N}\right)\frac{(c-b-1)(2c-2b-1)}{3} + \frac{c-b-1}{N} + \frac{5}{N}\right]\right.$$

$$\left. + (c-b)\left[\left(\frac{6}{H} + \frac{1}{N}\right)\frac{(d-c+1)(2d-2c+1)}{3} - \frac{d-c+1}{N} + \frac{5}{N}\right]\right\}$$

$$= \left[\frac{l\mu}{(s-r)\varrho}\right]^2 (d-c)(c-b)(d-b)\left\{\left(\frac{6}{H} + \frac{1}{N}\right)\frac{2(d-c)(c-b)+1}{3} + \frac{4}{N}\right\},$$

also mit Berücksichtigung von (46)

Fall A, B

$$M^2_x(k) = \left(\frac{s-k}{s-r}\right)^2 m^2_x(r) + \left(\frac{k-r}{s-r}\right)^2 m^2_x(s)$$

$$+ \frac{2(6N+H)(d-c)(c-b) + (6N+13H)}{3NH(s-r)^2}(d-b)(d-c)(c-b) l^2 \left(\frac{\mu}{\varrho}\right)^2. \qquad (50\,\text{A, B})$$

Aus (42 C) ergibt sich wegen $m^2\left(\frac{\omega - \omega'}{2}\right) = \frac{1}{4}(m^2_\omega + m^2_{\omega'}) = \frac{6\mu^2}{H}$ — s. (48) — sehr einfach

Fall C

$$M^2_x(k) = \left(\frac{s-k}{s-r}\right)^2 m^2_x(r) + \left(\frac{k-r}{s-r}\right)^2 m^2_x(s)$$

$$+ \frac{2(d-c)(c-b)+1}{H(s-r)^2}(d-b)(d-c)(c-b) l^2 \left(\frac{\mu}{\varrho}\right)^2. \qquad (50\,\text{C})$$

Die etwas langwierige Behandlung von Fall (D) will ich im einzelnen nicht durchführen, sondern mich mit folgenden Andeutungen begnügen. Ein Vergleich von (42 C) mit (42 D) und unsere bisherige Rechenübung lehren, daß der von den Elementen $\omega$, $\omega'$ in der letzten Gleichung herrührende Beitrag offensichtlich $2 \cdot \frac{2(d-c)(c-b)+1}{H(s-r)^2}(d-b)(d-c)(c-b) l^2 \left(\frac{\mu}{\varrho}\right)^2$ beträgt. Weiter ergibt sich innerhalb der ersten $\{\}$ von (42 D), wenn

$$\sum_{i=\beta+1}^{\gamma} (6i - 3 - 3b)^2 + \sum_{i=\beta+1}^{\gamma-1} (6i - 3b)^2 = 9 \sum_{q=2\beta+1-b}^{2\gamma-1-b} q^2 = 9 \sum_{q=1}^{2\gamma-1-b} q^2$$

addiert und subtrahiert wird:

$$5(2\beta + 1 - b)^2 + \sum_{i=\beta+1}^{\gamma-1} [(6i+2-3b)^2 + (6i+1-3b)^2] + \sum_{i=\beta+1}^{\gamma} [(6i-1-3b)^2 + (6i-2-3b)^2]$$

$$= 5(2\beta+1-b)^2 + \sum_{q=6\beta+3-3b}^{6\gamma-1-3b} q^2 - 9 \sum_{q=1}^{2\gamma-1-b} q^2 = \sum_{q=1}^{6\gamma-1-3b} q^2 - 9 \sum_{q=1}^{2\gamma-1-b} q^2.$$

Ganz analog erhält man als Faktor von $\frac{\mu^2}{N}$ in der zweiten $\{\}$ jener Gleichung $\sum_{q=1}^{3d-6\gamma-4} q^2 - 9 \sum_{q=1}^{d-2\gamma-2} q^2$ und einschließlich Berücksichtigung der mittleren Glieder in (42 D) folgt für den von den Elementen (3) und (7) herrührenden Anteil $\frac{6(d-c)(c-b)-1}{N(s-r)^2}(d-b)(d-c)(c-b) l^2 \left(\frac{\mu}{\varrho}\right)^2$, so daß man schließlich mit Benutzung von (46) zusammenfassend findet

Fall D

$$M^2_x(k) = \left(\frac{s-k}{s-r}\right)^2 m^2_x(r) + \left(\frac{k-r}{s-r}\right)^2 m^2_x(s)$$

$$+ \frac{2(2N+3H)(d-c)(c-b) + (2N-H)}{NH(s-r)^2}(d-b)(d-c)(c-b) l^2 \left(\frac{\mu}{\varrho}\right)^2. \qquad (50\,\text{D})$$

Wie ein Vergleich von (50 D) mit (50 A B) zeigt, ist also die Rechnung über eine Kette sich nicht überdeckender Dreiecke (Abb. 3 b) erheblich ungünstiger als mit der überschlagenen Dreieckskette (Abb. 3 a). Das durch Beobachtungsfehler bedingte Genauigkeitsverhältnis im Falle (50 D) : (50 A B) : (50 C) beträgt beim einfachen Richtungssatz ($N = H = 1$) etwa $2 : \frac{14}{3} : 10$; demgegenüber wäre das Quadrat des Querfehlers (49 A B C D) nur mit $\frac{2}{3}$ anzusetzen. Man kann ferner entnehmen, daß bei $\eta = \frac{H}{N} = 3$ Längs- und Querfehler der Nadirpunkte in der Rautenkette im Falle C gleich groß werden (vgl. auch Abb. 4 und die Fehlertabellen am Schluß).

# IV. Strenge Ausgleichung von Winkelbeobachtungen

Für die freie und die an beiden Enden eingehängte Kette, sowie bei anderen Anschlußbedingungen hat bereits BUCHHOLTZ [21] die Koordinatengewichte nach der Ausgleichung in mühevoller Arbeit bestimmt.

Die Verhältnisse liegen bei Winkelbeobachtung deshalb besonders einfach, weil die grundlegenden Bedingungsgleichungen (21 a, b) weitgehend unabhängig voneinander sind; d. h. die darin vorkommenden Beobachtungselemente treten in keinem für eine andere Raute zu erfüllenden Gleichungspaar auf. Bezeichnet man nämlich in Anlehnung an (1) in der Raute $i$ die Koeffizienten der Seitenbedingungen (21 a) mit $c_{\mathfrak{r}i'}$, jene der Horizontbedingung (21 b) mit $c_{\mathfrak{r}i''}$, so ist gemäß (21 a, b)

| für $\mathfrak{r}$ = | $\alpha_k$ | $\alpha'_k$ | $\beta_k$ | $\gamma_k$ | $\beta'_k$ | $\gamma'_k$ | $\delta_k$ | $\delta'_k$ | | |
|---|---|---|---|---|---|---|---|---|---|---|
| $c_{\mathfrak{r}i'}$ | +2 | −2 | +1 | −1 | −1 | +1 | −2 | +2 | wenn $i = k$ | (51 a) |
| $c_{\mathfrak{r}i''}$ | 0 | 0 | +1 | +1 | +1 | +1 | 0 | 0 | | |
| $c_{\mathfrak{r}i'}$ | 0 | 0 | 0 | 0 | 0 | 0 | 0 | 0 | wenn $i \neq k$ | |
| $c_{\mathfrak{r}i''}$ | 0 | 0 | 0 | 0 | 0 | 0 | 0 | 0 | | |

Daher sind die Normalkoeffizienten (3)

$$C_{i,k} = c_{\mathfrak{r}i} c_{\mathfrak{r}k} = \begin{cases} 0, & \text{wenn } i \neq k \text{ (auch bei } i = k',\ k = k'') \\ +20, & \quad ,, \quad i = k = k' \\ +4, & \quad ,, \quad i = k = k'' \end{cases} \tag{51 b}$$

und entsprechend ergeben sich daher auch aus (4) die Gewichtskoeffizienten

$$\Gamma_{i,k} = 0, \text{ wenn } i \neq k; \quad \Gamma_{k',k'} = \frac{1}{20}; \quad \Gamma_{k'',k''} = \frac{1}{4}. \tag{51 c}$$

Um die ausgeglichenen Koordinaten bzw. deren Fehler zu ermitteln, muß von einer vorläufigen Rechnung ausgegangen werden. Es ist gleichgültig, welchen Weg wir dazu einschlagen, weil das Ausgleichungsergebnis eindeutig ist, und daher greifen wir auf den einfachsten Fall, etwa auf die Entwicklungen (39 A), zurück. Ihnen entnehmen wir nach Berücksichtigung von (25 a) folgende Koeffizienten $f_{\mathfrak{r}}$ — vgl. (8 a) — der Verbesserungen $dl_{\mathfrak{r}} = v_{\mathfrak{r}}$:

für $dx_k$ (52 a)

| $v_{\mathfrak{r}}$ | $f_{\mathfrak{r}} = \pm \frac{l}{(s-r)\varrho} \times$ | | | | $c_{\mathfrak{r}i}$ | |
|---|---|---|---|---|---|---|
| | $i < b$ | $b \leqq i \leqq c-1$ | $c \leqq i \leqq d-1$ | $i \geqq d$ | $i = i'$ | $i = i''$ |
| $\alpha_i$ | 0 | $+2(d-c)(i-b)$ | $+2(c-b)(d-i)$ | 0 | +2 | 0 |
| $\beta_i$ | 0 | $+(d-c)(i-b)$ | $+(c-b)(d-i)$ | 0 | +1 | +1 |
| $\gamma_i$ | 0 | $-(d-c)(i-b)$ | $-(c-b)(d-i)$ | 0 | −1 | +1 |
| $\delta_i$ | 0 | $-2(d-c)(i-b)$ | $-2(c-b)(d-i)$ | 0 | −2 | 0 |
| $\pm \frac{l}{(s-r)\varrho} \times$ | 0 | $+10(d-c)(i-b)$ | $+10(c-b)(d-i)$ | 0 | $= F_{i'}$ | |
| | 0 | 0 | 0 | 0 | $= F_{i''}$ | |

für $dy_k$ (52 b)

| $v_{\mathfrak{r}}$ | $f_{\mathfrak{r}} = \mp \frac{l}{(s-r)\varrho} \times$ | | | | $c_{\mathfrak{r}i}$ | |
|---|---|---|---|---|---|---|
| | $i < b$ | $b \leqq i \leqq c-1$ | $c \leqq i \leqq d-1$ | $i \geqq d$ | $i = i'$ | $i = i''$ |
| $\beta_i$ | 0 | $(d-c)(i-b)$ | $(c-b)(d-i)$ | 0 | +1 | +1 |
| $\gamma_i$ | 0 | $(d-c)(i-b)$ | $(c-b)(d-i)$ | 0 | −1 | +1 |
| $\mp \frac{l}{(s-r)\varrho} \times$ | 0 | 0 | 0 | 0 | $= F_{i'}$ | |
| | 0 | $2(d-c)(i-b)$ | $2(c-b)(d-i)$ | 0 | $= F_{i''}$ | |

In dieser Zusammenstellung sind nochmals die Koeffizienten $c_{ri}$ der Bedingungsgleichungen aus (51 a) übernommen, soweit sie zur Berechnung der ebenfalls angegebenen Größen $F_i$ gemäß der Vorschrift (11) gebraucht werden.

Mit ihrer Hilfe bilden wir zunächst die zweifache Produktsumme $F_t \Gamma_{ti} F_i$; darin verschwinden infolge (51 c) alle Summanden, für welche $t \neq i$ ist, und es bleibt nur übrig

$$F_t \Gamma_{ti} F_i = F_{i'} \frac{1}{20} F_{i'} + F_{i''} \frac{1}{4} F_{i''} = \frac{1}{20} \sum_{i'} F^2_{i'} + \frac{1}{4} \sum_{i''} F^2_{i''}.$$

Setzt man $F_{i'}$ und $F_{i''}$ aus (52 b) ein, so folgt aus (12 a) mit $m^2 = 2\mu^2$

$$m^2_y(k) = M^2_y(k) - \frac{2l^2\mu^2}{(s-r)^2\varrho\varrho^2}\left\{(d-c)^2 \sum_{i=b}^{c-1} (i-b)^2 + (c-b)^2 \sum_{i=c}^{d-1} (d-i)^2\right\}$$

$$= M^2_y - (d-b)(d-c)(c-b) \frac{2(d-c)(c-b)+1}{3(s-r)^2} l^2 \left(\frac{\mu}{\varrho}\right)^2.$$

Ebenso läßt sich $m^2_x$ mit $F_{i'}$ und $F_{i''}$ aus (52 a) berechnen. Ziehen wir noch, entsprechend dem gewählten Weg (47 A) heran, so ergibt sich schließlich für die Koordinatenfehler nach der Ausgleichung bei Winkelbeobachtung

$$\left.\begin{matrix} m^2_x(k) \\ m^2_y(k) \end{matrix}\right\} = \left(\frac{s-k}{s-r}\right)^2 \left\{\begin{matrix} m^2_x(r) \\ m^2_y(r) \end{matrix}\right. + \left(\frac{k-r}{s-r}\right)^2 \left\{\begin{matrix} m^2_x(s) \\ m^2_y(s) \end{matrix}\right. + \left.\begin{matrix} 5 \\ 1 \end{matrix}\right\} (d-b)(d-c)(c-b) \frac{2(d-c)(c-b)+1}{3(s-r)^2} l^2 \left(\frac{\mu}{\varrho}\right)^2. \quad (53)$$

Das dritte Glied in (53) kann durch die von BUCHHOLTZ [21] aufgestellten Formeln geprüft werden. Zu diesem Zweck ersetzen wir die hier benutzte Bezeichnung entsprechend der dort gewählten Numerierung wie folgt:

| unsere Bezeichnung | | $b$ | $c$ | $d$ | $s$ | $r$ | $l$ | $\mu\sqrt{2}$ |
|---|---|---|---|---|---|---|---|---|
| bei BUCHHOLTZ | eingehängte Kette . . | 0 | $k$ | $n$ | $n$ | 0 | $b/n$ | $m$ |
| | freie Kette . . . . . | —1 | 0 | $k$ | 0 | —1 | $b_0$ | $m$ |

und erhalten dann vollkommene Übereinstimmung.

Wie man durch Vergleich von (53) mit den Gleichungen (47) feststellt, werden durch die strenge Ausgleichung aller Beobachtungen im Rautenzug die Koordinatengewichte gegenüber der Rechnung mit nur einer Dreieckskette verdoppelt; dagegen erweist sich das mehrfach erwähnte arithmetische Mittel (Fall C), zu dessen Bildung auch sämtliche Beobachtungen in der Rautenkette benutzt werden, als identisch mit dem Ausgleichungsergebnis.

Die Berechnung der durch die strenge Ausgleichung verbesserten Winkelwerte ist höchst einfach. Aus (5) folgt nämlich wegen (51 c) für die Korrelaten $k'_i$, $k''_i$ der Seiten- bzw. Horizontbedingungen (21 a, b)

$$k'_i = -\frac{1}{20} W'_i, \quad k''_i = -\frac{1}{4} W''_i \quad (54\,\mathrm{a})$$

und damit erhält man aus (2) mit Berücksichtigung der in (51 a) zusammengestellten Koeffizienten

$$\begin{aligned} v(\alpha_i) &= -\tfrac{1}{10} W'_i & v(\alpha'_i) &= +\tfrac{1}{10} W'_i \\ v(\beta_i) &= -\tfrac{1}{20} W'_i - \tfrac{1}{4} W''_i & v(\beta'_i) &= +\tfrac{1}{20} W'_i - \tfrac{1}{4} W''_i \\ v(\gamma_i) &= +\tfrac{1}{20} W'_i - \tfrac{1}{4} W''_i & v(\gamma'_i) &= -\tfrac{1}{20} W'_i - \tfrac{1}{4} W''_i \\ v(\delta_i) &= +\tfrac{1}{10} W'_i & v(\delta'_i) &= -\tfrac{1}{10} W'_i. \end{aligned} \quad (54\,\mathrm{b})$$

Man beachte, daß die Anzahl der Rauten ohne Einfluß auf die Verbesserungen ist, ähnlich wie ja auch bei Winkelbeobachtung in einer Dreieckskette die Winkelverbesserungen nicht von deren Ausdehnung abhängen.

# V. Strenge Ausgleichung von Richtungsbeobachtungen

## 1. Aufstellung der Normalgleichungen und Ansatz zur Lösung

Die Richtungsausgleichung eines Rautenzuges hat zwar gegenüber der im vorigen Kapitel behandelten Ausgleichung nach Winkeln den Vorteil, daß nur eine Bedingungsgleichung (22) je Raute zu erfüllen ist, die Kopplung dieser Bedingungsgleichungen untereinander ist jedoch so stark, daß unser Bemühen, die Gewichtskoeffizienten $\Gamma_{i,k}$ in einer einfachen allgemeinen Form anzugeben, wie wir es etwa bei der Winkelausgleichung tun konnten — s. Gl. (51c) —, fast aussichtslos erscheint.

Wie aus (22) hervorgeht, tritt nämlich die Richtungsänderung $(3)_i$ nicht nur in der $i$-ten, sondern auch in der $(i+1)$-ten Bedingungsgleichung auf und ebenso kommt $(7)_i$ außer in der $i$-ten noch in der $(i-1)$-ten Bedingungsgleichung vor.

Bei Einführung zunächst unbestimmter Korrelaten und mit Berücksichtigung der verschiedenen Gewichte $N$ und $H$ (vgl. III, 2c) unserer Beobachtungen ergibt sich daher wegen (22) folgende Darstellung der Richtungsverbesserungen — vgl. (2), (7) und das am Schluß von I, 2 über die Behandlung ungleich genauer Beobachtungen Gesagte —.

$$\begin{aligned}
\dot v(2)_{i-1} = \dot v(4)_{i-1} = \dot v(6)_{i+1} = \dot v(8)_{i+1} &= -\frac{2}{\sqrt{H}} k_i \\
\dot v(1)_i = \dot v(5)_i &= +\frac{2}{\sqrt{H}} k_i \\
\dot v(3)_{i-1} &= -\frac{2}{\sqrt{N}} k_{i-1} + \frac{4}{\sqrt{N}} k_i \\
\dot v(3)_i &= -\frac{2}{\sqrt{N}} k_i + \frac{4}{\sqrt{N}} k_{i+1} \\
\dot v(7)_i &= +\frac{4}{\sqrt{N}} k_{i-1} - \frac{2}{\sqrt{N}} k_i \\
\dot v(7)_{i+1} &= +\frac{4}{\sqrt{N}} k_i - \frac{2}{\sqrt{N}} k_{i+1}
\end{aligned} \tag{55}$$

$k_i$ bedeutet hierin die zur $i$-ten Bedingungsgleichung gehörige Korrelate und die Gl. (55) gelten innerhalb unseres Rautenbereiches $a < i < z$ (vgl. III, 1a), während an seinen Grenzen ($i = a$ und $i = z$), also am Anfang bzw. Ende der Kette die ersten bzw. letzten Summanden in (55) fehlen, weil die zugehörigen Koeffizienten nicht vorhanden, d. h. $c_{\tau, a-1} = c_{\tau, z+1} = 0$ sind. Nach (22) bzw. (55) findet man für $a \leqq i, k \leqq z$

$$C_{i,k} = \begin{cases} \frac{24}{H} + \frac{40}{N} \\ -\frac{16}{N} \\ 0 \end{cases} = \frac{16}{N} \begin{cases} \frac{3N+5H}{2H}; & \text{für } k = i \\ -1, & \text{für } k = i+1 \text{ oder } k = i-1 \\ 0, & \text{in allen übrigen Fällen.} \end{cases} \tag{56}$$

Setzt man zur Abkürzung

$$\frac{3N+5H}{2H} = \frac{3}{2\eta} + \frac{5}{2} = P, \quad \frac{N}{16} W'_i = w'_i, \tag{57}$$

so sieht das Schema der Normalgleichungen (3) wie folgt aus:

$$\begin{aligned}
&+P k_a - 1 k_{a+1} && + w'_a = 0 \\
&-1 k_a + P k_{a+1} - 1 k_{a+1} && + w'_{a+1} = 0 \\
&\quad -1 k_{a+1} + P k_{a+2} - 1 k_{a+3} && + w'_{a+2} = 0 \\
\\
&\qquad -1 k_{z-2} + P k_{z-1} - 1 k_z + w'_{z-1} = 0 \\
&\qquad\quad -1 k_{z-1} + P k_z + w'_z = 0
\end{aligned} \tag{58a}$$

Wir lösen sie „unbestimmt“ auf; d. h. wir bestimmen die Gewichtskoeffizienten $\Gamma_{i,k}$ aus den Gleichungen

$$
\begin{aligned}
+P\Gamma_{a,k} - 1\,\Gamma_{a+1,k} &= I_{a,k} \\
-1\,\Gamma_{i-1,k} + P\Gamma_{i,k} - 1\,\Gamma_{i+1,k} &= I_{i,k} \quad \text{für } a < i < z \\
-1\,\Gamma_{z-1,k} + P\Gamma_{z,k} &= I_{z,k}\,.
\end{aligned}
\tag{58 b}
$$

In (58 b) kann $k$ alle Nummern im Bereich $a \leqq k \leqq z$ durchlaufen und, wie bekannt, stehen auf der rechten Seite von Gl. (58 b) in der $k$-ten Zeile 1, in den übrigen Zeilen 0, was ja die Einheitsmatrix $I_{i,k}$, s. (4), zum Ausdruck bringt.

Kennt man einen der Gewichtskoeffizienten, etwa $\Gamma_{a,k}$, so lassen sich alle übrigen leicht aus (58 b) sukzessiv ableiten. So ergibt sich, falls $\Gamma_{a+1,k} = P\Gamma_{a,k} - I_{a,k}$ aus der ersten in die zweite Gleichung substituiert wird,

$$\Gamma_{a+2,k} = P\Gamma_{a+1,k} - \Gamma_{a,k} - I_{a+1,k} = (P^2 - 1)\,\Gamma_{a,k} - PI_{a,k} - I_{a+1,k}$$

und falls man diesen Wert wieder in die dritte Gleichung einsetzt:

$$\Gamma_{a+3,k} = (P^3 - 2P)\,\Gamma_{a,k} - (P^2 - 1)\,I_{a,k} - P\,I_{a+1,k} - I_{a+2,k}\,; \text{ usw.}$$

Diesen Gedanken weiterspinnend, versuchen wir folgenden Ansatz:

$$\Gamma_{i,k} = U_{i-a+1}\,\Gamma_{a,k} - \sum_{r=a}^{i} U_{i-r}\,I_{r,k}\,, \tag{59}$$

worin die Koeffizienten $U_r$ mit Hilfe der von den Gewichtskoeffizienten $\Gamma_{i,k}$ zu erfüllenden Gleichungen (58 b) noch zu bestimmen sind. Zu diesem Zweck bilden wir zunächst aus (59)

$$\Gamma_{i-1,k} = U_{i-a}\,\Gamma_{a,k} - \sum_{r=a}^{i-1} U_{i-1-r}\,I_{r,k}\,,$$

$$\Gamma_{i,k} = U_{i-a+1}\,\Gamma_{a,k} - \sum_{r=a}^{i-1} U_{i-r}\,I_{r,k} - U_0\,I_{i,k}\,,$$

$$\Gamma_{i+1,k} = U_{i-a+2}\,\Gamma_{a,k} - \sum_{r=a}^{i+1} U_{i+1-r}\,I_{r,k} = U_{i-a+2}\,\Gamma_{a,k} - \sum_{r=a}^{i-1} U_{i+1-r}\,I_{r,k} - U_1\,I_{i,k} - U_0\,I_{i+1,k}\,,$$

setzen diese Werte in (58 b), ausgenommen davon die letzte Gleichung, ein und ordnen gleichzeitig die Glieder

$$(PU_1 - U_2)\,\Gamma_{a,k} - (PU_0 - U_1 + 1)\,I_{a,k} + U_0\,I_{a+1,k} = 0$$

$$(-U_{i-a} + PU_{i-a+1} - U_{i-a+2})\,\Gamma_{a,k} - \sum_{r=a}^{i-1} (-U_{i-1-r} + PU_{i-r} - U_{i+1-r})\,I_{r,k}$$
$$- (PU_0 - U_1 + 1)\,I_{i,k} + U_0\,I_{i+1,k} = 0 \quad (a < i < z)\,.$$

Damit diese Gleichungen für alle $k$ erfüllt werden, ist es notwendig und hinreichend,

$$U_0 = 0\,, \quad PU_0 - U_1 + 1 = 0\,, \quad PU_1 - U_2 = 0\,, \quad -U_{i-a} + PU_{i-a+1} - U_{i-a+2} = 0\,,$$
$$-U_{i-1-r} + PU_{i-r} - U_{i+1-r} = 0 \quad (a \leqq r \leqq i - 1)$$

zu setzen, und zwar für den Bereich $a < i < z - 1$. Die Übereinstimmung mit der ersten Gleichung ($i = a$) von (58 b) kommt durch die ersten drei der eben aufgestellten Bedingungen zum Ausdruck, jene mit der letzten Gleichung ($i = z$) in (58 b) werden wir auf andere Weise herstellen und später (V, 3) den Nachweis erbringen, daß sie erfüllt wird.

Die zuletzt zwischen den Zahlen $U_r$ aufgestellten Bedingungen widersprechen sich gegenseitig nicht und lassen sich mit Benutzung von (37) wie folgt zusammenfassen:

$$U_0 = 0\,, \quad U_1 = 1\,, \quad -U_{q-1} + PU_q - U_{q+1} = 0\,, \quad \text{wo } 1 \leqq q \leqq n - 1\,. \tag{60}$$

## 2. Die Funktionen $U_i$ und $V_i$

*a) Definition und allgemeine Bemerkungen*

Die oben eingeführten Zahlen $U_i$ sind der Mathematik nicht fremd. Zusammen mit der damit eng verknüpften Zahlenreihe $V_i$, welche wir später viel gebrauchen werden, stellen sie einen speziellen Fall ($Q = 1$) der von Lucas [1], [2, S. 66] untersuchten algebraischen Funktionen $U_m = \frac{\alpha^m - \beta^m}{\alpha - \beta}$, $V_m = \alpha^m + \beta^m$ dar, worin $\alpha$, $\beta$ die beiden Wurzeln der quadratischen Gleichung $x^2 - Px + Q = 0$ bedeuten.

Den Nachweis, daß die so definierten Zahlen $U_m$ die Bedingungen (60) erfüllen, können wir uns ersparen, da wir umgekehrt jene Gleichung zum Ausgangspunkt nehmen wollen und dementsprechend die Zahlenreihe $U_i$, $V_i$ durch folgendes Bildungsgesetz definieren:

$$U_0 = 0, \quad U_1 = 1, \quad (U_2 = P), \quad U_m = \frac{1}{P}(U_{m+1} + U_{m-1}) \tag{61 a}$$

$$V_m = U_{m+1} - U_{m-1}. \tag{61 b}$$

Damit die noch abzuleitenden Beziehungen zwischen diesen Funktionen uneingeschränkt Gültigkeit besitzen, erweist es sich als nützlich, den in (60) angegebenen Definitionsbereich beliebig, insbesondere auch auf negative Argumente $m$ zu erweitern. Wie aus der Definition von Lucas — wir werden den Anschluß daran bald finden — ohne weiteres ersichtlich ist, steht außerdem nichts im Wege, auch nicht ganzzahlige, gebrochene, allgemein ganz beliebige Zahlen $m$ zuzulassen.

Man begegnet den Zahlen $U_m$ für spezielle Werte des Parameters $P$ mehrfach, so findet man sie im Falle $P = 3$ an den geraden Stellen der Schimperschen Reihe, welche in der Theorie der Blattstellungen [5, S. 40] eine Rolle spielt und wohl nach dem Botaniker gleichen Namens benannt ist. Bei Gewichtsuntersuchungen in Dreiecksketten [3, S. 4] taucht dieser Name auch in der geodätischen Literatur auf, da die gleichen Zahlen dort eine große Rolle spielen — s. auch [10]. Auch die Zahlenreihen für $P = 12$ und $P = \frac{9}{2}$ trifft man bei Gewichtsuntersuchungen an; jene sind in Ketten von Bedeutung, welche sich aus Quadraten [3, S. 26] aufbauen, diese in Ketten sechsstrahliger Zentralsysteme [32]. Gemäß Gl. (57) — vgl. auch (131 b) — kann in unserem Falle $P$ alle Werte $\frac{5}{2} \leqq P \leqq \infty$ annehmen, je nach dem Verhältnis $N:H$ (s. III, 2 c). In Tabelle 3 a sind die ersten Zahlen der Reihen $U_m$ und $V_m$ in allgemeiner Abhängigkeit von $P$, in Tabelle 3 b, c speziell für $P = 3$ und $P = 4$ zusammengestellt.

Auf den Zusammenhang mit den Hyperbel- und Kreisfunktionen geht besonders Günther ein. Danach [2, S. 82] bestehen die Identitäten

$$U_m = -\frac{2i}{\sqrt{P^2 - 4}} \sin\left(\frac{mi}{2} \log \frac{\alpha}{\beta}\right); \quad V_m = 2\cos\left(\frac{mi}{2} \log \frac{\alpha}{\beta}\right),$$

in denen $i$ die imaginäre Einheit bedeutet. Es ist daher auch nicht verwunderlich, wenn zwischen den Funktionen $U_m$, $V_m$ ganz analoge Beziehungen gelten, wie sie bei den trigonometrischen Funktionen geläufig sind. Hier will ich mich jedoch auf die Ableitung der wichtigsten Formeln beschränken, welche zum Verständnis der weiteren Durchführung unserer Aufgabe notwendig sind.

*b) Die wichtigsten Eigenschaften*

Für $m = 0$ folgt aus (61 a) unmittelbar $U_{-1} = -U_1$. Man beweist leicht durch vollständige Induktion, daß allgemein

$$U_{-m} = -U_m \tag{62 a}$$

gilt. Diese Formel ist für $m = 1$, wie eben gezeigt, und für $m = 0$ (61 a) offenbar richtig; sie kann daher als bewiesen gelten, wenn aus ihrer Gültigkeit für $m - 1$ und $m$ jene für $m + 1$ folgt. Nun ist nach (61 a) $U_{m-1} = PU_m - U_{m+1}$; daher für $-m$ an Stelle von $m$ nach Voraussetzung des Beweises mit Berücksichtigung von (61 a)

$$U_{-m-1} = U_{-(m+1)} = PU_{-m} - U_{-m+1} = PU_{-m} - U_{-(m-1)} = -(PU_m - U_{m-1}) = -U_{m+1},$$

w. z. b. w. Aus (61 b) und (62 a) ergibt sich andererseits

$$V_{-m} = U_{-m+1} - U_{-m-1} = U_{-(m-1)} - U_{-(m+1)} = U_{m+1} - U_{m-1} = V_m. \tag{62 b}$$

Tabelle 3a

$\delta = \sqrt{P^2 - 4}$ $\qquad \alpha = \frac{1}{2}(P + \delta)$ $\qquad \beta = \frac{1}{2}(P - \delta)$

| $i$ | Entwicklung nach Potenzen von $P$ |
|---|---|
| | $U_i = \frac{1}{\delta}(\alpha^i - \beta^i)$ |
| 0 | $0$ |
| 1 | $1$ |
| 2 | $P$ |
| 3 | $P^2 - 1$ |
| 4 | $P^3 - 2P$ |
| 5 | $P^4 - 3P^2 + 1$ |
| 6 | $P^5 - 4P^3 + 3P$ |
| 7 | $P^6 - 5P^4 + 6P^2 - 1$ |
| 8 | $P^7 - 6P^5 + 10P^3 - 4P$ |
| 9 | $P^8 - 7P^6 + 15P^4 - 10P^2 + 1$ |
| 10 | $P^9 - 8P^7 + 21P^5 - 20P^3 + 5P$ |
| 11 | $P^{10} - 9P^8 + 28P^6 - 35P^4 + 15P^2 - 1$ |
| 12 | $P^{11} - 10P^9 + 36P^7 - 56P^5 + 35P^3 - 6P$ |
| 13 | $P^{12} - 11P^{10} + 45P^8 - 84P^6 + 70P^4 - 21P^2 + 1$ |
| 14 | $P^{13} - 12P^{11} + 55P^9 - 120P^7 + 126P^5 - 56P^3 + 7P$ |
| 15 | $P^{14} - 13P^{12} + 66P^{10} - 165P^8 + 210P^6 - 126P^4 + 28P^2 - 1$ |
| 16 | $P^{15} - 14P^{13} + 78P^{11} - 220P^9 + 330P^7 - 252P^5 + 84P^3 - 8P$ |
| | $V_i = \alpha^i + \beta^i$ |
| 0 | $2$ |
| 1 | $P$ |
| 2 | $P^2 - 2$ |
| 3 | $P^3 - 3P$ |
| 4 | $P^4 - 4P^2 + 2$ |
| 5 | $P^5 - 5P^3 + 5P$ |
| 6 | $P^6 - 6P^4 + 9P^2 - 2$ |
| 7 | $P^7 - 7P^5 + 14P^3 - 7P$ |
| 8 | $P^8 - 8P^6 + 20P^4 - 16P^2 + 2$ |
| 9 | $P^9 - 9P^7 + 27P^5 - 30P^3 + 9P$ |
| 10 | $P^{10} - 10P^8 + 35P^6 - 50P^4 + 25P^2 - 2$ |
| 11 | $P^{11} - 11P^9 + 44P^7 - 77P^5 + 55P^3 - 11P$ |
| 12 | $P^{12} - 12P^{10} + 54P^8 - 112P^6 + 105P^4 - 36P^2 + 2$ |
| 13 | $P^{13} - 13P^{11} + 65P^9 - 156P^7 + 182P^5 - 91P^3 + 13P$ |
| 14 | $P^{14} - 14P^{12} + 77P^{10} - 210P^8 + 294P^6 - 196P^4 + 49P^2 - 2$ |
| 15 | $P^{15} - 15P^{13} + 90P^{11} - 275P^9 + 450P^7 - 378P^5 + 140P^3 - 15P$ |
| 16 | $P^{16} - 16P^{14} + 104P^{12} - 352P^{10} + 660P^8 - 672P^6 + 336P^4 - 64P^2 + 2$ |

Tabelle 3b

$P = 4$: $\delta = \sqrt{12} = 3{,}464\,101\;615\,137\;754\,587\ldots$; $\alpha = 3{,}732\,050\;807\,568\;877\,293\ldots$; $\beta = 0{,}267\,949\;192\,431\;122\,706\ldots$

| $i$ | $U_i$ | $V_i$ |
|---|---|---|
| 0 | 0 | 2 |
| 1 | 1 | 4 |
| 2 | 4 | 14 |
| 3 | 15 | 52 |
| 4 | 56 | 194 |
| 5 | 209 | 724 |
| 6 | 780 | 2 702 |
| 7 | 2 911 | 10 084 |
| 8 | 10 864 | 37 634 |
| 9 | 40 545 | 140 452 |
| 10 | 151 316 | 524 174 |
| 11 | 564 719 | 1 956 244 |
| 12 | 2 107 560 | 7 300 802 |
| 13 | 7 865 521 | 27 246 964 |
| 14 | 29 354 524 | 101 687 054 |
| 15 | 109 552 575 | 379 501 252 |
| 16 | 408 855 776 | 1 416 317 954 |

Tabelle 3c

$P = 3$: $\delta = \sqrt{5} = 2{,}236\,067\;977\,499\;789\,696\ldots$; $\alpha = 2{,}618\,033\;988\,749\;894\,848\ldots$; $\beta = 0{,}381\,966\;011\,250\;105\,152\ldots$

| $i$ | $U_i$ | $V_i$ |
|---|---|---|
| 0 | 0 | 2 |
| 1 | 1 | 3 |
| 2 | 3 | 7 |
| 3 | 8 | 18 |
| 4 | 21 | 47 |
| 5 | 55 | 123 |
| 6 | 144 | 322 |
| 7 | 377 | 843 |
| 8 | 987 | 2 207 |
| 9 | 2 584 | 5 778 |
| 10 | 6 765 | 15 127 |
| 11 | 17 711 | 39 603 |
| 12 | 46 368 | 103 682 |
| 13 | 121 393 | 271 443 |
| 14 | 317 811 | 710 647 |
| 15 | 832 040 | 1 860 498 |
| 16 | 2 178 309 | 4 870 847 |

Wendet man in (61 b) sowohl auf $U_{m+1}$ wie $U_{m-1}$ die Gl. (61 a) an, so findet man, daß die Zahlen $V_m$ ebenfalls dem für die $U_m$ charakteristischen Bildungsgesetz (61 a) gehorchen; die Werte $V_0$ und $V_1$ erhält man aus (61 b) in Verbindung mit (61 a) und (62 a):

$$V_0 = 2, \; V_1 = P \qquad V_m = \frac{1}{P}(V_{m+1} + V_{m-1}). \tag{63a}$$

Um auch die zu (61 b) duale Formel zu gewinnen, bilden wir mit Hilfe von (61 a, b)

$$V_{m+1} - V_{m-1} = U_{m+2} - 2U_m + U_{m-2} = PU_{m+1} - 4U_m + PU_{m-1} = (P^2 - 4)\,U_m$$

oder

$$V_{m+1} - V_{m-1} = \delta^2 U_m, \quad \text{mit } \delta = \sqrt{P^2 - 4}. \tag{63 b}$$

Wird in $U_{m+1} = PU_m - U_{m-1}$ (61 a) auf Grund der nämlichen Gleichung $U_m$ durch $U_{m-1}$ und $U_{m-2}$, dann $U_{m-1}$ durch $U_{m-2}$ und $U_{m-3}$ ausgedrückt usw., so gelangt man schließlich zu der Formel

$$U_{m+1} = U_{q+1}\,U_{m-q+1} - U_q\,U_{m-q}, \tag{64}$$

welche wir wieder durch vollständige Induktion beweisen wollen. Für $q = 0$ ist (64) sicher richtig wegen (61 a); wir setzen daher ihre Gültigkeit für $q$ voraus und brauchen nur zu zeigen, daß jene für $q + 1$ daraus gefolgert werden kann. Zu diesem Zweck formen wir (64) mit Benutzung von (61 a) um:

$$\begin{aligned} U_{m+1} = U_{q+1}(PU_{m-q} - U_{m-q-1}) - U_q U_{m-q} &= (PU_{q+1} - U_q)\,U_{m-q} - U_{q+1}\,U_{m-q-1} \\ &= U_{q+2}\,U_{m-q} - U_{q+1}\,U_{m-q-1} \qquad \text{w. z. b. w.} \end{aligned}$$

Aus (64) läßt sich nun eine Reihe wichtiger Formeln ableiten. So folgt für $m = 0$ mit Berücksichtigung von (61a) und (62 a)

$$U_q^2 - U_{q+1}\,U_{q-1} = 1. \tag{65}$$

Setzt man andererseits $m = 2q$ bzw. $m = 2q - 1$, so ergibt sich aus (64) mit Benutzung von (61 b)

$$U_{2q+1} = U_{q+1}^2 - U_q^2 \tag{66 a}$$

$$U_{2q} = U_q(U_{q+1} - U_{q-1}) = U_q V_q. \tag{66 b}$$

Nimmt man in (64) $m = p + q - 1$, so erhält man

$$U_{p+q} = U_{q+1}U_p - U_q U_{p-1} = U_q U_{p+1} - U_{q-1} U_p.$$

Dabei wurden im letzten Ausdruck $p$, $q$ durch $p + 1$, $q - 1$ ersetzt, was ja auf die Summe $p + q$ ohne Einfluß bleibt. Um zu den Additionstheoremen überzuleiten, nehmen wir das arithmetische Mittel aus den letzten beiden Darstellungen und berücksichtigen (61 b):

$$U_{p+q} = \frac{1}{2}(U_p V_q + U_q V_p), \tag{67 a}$$

mit $-q$ an Stelle von $q$ ergibt sich wegen (62 a, b) entsprechend

$$U_{p-q} = \frac{1}{2}(U_p V_q - U_q V_p). \tag{67 b}$$

Die entsprechenden Formeln für die Zahlen $V_m$ erhält man leicht mit Hilfe von (61 b), (67 a, b) und (63 b):

$$V_{p\pm q} = U_{p\pm q+1} - U_{p\pm q-1} = \frac{1}{2}(U_{p+1}V_q \pm U_q V_{p+1} - U_{p-1}V_q \mp U_q V_{p-1}) = \frac{1}{2}(V_p V_q \pm \delta^2 U_p U_q),$$

also

$$V_{p+q} = \frac{1}{2}(V_p V_q + \delta^2 U_p U_q), \tag{68 a}$$

$$V_{p-q} = \frac{1}{2}(V_p V_q - \delta^2 U_p U_q). \tag{68 b}$$

Durch Addition und Subtraktion der Gleichungen (67 a, b) bzw. (68 a, b) ergeben sich unmittelbar die Additionstheoreme, wenn noch $p + q = s$, $p - q = r$, also $p = \frac{s+r}{2}$, $q = \frac{s-r}{2}$ eingeführt wird:

$$U_s + U_r = U_{\frac{s+r}{2}} V_{\frac{s-r}{2}}, \tag{69 a}$$

$$U_s - U_r = U_{\frac{s-r}{2}} V_{\frac{s+r}{2}}, \tag{69 b}$$

$$V_s + V_r = V_{\frac{s+r}{2}} V_{\frac{s-r}{2}}, \tag{69 c}$$

$$V_s - V_r = \delta^2 U_{\frac{s+r}{2}} U_{\frac{s-r}{2}}. \tag{69 d}$$

Schließlich folgt aus (68 a, b) für $p = q$ wegen (63 a)

$$V_{2q} = \frac{1}{2}(V^2_q + \delta^2 U^2_q), \tag{70 a}$$

$$V^2_q - \delta^2 U^2_q = 4. \tag{70 b}$$

*c) Summenformeln und Grenzwerte*

Ich bilde zunächst — s. [3, S. 5] — folgende Funktion $S_n(x)$ und forme sie mit Benutzung von (61 a) in leicht verständlicher Weise um:

$$S_n(x) = \sum_{i=1}^{n} U_i x^i = \sum_{i=1}^{n} (PU_{i-1} - U_{i-2}) x = Px \sum_{i=1}^{n} U_{i-1} x^{i-1} - x^2 \sum_{i=1}^{n} U_{i-2} x^{i-2}$$

$$= Px \sum_{r=0}^{n-1} U_r x^r - x^2 \sum_{s=-1}^{n-2} U_s x^s = Px[S_n(x) - U_n x^n] - x^2[U_{-1} x^{-1} + S_n(x) - U_{n-1} x^{n-1} - U_n x^n].$$

Nun fassen wir die Koeffizienten von $S_n(x)$ zusammen und berücksichtigen bei den restlichen Gliedern (61 a) und (62 a)

$$(x^2 - Px + 1) S_n(x) = U_n x^{n+2} - U_{n+1} x^{n+1} + x. \tag{71}$$

Bezeichnen $\alpha$, $\beta$ die beiden Wurzeln der quadratischen Gleichung

$$x^2 - Px + 1 = 0, \tag{72 a}$$

also

$$\alpha = \frac{1}{2}(P + \delta), \quad \beta = \frac{1}{2}(P - \delta) \quad \text{mit } \delta = \sqrt{P^2 - 4}, \tag{72 b}$$

so bestehen die Beziehungen:

$$\alpha + \beta = P, \quad \alpha - \beta = \delta, \quad \alpha\beta = 1 \tag{72 c}$$

und beide Seiten von (71) müssen für $x = \alpha$ und $x = \beta$ verschwinden:

$$U_n \alpha^{n+1} - U_{n+1} \alpha^n + 1 = 0,$$

$$U_n \beta^{n+1} - U_{n+1} \beta^n + 1 = 0.$$

Diese Gleichungen ergeben wegen (72 c)

$$U_n = \frac{\alpha^n - \beta^n}{\alpha - \beta} = \frac{\alpha^n - \beta^n}{\delta}, \tag{73 a}$$

und mit (66 b) folgert man leicht daraus:

$$V_n = \frac{U_{2n}}{U_n} = \frac{\alpha^{2n} - \beta^{2n}}{\alpha^n - \beta^n} = \alpha^n + \beta^n, \tag{73 b}$$

womit der Anschluß an die von Lucas behandelten Funktionen (V, 2 a) vollkommen hergestellt ist. Mit $x = 1$ erhält man aus (71) unmittelbar die Summenformel

$$S_n(1) = \sum_{i=1}^{n} U_i = \frac{U_{n+1} - U_n - 1}{P - 2}. \tag{74}$$

Wir bilden weiter mit Benutzung von (61 a)

$$J_n = \sum_{i=1}^{n} i\, U_i = \sum_{i=1}^{n} \frac{i}{P}(U_{i+1} + U_{i-1}) = \frac{1}{P}\sum_{i=1}^{n}[(i+1)\,U_{i+1} - U_{i+1} + (i-1)\,U_{i-1} + U_{i-1}];$$

oder
$$P J_n = \sum_{q=2}^{n+1} (q U_q - U_q) + \sum_{r=0}^{n-1} (r U_r + U_r) = 2 J_n - (n+1)\,U_n + n\,U_{n+1},$$

also
$$J_n = \sum_{i=1}^{n} i\, U_i = \frac{n\,U_{n+1} - (n+1)\,U_n}{P-2}. \tag{75}$$

Mit Hilfe von (74) und (75) findet man ferner

$$\sum_{i=1}^{n} i\, U_{n-i} = \sum_{r=0}^{n-1} (n-r)\,U_r = n\,\frac{U_n - U_{n-1} - 1}{P-2} - \frac{(n-1)\,U_n - n\,U_{n-1}}{P-2} = \frac{U_n - n}{P-2}. \tag{76}$$

Aus (61 b) ergibt sich schließlich

$$\sum_{i=1}^{n} V_i = \sum_{i=1}^{n} (U_{i+1} - U_{i-1}) = \sum_{q=2}^{n+1} U_q - \sum_{r=0}^{n-1} U_r = U_{n+1} + U_n - 1. \tag{77}$$

In ähnlicher Weise lassen sich alle Summenformeln leicht ableiten — vgl. [3, S. 4—7] und [10, S. 501—505]. Ohne Beweis sei an dieser Stelle noch mitgeteilt

$$\sum_{i=1}^{n} U^2_i = \frac{U^2_{n+1} - U^2_n - (2n+1)}{P^2 - 4}.$$

Wir wollen nun auf Grund der Beziehungen (72 b, c) und (73 a, b) einige später gebrauchte Grenzwerte berechnen.

$$\lim_{n\to\infty} \frac{U_n}{U_{n+1}} = \lim_{n\to\infty} \frac{\alpha^n - \beta^n}{\alpha^{n+1} - \beta^{n+1}} = \lim_{n\to\infty} \frac{1}{\alpha}\,\frac{1-\left(\frac{\beta}{\alpha}\right)^n}{1-\left(\frac{\beta}{\alpha}\right)^{n+1}} = \frac{1}{\alpha} = \beta; \tag{78 a}$$

$$\lim_{n\to\infty} \frac{V_n}{U_n} = \lim_{n\to\infty} \frac{U_{n+1} - U_{n-1}}{U_n} = \frac{1}{\beta} - \beta = \alpha - \beta = \delta. \tag{78 b}$$

Daraus erhält man mit Benutzung von (67 a) und (68 a)

$$\lim_{n\to\infty} \frac{U_{n+r}}{U_n} = \frac{1}{2} \lim_{n\to\infty} \frac{U_n V_r + V_n U_r}{U_n} = \frac{1}{2}(V_r + \delta U_r) = \frac{1}{2}(\alpha^r + \beta^r + \alpha^r - \beta^r) = \alpha^r; \tag{79 a}$$

$$\lim_{n\to\infty} \frac{V_{n+r}}{U_n} = \frac{1}{2} \lim_{n\to\infty} \frac{V_n V_r + \delta^2 U_n U_r}{U_n} = \frac{\delta}{2}(V_r + \delta U_r) = \delta \alpha^r. \tag{79 b}$$

Ferner bestimmen wir noch

$$\lim_{n\to\infty} \beta^n U_n = \lim_{n\to\infty} \frac{U_n}{\alpha^n} = \lim_{n\to\infty} \frac{\alpha^n - \beta^n}{\delta \alpha^n} = \frac{1}{\delta}; \tag{80 a}$$

$$\lim_{n\to\infty} \beta^n V_n = \lim_{n\to\infty} \frac{V_n}{\alpha^n} = \lim_{n\to\infty} \frac{\alpha^n + \beta^n}{\alpha^n} = 1. \tag{80 b}$$

Abschließend bringe ich noch einige Differentialquotienten nach dem Parameter $P$. Mit Hilfe von (72 b), (73 a, b) und (61 a, b) findet man leicht nach den bekannten Regeln

$$\frac{d\alpha}{dP} = \frac{\alpha}{\delta}, \quad \frac{d\beta}{dP} = -\frac{\beta}{\delta}, \quad \frac{d\delta}{dP} = \frac{P}{\delta}; \tag{81 a}$$

$$\frac{dU_m}{dP} = \frac{m V_m - P U_m}{\delta^2} = \frac{(m-1)\,U_{m+1} - (m+1)\,U_{m-1}}{\delta^2}; \quad \frac{dV_m}{dP} = m\,U_m. \tag{81 b}$$

### 3. Die Berechnung von $\Gamma_{i,k}$ und $X_{i,k}$

*a) Die Gewichtskoeffizienten $\Gamma_{i,k}$*

Kehren wir nun wieder zu unserer eigentlichen Aufgabe zurück, nämlich zur Lösung der Gewichtsgleichungen (58 b). Wir hatten in Gl. (59) die Absicht verfolgt, die Gewichtskoeffizienten $\Gamma_{i,k}$ mit Hilfe der Zahlenreihe $U_q$ auszudrücken und müssen zu ihrer Verwirklichung noch die Größe $\Gamma_{a,k}$ aus jener Gleichung entfernen. Zu diesem Zweck setzen wir dort $k = a$ und berücksichtigen, daß wegen der Bedeutung der Einheitsmatrix — s. (4) — von der Summe nur ein Glied, nämlich für $\nu = k$, nicht verschwindet und auch dann nur, wenn $k \leqq i$ ist:

$$\Gamma_{i,a} = U_{i-a+1}\,\Gamma_{a,a} - U_{i-a}\,.$$

Für $i = k$ ergibt sich hieraus infolge der Symmetrie der Gewichtskoeffizienten

$$\Gamma_{k,a} = \Gamma_{a,k} = U_{k-a+1}\,\Gamma_{a,a} - U_{k-a}$$

und nach Substitution in (59)

$$\Gamma_{i,k} = U_{i-a+1}\,U_{k-a+1}\,\Gamma_{a,a} - U_{i-a+1}\,U_{k-a} - \begin{cases} U_{i-k}\,, & \text{wenn } k \leqq i \\ 0\,, & \text{wenn } k \geqq i \end{cases}$$

$$\text{oder } \Gamma_{i,k} = \begin{cases} U_{i-a+1}\,(U_{k-a+1}\,\Gamma_{a,a} - U_{k-a}) - U_{i-k} = U_{k-a+1}\,(U_{i-a+1}\,\Gamma_{a,a} - U_{i-a}) & \text{für } k \leqq i \\ U_{i-a+1}\,(U_{k-a+1}\,\Gamma_{a,a} - U_{k-a}) & \text{für } k \geqq i\,, \end{cases}$$

denn wie aus (64) für $m = i - k - 1$, $q = a - k - 1$ hervorgeht, ist

$$U_{i-k} = U_{a-k}\,U_{i-a+1} - U_{a-k-1}\,U_{i-a} = U_{k-a+1}\,U_{i-a} - U_{k-a}\,U_{i-a+1}\,.$$

Da das Schema der Normalkoeffizienten (58 a, b) nicht nur zur Haupt-, sondern auch zur Nebendiagonale symmetrisch ist, muß diese Symmetrie auch für die Gewichtskoeffizienten gelten, d. h.

$$\Gamma_{i,k} = \Gamma_{k,i} = \Gamma_{a+z-i,\,a+z-k} = \Gamma_{a+z-k,\,a+z-i} \tag{82}$$

sein, insbesondere also $\Gamma_{a,a} = \Gamma_{z,z}$. Nehmen wir daher $i = k = z$, so erhält man wegen $U_0 = 0$ (60) und $z - a + 1 = n$ (37) aus der obigen für $\Gamma_{i,k}$ entwickelten Gleichung

$$\Gamma_{z,z} = \Gamma_{a,a} = U_n\,(U_n\,\Gamma_{a,a} - U_{n-1}) = U^2_n\,\Gamma_{a,a} - U_n\,U_{n-1}\,,$$

woraus unter Berücksichtigung von (65) folgt

$$\Gamma_{z,z} = \Gamma_{a,a} = \frac{U_n\,U_{n-1}}{U^2_n - 1} = \frac{U_n}{U_{n+1}}\,. \tag{83}$$

Diesen Wert setzen wir in die erwähnte Gleichung ein und formen um. Für $m = z - k$, $q = a - k - 1$ folgt nämlich aus (64) mit Benutzung von (62 a) und (37)

$$U_{z-k+1} = U_{a-k}\,U_{z-a+2} - U_{a-k-1}\,U_{z-a+1} = U_{k-a+1}\,U_n - U_{k-a}\,U_{n+1}$$

und analog für $i$ an Stelle von $k$, so daß man schließlich erhält:

$$\Gamma_{i,k} = \begin{cases} \dfrac{U_{i-a+1}\,U_{z-k+1}}{U_{n+1}} = \dfrac{U_{k-a+1}\,U_{z-i+1}}{U_{n+1}} - U_{k-i} & \text{für } i \leqq k \\[2ex] \dfrac{U_{k-a+1}\,U_{z-i+1}}{U_{n+1}} = \dfrac{U_{i-a+1}\,U_{z-k+1}}{U_{n+1}} - U_{i-k} & \text{für } i \geqq k\,. \end{cases} \tag{84 a}$$

Selbstverständlich haben für unser Ausgleichungsproblem nur solche Gewichtskoeffizienten praktische Bedeutung, für welche $i$, $k$ ganzzahlig sind und im Bereich $a \leqq i, k \leqq z$ der Rautenkette liegen. Für alle übrigen, insbesondere negative und nicht ganzzahlige Werte $i$, $k$ besitzen die $\Gamma_{i,k}$ dagegen nur mathematisches Interesse.

Wir wollen nun den noch ausstehenden Beweis erbringen, daß die gemäß (84 a) bestimmten $\Gamma_{i,k}$ auch die letzte der Gewichtsgleichungen (58 b) erfüllen (s. Schluß von V, 1), bilden also mit Heranziehung von (84 a), (83), (37) und (4)

$$\text{im Falle } k = z,\quad \Gamma_{z-1,z} = \frac{U_{z-a}\,U_1}{U_{n+1}} = \frac{U_{n-1}}{U_{n+1}}\,;\quad \Gamma_{z,z} = \frac{U_n}{U_{n+1}}\,;\quad I_{z,z} = 1\,,$$

$$\text{im Falle } k \leqq z - 1,\quad \Gamma_{z-1,k} = \frac{U_{k-a+1}\,U_2}{U_{n+1}}\,;\quad \Gamma_{z,k} = \frac{U_{k-a+1}\,U_1}{U_{n+1}} = \frac{U_{k-a+1}}{U_{n+1}}\,;\quad I_{z,k} = 0$$

und erkennen leicht, daß in beiden Fällen wegen $-U_{n-1} + PU_n = U_{n+1}$ (61 a) bzw. $U_2 = P$ die fragliche Gleichung befriedigt wird.

Vor einer numerischen Berechnung der Gewichtskoeffizienten muß eine konkrete Annahme über den Nullpunkt der Rautenzählung gemacht werden. Ist die Kette linksseitig begrenzt, so fängt man mit der Numerierung bei der ersten Raute ($a = 1$) an; falls jedoch das linke Ende im Unendlichen liegt, aber das rechte Kettenende begrenzt ist, wird man dort beginnend die Zählung in umgekehrter Richtung vornehmen, wodurch dieser Fall auf den vorigen zurückgeführt ist. Bei einer Kette, welche sich beiderseits ins Unendliche ausdehnt, kann jeder beliebige im Endlichen gelegene Nadir $m$ als Ausgangspunkt der Zählung verwendet werden.

Wir kennzeichnen alle Größen, denen obige spezielle Wahl des Nullpunktes $a - 1 = 0$ zugrunde liegt, durch $'$ und weil diese nach (37) $z = n$ bedingt, erhalten wir aus (84a)

$$\Gamma'_{i,k} = \frac{1}{U_{n+1}} \begin{cases} U_i\, U_{n+1-k} & \text{für } i \leqq k \\ U_k\, U_{n+1-i} & \text{für } i \geqq k \end{cases} \tag{84 b}$$

Mit Hilfe dieser Formel gelingt die Berechnung der Gewichtskoeffizienten schneller und genauer als etwa durch Auflösung der Gleichungen (58b) nach dem GAUSS'schen Allgorithmus, noch dazu, wo der doppelten Symmetrie wegen (82) nur ein Viertel aller Werte bestimmt werden muß.

In den Tabellen 4a ($P = 4$) und 4b ($P = 3$) sind die Gewichtskoeffizienten $\Gamma'_{i,k}$ in Einheiten der fünften Dezimalstelle für den Rautenbereich $1 \leqq i, k \leqq n$ angegeben, und zwar bei verschiedenen Kettenlängen (Parameter $n$). Es ist zu beachten, daß die über den Tabellen geschriebenen Indizes nur in Verbindung mit den am linken Rand stehenden Indizes benutzt werden können, während jene am rechten Rand und jene unterhalb der Tabelle ebenfalls zusammengehören.

Mit diesen Gewichtskoeffizienten können nun wegen (58a), (57) und (5) die Korrelaten gerechnet werden:

$$k_i = -\frac{N}{16} \Gamma'_{i,k}\, W'_k, \tag{85 a}$$

und damit sind nach (55) mit Berücksichtigung von (7) die Richtungsverbesserungen bekannt:

$$\begin{aligned} v(2)_{i-1} = v(4)_{i-1} = v(6)_{i+1} = v(8)_{i+1} &= -\frac{2}{H} k_i \\ v(1)_i = v(5)_i &= +\frac{2}{H} k_i \\ v(3)_i &= -\frac{2}{N} k_i + \frac{4}{N} k_{i+1} \\ v(7)_i &= +\frac{4}{N} k_{i-1} - \frac{2}{N} k_i . \end{aligned} \tag{85 b}$$

*b) Die zugehörigen Funktionon $X_{i,k}$*

An dieser Stelle will ich die den Gewichtskoeffizienten zugeordneten Größen $X_{i,k}$ einführen, welche uns später begegnen werden und definiere analog (84a)

$$X_{i,k} = \frac{1}{U_{n+1}} \begin{cases} V_{i-a+1}\, V_{z-k+1} & \text{für } i \leqq k \\ V_{k-a+1}\, V_{z-i+1} & \text{für } i \geqq k . \end{cases}$$

Wie hieraus klar hervorgeht, besitzen diese Größen ebenso wie die $\Gamma_{i,k}$ (82) eine doppelte Symmetrieeigenschaft

$$X_{i,k} = X_{k,i} = X_{a+z-i,\, a+z-k} = X_{a+z-k,\, a+z-i} .$$

Nun ist nach (69c) und (68a) in Verbindung mit (37).

$$V_{i-a+1}\, V_{z-k+1} - V_{k-a+1}\, V_{z-i+1} = V_{(i-k)+(n+1)} - V_{(k-i)+(n+1)} = \delta^2 U_{i-k}\, U_{n+1},$$

so daß obige Definitionsgleichungen analog (84a) wie folgt erweitert werden können:

$$X_{i,k} = \begin{cases} \dfrac{V_{i-a+1}\, V_{z-k+1}}{U_{n+1}} = \dfrac{V_{k-a+1}\, V_{z-i+1}}{U_{n+1}} - \delta^2 U_{k-i} & \text{für } i \leqq k \\ \dfrac{V_{k-a+1}\, V_{z-i+1}}{U_{n+1}} = \dfrac{V_{i-a+1}\, V_{z-k+1}}{U_{n+1}} - \delta^2 U_{i-k} & \text{für } i \geqq k . \end{cases} \tag{86 a}$$

Um den Zusammenhang mit den Gewichtskoeffizienten herzustellen, drücken wir $V$ nach (61b) und mit Benutzung von (61a) durch $U$ aus:

$$V_{i-a+1} = U_{i-a+2} - U_{i-a} = P U_{i-a+1} - 2 U_{i-a}; \quad V_{z-k+1} = P U_{z-k+1} - 2 U_{z-k} .$$

Tabelle 4a

Die Gewichtskoeffizienten $\Gamma_{i,k}$ für

**$P = 4$**

(Korrelatentabellen)

$n = 1$

| | 1 |
|---|---|
| 1 | 25 000 |

$n = 2$

| | 1 | |
|---|---|---|
| 1 | 26 667 | 2 |
| 2 | 6 667 | 1 |
| S | 33 334 | S |
| | 2 | |

$n = 3$

| | 1 | 2 | |
|---|---|---|---|
| 1 | 26 786 | 7 143 | 3 |
| 2 | 7 143 | 28 571 | 2 |
| 3 | 1 786 | 7 143 | 1 |
| S | 35 715 | 42 857 | S |
| | 3 | 2 | |

$n = 4$

| | 1 | 2 | |
|---|---|---|---|
| 1 | 26 794 | 7 177 | 4 |
| 2 | 7 177 | 28 708 | 3 |
| 3 | 1 914 | 7 656 | 2 |
| 4 | 478 | 1 914 | 1 |
| S | 36 363 | 45 455 | S |
| | 4 | 3 | |

$n = 5$

| | 1 | 2 | 3 | |
|---|---|---|---|---|
| 1 | 26 795 | 7 179 | 1 953 | 5 |
| 2 | 7 179 | 28 718 | 7 692 | 4 |
| 3 | 1 923 | 7 692 | 28 846 | 3 |
| 4 | 513 | 2 051 | 7 692 | 2 |
| 5 | 128 | 513 | 1 923 | 1 |
| S | 36 538 | 46 153 | 48 076 | S |
| | 5 | 4 | 3 | |

$n = 6$

| | 1 | 2 | 3 | |
|---|---|---|---|---|
| 1 | 26 795 | 7 180 | 1 924 | 6 |
| 2 | 7 180 | 28 719 | 7 695 | 5 |
| 3 | 1 924 | 7 695 | 28 856 | 4 |
| 4 | 515 | 2 061 | 7 729 | 3 |
| 5 | 137 | 550 | 2 061 | 2 |
| 6 | 34 | 137 | 515 | 1 |
| S | 36 585 | 46 342 | 48 780 | S |
| | 6 | 5 | 4 | |

$n = 7$

| | 1 | 2 | 3 | 4 | |
|---|---|---|---|---|---|
| 1 | 26 795 | 7 180 | 1 924 | 515 | 7 |
| 2 | 7 180 | 28 719 | 7 695 | 2 062 | 6 |
| 3 | 1 924 | 7 695 | 28 857 | 7 732 | 5 |
| 4 | 515 | 2 062 | 7 732 | 28 866 | 4 |
| 5 | 138 | 552 | 2 071 | 7 732 | 3 |
| 6 | 37 | 147 | 552 | 2 062 | 2 |
| 7 | 9 | 37 | 138 | 515 | 1 |
| S | 36 598 | 46 392 | 48 969 | 49 484 | S |
| | 7 | 6 | 5 | 4 | |

$n = 8$

| | 1 | 2 | 3 | 4 | |
|---|---|---|---|---|---|
| 1 | 26 795 | 7 180 | 1 924 | 515 | 8 |
| 2 | 7 180 | 28 719 | 7 695 | 2 062 | 7 |
| 3 | 1 924 | 7 695 | 28 857 | 7 732 | 6 |
| 4 | 515 | 2 062 | 7 732 | 28 867 | 5 |
| 5 | 138 | 552 | 2 072 | 7 735 | 4 |
| 6 | 37 | 148 | 555 | 2 072 | 3 |
| 7 | 10 | 39 | 148 | 552 | 2 |
| 8 | 2 | 10 | 37 | 138 | 1 |
| S | 36 061 | 46 405 | 49 020 | 49 673 | S |
| | 8 | 7 | 6 | 5 | |

**$P = 4$**

| $n = 9$ | 1 | 2 | 3 | 4 | 5 | |
|---|---|---|---|---|---|---|
| 1 | 26 795 | 7 180 | 1 924 | 515 | 138 | 9 |
| 2 | 7 180 | 28 719 | 7 695 | 2 062 | 552 | 8 |
| 3 | 1 924 | 7 695 | 28 857 | 7 732 | 2 072 | 7 |
| 4 | 515 | 2 062 | 7 732 | 28 867 | 7 735 | 6 |
| 5 | 138 | 552 | 2 072 | 7 735 | 28 867 | 5 |
| 6 | 37 | 148 | 555 | 2 072 | 7 735 | 4 |
| 7 | 10 | 40 | 149 | 555 | 2 072 | 3 |
| 8 | 3 | 11 | 40 | 148 | 552 | 2 |
| 9 | 1 | 3 | 10 | 37 | 138 | 1 |
| S | 36 603 | 46 410 | 49 034 | 49 723 | 49 861 | S |
| | 9 | 8 | 7 | 6 | 5 | |

| $n = 10$ | 1 | 2 | 3 | 4 | 5 | |
|---|---|---|---|---|---|---|
| 1 | 26 795 | 7 180 | 1 924 | 515 | 138 | 10 |
| 2 | 7 180 | 28 719 | 7 695 | 2 062 | 552 | 9 |
| 3 | 1 924 | 7 695 | 28 857 | 7 732 | 2 072 | 8 |
| 4 | 515 | 2 062 | 7 732 | 28 867 | 7 735 | 7 |
| 5 | 138 | 552 | 2 072 | 7 735 | 28 867 | 6 |
| 6 | 37 | 148 | 555 | 2 073 | 7 735 | 5 |
| 7 | 10 | 40 | 149 | 555 | 2 073 | 4 |
| 8 | 3 | 11 | 40 | 149 | 555 | 3 |
| 9 | 1 | 3 | 11 | 40 | 148 | 2 |
| 10 | | 1 | 3 | 10 | 37 | 1 |
| S | 36 603 | 46 411 | 49 038 | 49 738 | 49 912 | S |
| | 10 | 9 | 8 | 7 | 6 | |

| $n = 11$ | 1 | 2 | 3 | 4 | 5 | 6 | |
|---|---|---|---|---|---|---|---|
| 1 | 26 795 | 7 180 | 1 924 | 515 | 138 | 37 | 11 |
| 2 | 7 180 | 28 719 | 7 695 | 2 062 | 552 | 148 | 10 |
| 3 | 1 924 | 7 695 | 28 587 | 7 732 | 2 072 | 555 | 9 |
| 4 | 515 | 2 062 | 7 732 | 28 867 | 7 735 | 2 073 | 8 |
| 5 | 138 | 552 | 2 072 | 7 735 | 28 867 | 7 735 | 7 |
| 6 | 37 | 148 | 555 | 2 073 | 7 735 | 28 868 | 6 |
| 7 | 10 | 40 | 149 | 555 | 2 073 | 7 735 | 5 |
| 8 | 3 | 11 | 40 | 149 | 555 | 2 073 | 4 |
| 9 | 1 | 3 | 11 | 40 | 149 | 555 | 3 |
| 10 | | 1 | 3 | 11 | 40 | 148 | 2 |
| 11 | | | 1 | 3 | 10 | 37 | 1 |
| S | 36 603 | 46 411 | 49 039 | 49 742 | 49 926 | 49 964 | S |
| | 11 | 10 | 9 | 8 | 7 | 6 | |

| $n = 12$ | 1 | 2 | 3 | 4 | 5 | 6 | |
|---|---|---|---|---|---|---|---|
| 1 | 26 795 | 7 180 | 1 924 | 515 | 138 | 37 | 12 |
| 2 | 7 180 | 28 719 | 7 695 | 2 062 | 552 | 148 | 11 |
| 3 | 1 924 | 7 695 | 28 857 | 7 732 | 2 072 | 555 | 10 |
| 4 | 515 | 2 062 | 7 732 | 28 867 | 7 735 | 2 073 | 9 |
| 5 | 138 | 552 | 2 072 | 7 735 | 28 867 | 7 735 | 8 |
| 6 | 37 | 148 | 555 | 2 073 | 7 735 | 28 868 | 7 |
| 7 | 10 | 40 | 149 | 555 | 2 073 | 7 735 | 6 |
| 8 | 3 | 11 | 40 | 149 | 555 | 2 073 | 5 |
| 9 | 1 | 3 | 11 | 40 | 149 | 555 | 4 |
| 10 | | 1 | 3 | 11 | 40 | 149 | 3 |
| 11 | | | 1 | 3 | 11 | 40 | 2 |
| 12 | | | | 1 | 3 | 10 | 1 |
| S | 36 603 | 46 411 | 49 039 | 49 743 | 49 930 | 49 978 | S |
| | 12 | 11 | 10 | 9 | 8 | 7 | |

**P=4**

$n = 13$

| | 1 | 2 | 3 | 4 | 5 | 6 | 7 | |
|---|---|---|---|---|---|---|---|---|
| 1 | 26 795 | 7 180 | 1 924 | 515 | 138 | 37 | 10 | 13 |
| 2 | 7 180 | 28 719 | 7 695 | 2 062 | 552 | 148 | 40 | 12 |
| 3 | 1 924 | 7 695 | 28 857 | 7 732 | 2 072 | 555 | 149 | 11 |
| 4 | 515 | 2 062 | 7 732 | 28 867 | 7 735 | 2 073 | 555 | 10 |
| 5 | 138 | 552 | 2 072 | 7 735 | 28 867 | 7 735 | 2 073 | 9 |
| 6 | 37 | 148 | 555 | 2 073 | 7 735 | 28 868 | 7 735 | 8 |
| 7 | 10 | 40 | 149 | 555 | 2 073 | 7 735 | 28 868 | 7 |
| 8 | 3 | 11 | 40 | 149 | 555 | 2 073 | 7 735 | 6 |
| 9 | 1 | 3 | 11 | 40 | 149 | 555 | 2 073 | 5 |
| 10 | | 1 | 3 | 11 | 40 | 149 | 555 | 4 |
| 11 | | | 1 | 3 | 11 | 40 | 149 | 3 |
| 12 | | | | 1 | 3 | 11 | 40 | 2 |
| 13 | | | | | 1 | 3 | 10 | 1 |
| S | 36 603 | 46 411 | 49 039 | 49 743 | 49 931 | 49 982 | 49 992 | S |
| | 13 | 12 | 11 | 10 | 9 | 8 | 7 | |

$n = 14$

| | 1 | 2 | 3 | 4 | 5 | 6 | 7 | |
|---|---|---|---|---|---|---|---|---|
| 1 | 26 795 | 7·180 | 1 924 | 515 | 138 | 37 | 10 | 14 |
| 2 | 7 180 | 28 719 | 7 695 | 2 062 | 552 | 148 | 40 | 13 |
| 3 | 1 924 | 7 695 | 28 857 | 7 732 | 2 072 | 555 | 149 | 12 |
| 4 | 515 | 2 062 | 7 732 | 28 867 | 7 735 | 2 073 | 555 | 11 |
| 5 | 138 | 552 | 2 072 | 7 735 | 28 867 | 7 735 | 2 073 | 10 |
| 6 | 37 | 148 | 555 | 2 073 | 7 735 | 28 868 | 7 735 | 9 |
| 7 | 10 | 40 | 149 | 555 | 2 073 | 7 735 | 28 868 | 8 |
| 8 | 3 | 11 | 40 | 149 | 555 | 2 073 | 7 735 | 7 |
| 9 | 1 | 3 | 11 | 40 | 149 | 555 | 2 073 | 6 |
| 10 | | 1 | 3 | 11 | 40 | 149 | 555 | 5 |
| 11 | | | 1 | 3 | 11 | 40 | 149 | 4 |
| 12 | | | | 1 | 3 | 11 | 40 | 3 |
| 13 | | | | | 1 | 3 | 11 | 2 |
| 14 | | | | | | 1 | 3 | 1 |
| S | 36 603 | 46 411 | 49 039 | 49 743 | 49 931 | 49 983 | 49 996 | S |
| | 14 | 13 | 12 | 11 | 10 | 9 | 8 | |

Einseitig nach $\infty$ ausgedehnte Kette

| | 1 | 2 | 3 | 4 | 5 | 6 | ... |
|---|---|---|---|---|---|---|---|
| 1 | 26 795 | 7 180 | 1 924 | 515 | 138 | 37 | ... |
| 2 | 7 180 | 28 719 | 7 695 | 2 062 | 552 | 148 | ... |
| 3 | 1 924 | 7 695 | 28 857 | 7 732 | 2 072 | 555 | ... |
| 4 | 515 | 2 062 | 7 732 | 28 867 | 7 735 | 2 073 | ... |
| 5 | 138 | 552 | 2 072 | 7 735 | 28 867 | 7 735 | ... |
| 6 | 37 | 48 | 555 | 2 073 | 7 735 | 28 868 | ... |
| 7 | 10 | 40 | 149 | 555 | 2 073 | 7 735 | ... |
| 8 | 3 | 11 | 40 | 149 | 555 | 2 073 | ... |
| 9 | 1 | 3 | 11 | 40 | 149 | 555 | ... |
| 10 | | 1 | 3 | 11 | 40 | 149 | ... |
| 11 | | | 1 | 3 | 11 | 40 | ... |
| 12 | | | | 1 | 3 | 11 | ... |
| 13 | | | | | 1 | 3 | ... |
| 14 | | | | | | 1 | ... |
| ... | ........ | | | | | | ... |

Beidseitig nach $\infty$ ausgedehnte Kette

| | $m$ |
|---|---|
| $m$ | 28 857.51 |
| $m \pm 1$ | 7 735.03 |
| $m \pm 2$ | 2 072.59 |
| $m \pm 3$ | 555.35 |
| $m \pm 4$ | 148.81 |
| $m \pm 5$ | 39.87 |
| $m \pm 6$ | 10.68 |
| $m \pm 7$ | 2.85 |
| $m \pm 8$ | 0.74 |
| $m \pm 9$ | 0.20 |
| $m \pm 10$ | 0.06 |
| $m \pm 11$ | 0.01 |
| ........ | ........ |

Tabelle 4 b

Die Gewichtskoeffizienten $\Gamma_{i,k}$ für

# $P = 3$

(Korrelatentabellen)

$n = 1$

| | 1 |
|---|---|
| 1 | 33 333 |

$n = 2$

| | 1 | |
|---|---|---|
| 1 | 37 500 | 2 |
| 2 | 12 500 | 1 |
| S | 50 000 | S |
| | 2 | |

$n = 3$

| | 1 | 2 | |
|---|---|---|---|
| 1 | 38 095 | 14 286 | 3 |
| 2 | 14 286 | 42 857 | 2 |
| 3 | 4 762 | 14 286 | 1 |
| S | 57 143 | 71 429 | S |
| | 3 | 2 | |

$n = 4$

| | 1 | 2 | |
|---|---|---|---|
| 1 | 38 182 | 14 545 | 4 |
| 2 | 14 545 | 43 636 | 3 |
| 3 | 5 455 | 16 364 | 2 |
| 4 | 1 818 | 5 455 | 1 |
| S | 60 000 | 80 000 | S |
| | 4 | 3 | |

$n = 5$

| | 1 | 2 | 3 | |
|---|---|---|---|---|
| 1 | 38 194 | 14 583 | 5 556 | 5 |
| 2 | 14 583 | 43 750 | 16 667 | 4 |
| 3 | 5 556 | 16 667 | 44 444 | 3 |
| 4 | 2 083 | 6 250 | 16 667 | 2 |
| 5 | 694 | 2 083 | 5 556 | 1 |
| S | 61 110 | 83 333 | 88 890 | S |
| | 5 | 4 | 3 | |

$n = 6$

| | 1 | 2 | 3 | |
|---|---|---|---|---|
| 1 | 86 196 | 14 589 | 5 570 | 6 |
| 2 | 14 589 | 43 767 | 16 711 | 5 |
| 3 | 5 570 | 16 711 | 44 562 | 4 |
| 4 | 2 122 | 6 366 | 16 976 | 3 |
| 5 | 796 | 2 387 | 6 366 | 2 |
| 6 | 265 | 796 | 2 122 | 1 |
| S | 61 538 | 84 616 | 92 307 | S |
| | 6 | 5 | 4 | |

$n = 7$

| | 1 | 2 | 3 | 4 | |
|---|---|---|---|---|---|
| 1 | 38 197 | 14 590 | 5 572 | 2 128 | 7 |
| 2 | 14 590 | 43 769 | 16 717 | 6 383 | 6 |
| 3 | 5 572 | 16 717 | 44 580 | 17 021 | 5 |
| 4 | 2 128 | 6 383 | 17 021 | 44 681 | 4 |
| 5 | 811 | 2 432 | 6 484 | 17 021 | 3 |
| 6 | 304 | 912 | 2 432 | 6 383 | 2 |
| 7 | 101 | 304 | 811 | 2 128 | 1 |
| S | 61 703 | 85 107 | 93 617 | 95 745 | S |
| | 7 | 6 | 5 | 4 | |

$n = 8$

| | 1 | 2 | 3 | 4 | |
|---|---|---|---|---|---|
| 1 | 38 197 | 14 590 | 5 573 | 2 128 | 8 |
| 2 | 14 590 | 43 769 | 16 718 | 6 385 | 7 |
| 3 | 5 573 | 16 718 | 44 582 | 17 028 | 6 |
| 4 | 2 128 | 6 385 | 17 028 | 44 698 | 5 |
| 5 | 813 | 2 438 | 6 502 | 17 067 | 4 |
| 6 | 310 | 929 | 2 476 | 6 502 | 3 |
| 7 | 116 | 348 | 929 | 2 438 | 2 |
| 8 | 39 | 116 | 310 | 813 | 1 |
| S | 61 766 | 85 293 | 94 118 | 97 059 | S |
| | 8 | 7 | 6 | 5 | |

**P = 3**

$n = 9$

| | 1 | 2 | 3 | 4 | 5 | |
|---|---|---|---|---|---|---|
| 1 | 38 197 | 14 590 | 5 573 | 2 129 | 813 | 9 |
| 2 | 14 590 | 43 769 | 16 718 | 6 386 | 2 439 | 8 |
| 3 | 5 573 | 16 718 | 44 582 | 17 029 | 6 504 | 7 |
| 4 | 2 129 | 3 686 | 17 029 | 44 701 | 17 073 | 6 |
| 5 | 813 | 2 439 | 6 504 | 17 073 | 44 715 | 5 |
| 6 | 310 | 931 | 2 483 | 6 519 | 17 073 | 4 |
| 7 | 118 | 355 | 946 | 2 483 | 6 504 | 3 |
| 8 | 44 | 133 | 355 | 931 | 2 439 | 2 |
| 9 | 15 | 44 | 118 | 310 | 813 | 1 |
| S | 61 789 | 85 365 | 94 308 | 97 561 | 98 373 | S |
| | 9 | 8 | 7 | 6 | 5 | |

$n = 10$

| | 1 | 2 | 3 | 4 | 5 | |
|---|---|---|---|---|---|---|
| 1 | 38 197 | 14 590 | 5 573 | 2 129 | 813 | 10 |
| 2 | 14 590 | 43 769 | 16 718 | 6 386 | 2 439 | 9 |
| 3 | 5 573 | 16 718 | 44 582 | 17 029 | 6 504 | 8 |
| 4 | 2 129 | 6 386 | 17 029 | 44 701 | 17 074 | 7 |
| 5 | 813 | 2 439 | 6 504 | 17 074 | 44 718 | 6 |
| 6 | 311 | 932 | 2 484 | 6 521 | 17 080 | 5 |
| 7 | 119 | 356 | 949 | 2 490 | 6 521 | 4 |
| 8 | 45 | 136 | 361 | 949 | 2 484 | 3 |
| 9 | 17 | 51 | 136 | 356 | 932 | 2 |
| 10 | 6 | 17 | 45 | 119 | 311 | 1 |
| S | 61 800 | 85 394 | 94 381 | 97 754 | 98 876 | S |
| | 10 | 9 | 8 | 7 | 6 | |

$n = 11$

| | 1 | 2 | 3 | 4 | 5 | 6 | |
|---|---|---|---|---|---|---|---|
| 1 | 38 197 | 14 590 | 5 573 | 2 129 | 813 | 311 | 11 |
| 2 | 14 590 | 43 769 | 16 718 | 6 386 | 2 439 | 932 | 10 |
| 3 | 5 573 | 16 718 | 44 582 | 17 029 | 6 504 | 2 484 | 9 |
| 4 | 2 129 | 6 386 | 17 029 | 44 701 | 17 074 | 6 522 | 8 |
| 5 | 813 | 2 439 | 6 504 | 17 074 | 44 718 | 17 081 | 7 |
| 6 | 311 | 932 | 2 484 | 6 522 | 17 081 | 44 720 | 6 |
| 7 | 119 | 356 | 949 | 2 491 | 6 524 | 17 081 | 5 |
| 8 | 45 | 136 | 362 | 951 | 2 491 | 6 522 | 4 |
| 9 | 17 | 52 | 138 | 362 | 949 | 2 484 | 3 |
| 10 | 6 | 19 | 52 | 136 | 356 | 932 | 2 |
| 11 | 2 | 6 | 17 | 45 | 119 | 311 | 1 |
| S | 61 802 | 85 403 | 94 408 | 97 826 | 99 068 | 99 380 | S |
| | 11 | 10 | 9 | 8 | 7 | 6 | |

$n = 12$

| | 1 | 2 | 3 | 4 | 5 | 6 | |
|---|---|---|---|---|---|---|---|
| 1 | 38 197 | 14 590 | 5 573 | 2 129 | 813 | 311 | 12 |
| 2 | 14 590 | 43 769 | 16 718 | 6 386 | 2 439 | 932 | 11 |
| 3 | 5 573 | 16 718 | 44 582 | 17 029 | 6 504 | 2 484 | 10 |
| 4 | 2 129 | 6 386 | 17 029 | 44 701 | 17 074 | 6 522 | 9 |
| 5 | 813 | 2 439 | 6 504 | 17 074 | 44 718 | 17 081 | 8 |
| 6 | 311 | 932 | 2 484 | 6 522 | 17 081 | 44 721 | 7 |
| 7 | 119 | 356 | 949 | 2 491 | 6 524 | 17 082 | 6 |
| 8 | 45 | 136 | 362 | 951 | 2 492 | 6 524 | 5 |
| 9 | 17 | 52 | 138 | 363 | 951 | 2 491 | 4 |
| 10 | 7 | 20 | 53 | 138 | 362 | 949 | 3 |
| 11 | 2 | 7 | 20 | 52 | 136 | 356 | 2 |
| 12 | 1 | 2 | 7 | 17 | 45 | 119 | 1 |
| S | 61 804 | 85 407 | 94 419 | 97 853 | 99 139 | 99 571 | S |
| | 12 | 11 | 10 | 9 | 8 | 7 | |

**$P = 3$**

$n = 13$

| | 1 | 2 | 3 | 4 | 5 | 6 | 7 | |
|---|---|---|---|---|---|---|---|---|
| 1 | 38 197 | 14 590 | 5 573 | 2 129 | 813 | 311 | 119 | 13 |
| 2 | 14 590 | 43 769 | 16 718 | 6 386 | 2 439 | 932 | 356 | 12 |
| 3 | 5 573 | 16 718 | 44 582 | 17 029 | 6 504 | 2 484 | 949 | 11 |
| 4 | 2 129 | 6 386 | 17 029 | 44 701 | 17 074 | 6 522 | 2 491 | 10 |
| 5 | 813 | 2 439 | 6 504 | 17 074 | 44 718 | 17 081 | 6 524 | 9 |
| 6 | 311 | 932 | 2 484 | 6 522 | 17 081 | 44 721 | 17 082 | 8 |
| 7 | 119 | 356 | 949 | 2 491 | 6 524 | 17 082 | 44 721 | 7 |
| 8 | 45 | 136 | 362 | 952 | 2 492 | 6 525 | 17 082 | 6 |
| 9 | 17 | 52 | 138 | 363 | 952 | 2 492 | 6 524 | 5 |
| 10 | 7 | 20 | 53 | 139 | 363 | 952 | 2 491 | 4 |
| 11 | 3 | 8 | 20 | 53 | 138 | 362 | 949 | 3 |
| 12 | 1 | 3 | 8 | 20 | 52 | 136 | 356 | 2 |
| 13 | | 1 | 3 | 7 | 17 | 45 | 119 | 1 |
| S | 61 805 | 85 410 | 94 423 | 97 866 | 99 167 | 99 645 | 99 763 | S |
| · | 13 | 12 | 11 | 10 | 9 | 8 | 7 | |

$n = 14$

| | 1 | 2 | 3 | 4 | 5 | 6 | 7 | |
|---|---|---|---|---|---|---|---|---|
| 1 | 38 197 | 14 590 | 5 573 | 2 129 | 813 | 311 | 119 | 14 |
| 2 | 14 590 | 43 769 | 16 718 | 6 386 | 2 439 | 932 | 356 | 13 |
| 3 | 5 573 | 16 718 | 44 582 | 17 029 | 6 504 | 2 484 | 949 | 12 |
| 4 | 2 129 | 6 386 | 17 029 | 44 701 | 17 074 | 6 522 | 2 491 | 11 |
| 5 | 813 | 2 439 | 6 504 | 17 074 | 44 718 | 17 081 | 6 524 | 10 |
| 6 | 311 | 932 | 2 484 | 6 522 | 17 081 | 44 721 | 17 082 | 9 |
| 7 | 119 | 356 | 949 | 2 491 | 6 524 | 17 082 | 44 721 | 8 |
| 8 | 45 | 136 | 362 | 952 | 2 492 | 6 525 | 17 082 | 7 |
| 9 | 17 | 52 | 138 | 363 | 952 | 2 492 | 6 525 | 6 |
| 10 | 7 | 20 | 53 | 139 | 364 | 952 | 2 492 | 5 |
| 11 | 3 | 8 | 20 | 53 | 139 | 363 | 952 | 4 |
| 12 | 1 | 3 | 8 | 20 | 53 | 138 | 362 | 3 |
| 13 | | 1 | 3 | 8 | 20 | 52 | 136 | 2 |
| 14 | | | 1 | 3 | 7 | 17 | 45 | 1 |
| S | 61 805 | 85 410 | 94 424 | 97 870 | 99 180 | 99 672 | 99 836 | S |
| · | 14 | 13 | 12 | 11 | 10 | 9 | 8 | |

Einseitig nach ∞ ausgedehnte Kette

| | 1 | 2 | 3 | 4 | 5 | 6 | |
|---|---|---|---|---|---|---|---|
| 1 | 38 197 | 14 590 | 5 573 | 2 129 | 813 | 311 | … |
| 2 | 14 590 | 43 769 | 16 718 | 6 386 | 2 439 | 932 | … |
| 3 | 5 573 | 16 718 | 44 582 | 17 029 | 6 504 | 2 484 | … |
| 4 | 2 129 | 6 386 | 17 029 | 44 701 | 17 074 | 6 522 | … |
| 5 | 813 | 2 439 | 6 504 | 17 074 | 44 718 | 17 081 | … |
| 6 | 311 | 932 | 2 484 | 6 522 | 17 081 | 44 721 | … |
| 7 | 119 | 356 | 949 | 2 491 | 6 524 | 17 082 | … |
| 8 | 45 | 136 | 362 | 952 | 2 492 | 6 525 | … |
| 9 | 17 | 52 | 138 | 363 | 952 | 2 492 | … |
| 10 | 7 | 20 | 53 | 139 | 364 | 952 | … |
| 11 | 3 | 8 | 20 | 53 | 139 | 364 | … |
| 12 | 1 | 3 | 8 | 20 | 53 | 139 | … |
| 13 | | 1 | 3 | 8 | 20 | 53 | … |
| 14 | | | 1 | 3 | 8 | 20 | … |
| 15 | | | | 1 | 3 | 8 | … |
| 16 | | | | | 1 | 3 | … |
| 17 | | | | | | 1 | … |
| … | … | … | … | … | … | … | … |

Beidseitig nach ∞ ausgedehnte Kette

| | $m$ |
|---|---|
| $m$ | 44 721.36 |
| $m \pm 1$ | 17 082.04 |
| $m \pm 2$ | 6 524.76 |
| $m \pm 3$ | 2 492.24 |
| $m \pm 4$ | 951.95 |
| $m \pm 5$ | 363.61 |
| $m \pm 6$ | 138.89 |
| $m \pm 7$ | 53.05 |
| $m \pm 8$ | 20.26 |
| $m \pm 9$ | 7.74 |
| $m \pm 10$ | 2.96 |
| $m \pm 11$ | 1.13 |
| $m \pm 12$ | 0.43 |
| $m \pm 13$ | 0.17 |
| $m \pm 14$ | 0.06 |
| $m \pm 15$ | 0.02 |
| $m \pm 16$ | 0.01 |
| …… | …… |

Diese Umformung ist im Falle $i \leqq k$ notwendig, damit bei Umwandlung des Produktes

$$V_{i-a+1} V_{z-k+1} = P^2 U_{i-a+1} U_{z-k+1} - 2P U_{i-a+1} U_{z-(k+1)+1} - 2P U_{(i-1)-a+1} U_{z-k+1} + 4 U_{(i-1)-a+1} U_{z-(k+1)+1}$$

gemäß (84 a) kein Zweifel darüber möglich ist, welche von beiden Formeln angewendet werden muß. Im Falle $i \leqq k$ ist nämlich sicher $i < k+1$, $i-1 < k$, $i-1 < k+1$, so daß man erhält

$$X_{i,k} = P^2 \Gamma_{i,k} - 2P(\Gamma_{i,k+1} + \Gamma_{i-1,k}) + 4\Gamma_{i-1,k+1}, \quad \text{für } i \leqq k. \tag{87 a}$$

Außerdem findet man aus (84 a) und (86 a) bei $i \leqq k$ leicht mit Hilfe von (68 a)

$$X_{i,k} + \delta^2 \Gamma_{i,k} = \frac{V_{i-a+1} V_{z-k+1} + \delta^2 U_{i-a+1} U_{z-k+1}}{U_{n+1}}$$

$$= \frac{2 V_{(n+1)+(i-k)}}{U_{n+1}} = \frac{V_{n+1} V_{i-k} + \delta^2 U_{n+1} U_{i-k}}{U_{n+1}},$$

also wegen (62 a, b) $$X_{i,k} + \delta^2 \Gamma_{i,k} = \frac{V_{n+1}}{U_{n+1}} V_{k-i} - \delta^2 U_{k-i}, \quad \text{für } i \leqq k. \tag{87 b}$$

Der Fall $i \geqq k$ erledigt sich durch Vertauschung von $i$ mit $k$.

Da wir die Gewichtskoeffizienten $\Gamma_{i,k}$ nur innerhalb des Rautenbereichs tabuliert haben (Tab. 4 a, b), erfordert die Anwendung der Formeln (87 a, b) am Tabellenrand eine gewisse Vorsicht, noch dazu wo wir später auch die Werte $X'_{o,k}$ bzw. $X'_{i,n+1}$ benötigen. Daher ist auch die direkte Benutzung von (86 a) bzw. wenn wir wieder $a = 1$ setzen, die Berechnung gemäß

$$X'_{i,k} = \frac{1}{U_{n+1}} \begin{cases} V_i V_{n+1-k} & \text{für } i \leqq k \\ V_k V_{n+1-i} & \text{für } i \geqq k \end{cases} \tag{86 b}$$

vorzuziehen. In den Tabellen 5 a und 5 b sind diese Werte für $0 \leqq i, k \leqq n+1$ niedergelegt.

### *c) Die unendliche Kette*

Es sollen noch die Größen $\Gamma_{i,k}$ und $X_{i,k}$ für die unendlich lange Kette ermittelt werden. Zu diesem Zweck setzen wir in (84 a) gemäß (37) $z + 1 = n + a$ und erhalten mit Berücksichtigung von (73 a) und (79 a) zunächst für die einseitig nach Unendlich ausgedehnte Kette im Falle $i \leqq k$

$$\vec{\Gamma}_{i,k} = \lim_{n\to\infty} \frac{U_{i-a+1} U_{n+a-k}}{U_{n+1}} = U_{i-a+1} \lim_{n\to\infty} \frac{U_{n+1+(a-k-1)}}{U_{n+1}} = \frac{\alpha^{i-a+1} - \beta^{i-a+1}}{\delta} \alpha^{a-k-1}$$

oder, wenn wir (72 c) benutzen und auch den Fall $i \geqq k$ anführen:

$$\vec{\Gamma}_{i,k} = \frac{1}{\delta} \begin{cases} \beta^{k-i} - \beta^{k+i-2(a-1)} & \text{für } i \leqq k \\ \beta^{i-k} - \beta^{i+k-2(a-1)} & \text{für } i \geqq k. \end{cases} \tag{88 a}$$

Geben wir der im Endlichen gelegenen Anfangsraute die Nummer $a = 1$, so folgt

$$\vec{\Gamma}'_{i,k} = \frac{1}{\delta} \begin{cases} \beta^{k-i} - \beta^{k+i} \\ \beta^{i-k} - \beta^{i+k} \end{cases} = \begin{cases} \beta^k U_i & \text{für } i \leqq k \\ \beta^i U_k & \text{für } i \geqq k. \end{cases} \tag{88 b}$$

Andererseits ergibt sich aus (88 a) unmittelbar für die beiderseits unendliche Kette wegen $\beta < 1$

$$\overleftrightarrow{\Gamma}_{i,k} = \lim_{a\to-\infty} \vec{\Gamma}_{i,k} = \frac{1}{\delta} \begin{cases} \beta^{k-i} & \text{für } i \leqq k \\ \beta^{i-k} & \text{für } i \geqq k. \end{cases} \tag{88 c}$$

Setzt man in der letzten Gleichung $i = m$, $k = m \pm d$ $(d > 0)$, so läßt sie sich einfach schreiben

$$\overleftrightarrow{\Gamma}_{m,m\pm d} = \frac{1}{\delta} \beta^d. \tag{88 d}$$

Für die Koeffizienten der Hauptdiagonale $i = k = m$ erhält man aus (88 b, c)

$$\vec{\Gamma}'_{m,m} = \frac{1}{\delta}(1 - \beta^{2m}); \quad \overleftrightarrow{\Gamma}_{m,m} = \frac{1}{\delta}. \tag{89}$$

Tabelle 5a

Die zugeordneten Koeffizienten $X_{i,k}$ für

# $P = 4$

$n = 1$

| | 0 | 1 | |
|---|---|---|---|
| 0 | 7.0000 | 2.0000 | 2 |
| 1 | 2.0000 | 4.0000 | 1 |
| 2 | 1.0000 | 2.0000 | 0 |
| | 2 | 1 | |

$n = 2$

| | 0 | 1 | |
|---|---|---|---|
| 0 | 6.9333 | 1.8667 | 3 |
| 1 | 1.8667 | 3.7333 | 2 |
| 2 | 5333 | 1.0667 | 1 |
| 3 | 2667 | 5333 | 0 |
| | 3 | 2 | |

$n = 3$

| | 0 | 1 | 2 | |
|---|---|---|---|---|
| 0 | 6.9286 | 1.8571 | 5000 | 4 |
| 1 | 1.8571 | 3.7143 | 1.0000 | 3 |
| 2 | 5000 | 1.0000 | 3.5000 | 2 |
| 3 | 1429 | 2857 | 1.0000 | 1 |
| 4 | 714 | 1429 | 5000 | 0 |
| | 4 | 3 | 2 | |

$n = 4$

| | 0 | 1 | 2 | |
|---|---|---|---|---|
| 0 | 6.9282 | 1.8565 | 4976 | 5 |
| 1 | 1.8565 | 3.7129 | 9952 | 4 |
| 2 | 4976 | 9952 | 3.4833 | 3 |
| 3 | 1340 | 2679 | 9378 | 2 |
| 4 | 383 | 766 | 2679 | 1 |
| 5 | 191 | 383 | 1340 | 0 |
| | 5 | 4 | 3 | |

$n = 5$

| | 0 | 1 | 2 | 3 | |
|---|---|---|---|---|---|
| 0 | 6.9282 | 1.8564 | 4974 | 1333 | 6 |
| 1 | 1.8564 | 3.7128 | 9949 | 2667 | 5 |
| 2 | 4974 | 9949 | 3.4821 | 9333 | 4 |
| 3 | 1333 | 2667 | 9333 | 3.4667 | 3 |
| 4 | 359 | 718 | 2513 | 9333 | 2 |
| 5 | 103 | 205 | 718 | 2667 | 1 |
| 6 | 51 | 103 | 359 | 1333 | 0 |
| | 6 | 5 | 4 | 3 | |

$n = 6$

| | 0 | 1 | 2 | 3 | |
|---|---|---|---|---|---|
| 0 | 6.9282 | 1.8564 | 4974 | 1333 | 7 |
| 1 | 1.8564 | 3.7128 | 9948 | 2666 | 6 |
| 2 | 4974 | 9948 | 3.4820 | 9330 | 5 |
| 3 | 1333 | 2666 | 9330 | 3.4655 | 4 |
| 4 | 357 | 715 | 2501 | 9289 | 3 |
| 5 | 96 | 192 | 673 | 2501 | 2 |
| 6 | 27 | 55 | 192 | 715 | 1 |
| 7 | 12 | 27 | 96 | 357 | 0 |
| | 7 | 6 | 5 | 4 | |

$n = 7$

| | 0 | 1 | 2 | 3 | 4 | |
|---|---|---|---|---|---|---|
| 0 | 6.9282 | 1.8564 | 4974 | 1333 | 357 | 8 |
| 1 | 1.8564 | 3.7128 | 9948 | 2666 | 714 | 7 |
| 2 | 4974 | 9948 | 3.4820 | 9330 | 2500 | 6 |
| 3 | 1333 | 2666 | 9330 | 3.4654 | 9286 | 5 |
| 4 | 357 | 714 | 2500 | 9286 | 3.4643 | 4 |
| 5 | 96 | 191 | 670 | 2489 | 9286 | 3 |
| 6 | 26 | 52 | 180 | 670 | 2500 | 2 |
| 7 | 7 | 15 | 52 | 191 | 714 | 1 |
| 8 | 4 | 7 | 26 | 96 | 357 | 0 |
| | 8 | 7 | 6 | 5 | 4 | |

**P = 4**

n = 8

| | 0 | 1 | 2 | 3 | 4 | |
|---|---|---|---|---|---|---|
| 0 | 6.9282 | 1.8564 | 4974 | 1333 | 357 | 9 |
| 1 | 1.8564 | 3.7128 | 9948 | 2666 | 714 | 8 |
| 2 | 4974 | 9948 | 3.4820 | 9330 | 2500 | 7 |
| 3 | 1333 | 2666 | 9330 | 3.4654 | 9285 | 6 |
| 4 | 357 | 714 | 2500 | 9285 | 3.4642 | 5 |
| 5 | 96 | 191 | 670 | 2488 | 9283 | 4 |
| 6 | 26 | 51 | 180 | 667 | 2488 | 3 |
| 7 | 7 | 14 | 48 | 180 | 670 | 2 |
| 8 | 2 | 4 | 14 | 51 | 191 | 1 |
| 9 | 1 | 2 | 7 | 26 | 96 | 0 |
| | 9 | 8 | 7 | 6 | 5 | |

n = 9

| | 0 | 1 | 2 | 3 | 4 | 5 | |
|---|---|---|---|---|---|---|---|
| 0 | 6.9282 | 1.8564 | 4974 | 1333 | 357 | 96 | 10 |
| 1 | 1.8564 | 3.7128 | 9948 | 2666 | 714 | 191 | 9 |
| 2 | 4974 | 9948 | 3.4820 | 9330 | 2500 | 670 | 8 |
| 3 | 1333 | 2666 | 9330 | 3.4654 | 9285 | 2488 | 7 |
| 4 | 357 | 714 | 2500 | 9285 | 3.4642 | 9282 | 6 |
| 5 | 96 | 191 | 670 | 2488 | 9282 | 3.4641 | 5 |
| 6 | 26 | 51 | 179 | 667 | 2487 | 9282 | 4 |
| 7 | 7 | 14 | 48 | 179 | 667 | 2488 | 3 |
| 8 | 2 | 4 | 13 | 48 | 179 | 670 | 2 |
| 9 | 1 | 1 | 4 | 14 | 51 | 191 | 1 |
| 10 | | 1 | 2 | 7 | 26 | 96 | 0 |
| | 10 | 9 | 8 | 7 | 6 | 5 | |

n = 10

| | 0 | 1 | 2 | 3 | 4 | 5 | |
|---|---|---|---|---|---|---|---|
| 0 | 6.9282 | 1.8564 | 4974 | 1333 | 357 | 96 | 11 |
| 1 | 1.8564 | 3.7128 | 9948 | 2666 | 714 | 191 | 10 |
| 2 | 4974 | 9948 | 3.4820 | 9330 | 2500 | 670 | 9 |
| 3 | 1333 | 2666 | 9330 | 3.4654 | 9285 | 2488 | 8 |
| 4 | 357 | 714 | 2500 | 9285 | 3.4642 | 9282 | 7 |
| 5 | 96 | 191 | 670 | 2488 | 9282 | 3.4641 | 6 |
| 6 | 26 | 51 | 179 | 667 | 2487 | 9282 | 5 |
| 7 | 7 | 14 | 48 | 179 | 666 | 2487 | 4 |
| 8 | 2 | 4 | 13 | 48 | 179 | 667 | 3 |
| 9 | | 1 | 3 | 13 | 48 | 179 | 2 |
| 10 | | | 1 | 4 | 14 | 51 | 1 |
| 11 | | | | 2 | 7 | 26 | 0 |
| | 11 | 10 | 9 | 8 | 7 | 6 | |

n = 11

| | 0 | 1 | 2 | 3 | 4 | 5 | 6 | |
|---|---|---|---|---|---|---|---|---|
| 0 | 6.9282 | 1.8564 | 4974 | 1333 | 357 | 96 | 26 | 12 |
| 1 | 1.8564 | 3.7128 | 9948 | 2666 | 714 | 191 | 51 | 11 |
| 2 | 4974 | 9948 | 3.4820 | 9330 | 2500 | 670 | 179 | 10 |
| 3 | 1333 | 2666 | 9330 | 3.4654 | 9285 | 2488 | 667 | 9 |
| 4 | 357 | 714 | 2500 | 9285 | 3.4642 | 9282 | 2487 | 8 |
| 5 | 96 | 191 | 670 | 2488 | 9282 | 3.4641 | 9282 | 7 |
| 6 | 26 | 51 | 179 | 667 | 2487 | 9282 | 3.4641 | 6 |
| 7 | 7 | 14 | 48 | 179 | 666 | 2487 | 9282 | 5 |
| 8 | 2 | 4 | 13 | 48 | 179 | 666 | 2487 | 4 |
| 9 | | 1 | 3 | 13 | 48 | 179 | 667 | 3 |
| 10 | | | 1 | 3 | 13 | 48 | 179 | 2 |
| 11 | | | | 1 | 4 | 14 | 51 | 1 |
| 12 | | | | | 2 | 7 | 26 | 0 |
| | 12 | 11 | 10 | 9 | 8 | 7 | 6 | |

**$P=4$**

$n=12$

| | 0 | 1 | 2 | 3 | 4 | 5 | 6 | |
|---|---|---|---|---|---|---|---|---|
| 0 | 6.9282 | 1.8564 | 4974 | 1333 | 357 | 96 | 26 | 13 |
| 1 | 1.8564 | 3.7128 | 9948 | 2666 | 714 | 191 | 51 | 12 |
| 2 | 4974 | 9948 | 3.4820 | 9330 | 2500 | 670 | 179 | 11 |
| 3 | 1333 | 2666 | 9330 | 3.4654 | 9285 | 2488 | 667 | 10 |
| 4 | 357 | 714 | 2500 | 9285 | 3.4642 | 9282 | 2487 | 9 |
| 5 | 96 | 191 | 670 | 2488 | 9282 | 3.4641 | 9282 | 8 |
| 6 | 26 | 51 | 179 | 667 | 2487 | 9282 | 3.4641 | 7 |
| 7 | 7 | 14 | 48 | 179 | 666 | 2487 | 9282 | 6 |
| 8 | 2 | 4 | 13 | 48 | 179 | 666 | 2487 | 5 |
| 9 | | 1 | 3 | 13 | 48 | 179 | 666 | 4 |
| 10 | | | 1 | 3 | 13 | 48 | 179 | 3 |
| 11 | | | | 1 | 3 | 13 | 48 | 2 |
| 12 | | | | | 1 | 4 | 14 | 1 |
| 13 | | | | | | 2 | 7 | 0 |
| | 13 | 12 | 11 | 10 | 9 | 8 | 7 | |

$n=13$

| | 0 | 1 | 2 | 3 | 4 | 5 | 6 | 7 | |
|---|---|---|---|---|---|---|---|---|---|
| 0 | 6.9282 | 1.8584 | 4974 | 1333 | 357 | 96 | 26 | 7 | 14 |
| 1 | 1.8564 | 3.7128 | 9948 | 2666 | 714 | 191 | 51 | 14 | 13 |
| 2 | 4974 | 9948 | 3.4820 | 9330 | 2500 | 670 | 179 | 48 | 12 |
| 3 | 1333 | 2666 | 9330 | 3.4654 | 9285 | 2488 | 667 | 179 | 11 |
| 4 | 357 | 714 | 2500 | 9285 | 3.4642 | 9282 | 2487 | 666 | 10 |
| 5 | 96 | 191 | 670 | 2488 | 9282 | 3.4641 | 9282 | 2487 | 9 |
| 6 | 26 | 51 | 179 | 667 | 2487 | 9282 | 3.4641 | 9282 | 8 |
| 7 | 7 | 14 | 48 | 179 | 666 | 2487 | 9282 | 3.4641 | 7 |
| 8 | 2 | 4 | 13 | 48 | 179 | 666 | 2487 | 9282 | 6 |
| 9 | | 1 | 3 | 13 | 48 | 179 | 666 | 2487 | 5 |
| 10 | | | 1 | 3 | 13 | 48 | 179 | 666 | 4 |
| 11 | | | | 1 | 3 | 13 | 48 | 179 | 3 |
| 12 | | | | | 1 | 3 | 13 | 48 | 2 |
| 13 | | | | | | 1 | 4 | 14 | 1 |
| 14 | | | | | | | 2 | 7 | 0 |
| | 14 | 13 | 12 | 11 | 10 | 9 | 8 | 7 | |

Einseitig nach ∞ ausgedehnte Kette

| | 0 | 1 | 2 | 3 | 4 | 5 | ... |
|---|---|---|---|---|---|---|---|
| 0 | 6.9282 | 1.8564 | 4974 | 1333 | 357 | 96 | ... |
| 1 | 1.8564 | 3.7128 | 9948 | 2666 | 714 | 191 | ... |
| 2 | 4974 | 9948 | 3.4820 | 9330 | 2500 | 670 | ... |
| 3 | 1333 | 2666 | 9330 | 3.4654 | 9285 | 2488 | ... |
| 4 | 357 | 714 | 2500 | 9285 | 3.4642 | 9282 | ... |
| 5 | 96 | 191 | 670 | 2488 | 9282 | 3.4641 | ... |
| 6 | 26 | 51 | 179 | 667 | 2487 | 9282 | ... |
| 7 | 7 | 14 | 48 | 179 | 666 | 2487 | ... |
| 8 | 2 | 4 | 13 | 48 | 179 | 666 | ... |
| 9 | | 1 | 3 | 15 | 48 | 179 | ... |
| 10 | | | 1 | 3 | 13 | 48 | ... |
| 11 | | | | 1 | 3 | 13 | ... |
| 12 | | | | | 1 | 3 | ... |
| 13 | | | | | | 1 | ... |
| ... | ... | ... | ... | ... | ... | ... | ... |

Beidseitig nach ∞ ausgedehnte Kette

| | $m$ |
|---|---|
| $m$ | 3,4641 02 |
| $m \pm 1$ | 9282 03 |
| $m \pm 2$ | 2487 11 |
| $m \pm 3$ | 666 42 |
| $m \pm 4$ | 178 57 |
| $m \pm 5$ | 47 85 |
| $m \pm 6$ | 12 82 |
| $m \pm 7$ | 3 44 |
| $m \pm 8$ | 92 |
| $m \pm 9$ | 25 |
| $m \pm 10$ | 7 |
| $m \pm 11$ | 2 |
| ....... | ............ |

Tabelle 5b

Die zugeordneten Koeffizienten $X_{i,k}$ für

# $P = 3$

$n = 1$

| | 0 | 1 | |
|---|---|---|---|
| 0 | 4.6667 | 2.0000 | 2 |
| 1 | 2.0000 | 3.0000 | 1 |
| 2 | 1.3333 | 2.0000 | 0 |
| | 2 | 1 | |

$n = 2$

| | 0 | 1 | |
|---|---|---|---|
| 0 | 4.5000 | 1.7500 | 3 |
| 1 | 1.7500 | 2.6250 | 2 |
| 2 | 7500 | 1.1250 | 1 |
| 3 | 5000 | 7500 | 0 |
| | 3 | 2 | |

$n = 3$

| | 0 | 1 | 2 | |
|---|---|---|---|---|
| 0 | 4.4762 | 1.7143 | 6667 | 4 |
| 1 | 1.7143 | 2.5714 | 1.0000 | 3 |
| 2 | 6667 | 1.0000 | 2.3333 | 2 |
| 3 | 2857 | 4286 | 1.0000 | 1 |
| 4 | 1905 | 2857 | 6667 | 0 |
| | 4 | 3 | 2 | |

$n = 4$

| | 0 | 1 | 2 | |
|---|---|---|---|---|
| 0 | 4.4727 | 1.7091 | 6545 | 5 |
| 1 | 1.7091 | 2.5636 | 9818 | 4 |
| 2 | 6545 | 9818 | 2.2910 | 3 |
| 3 | 2545 | 3818 | 8910 | 2 |
| 4 | 1091 | 1636 | 3818 | 1 |
| 5 | 727 | 1091 | 2545 | 0 |
| | 5 | 4 | 3 | |

$n = 5$

| | 0 | 1 | 2 | 3 | |
|---|---|---|---|---|---|
| 0 | 4.4722 | 1.7083 | 6528 | 2500 | 6 |
| 1 | 1.7083 | 2.5625 | 9792 | 3750 | 5 |
| 2 | 6528 | 9792 | 2.2847 | 8750 | 4 |
| 3 | 2500 | 3750 | 8750 | 2.2500 | 3 |
| 4 | 972 | 9458 | 3403 | 8750 | 2 |
| 5 | 417 | 625 | 1458 | 3750 | 1 |
| 6 | 278 | 417 | 972 | 2500 | 0 |
| | 6 | 5 | 4 | 3 | |

$n = 6$

| | 0 | 1 | 2 | 3 | |
|---|---|---|---|---|---|
| 0 | 4.4721 | 1.7082 | 6525 | 2493 | 7 |
| 1 | 1.7082 | 2.5623 | 9788 | 3740 | 6 |
| 2 | 6525 | 9788 | 2.2838 | 8727 | 5 |
| 3 | 2493 | 3740 | 8727 | 2.2440 | 4 |
| 4 | 955 | 1432 | 3342 | 8594 | 3 |
| 5 | 371 | 557 | 1300 | 3342 | 2 |
| 6 | 159 | 239 | 557 | 1432 | 1 |
| 7 | 106 | 159 | 371 | 955 | 0 |
| | 7 | 6 | 5 | 4 | |

$n = 7$

| | 0 | 1 | 2 | 3 | 4 | |
|---|---|---|---|---|---|---|
| 0 | 4.4721 | 1.7082 | 6525 | 2492 | 953 | 8 |
| 1 | 1.7082 | 2.5623 | 9787 | 3739 | 1429 | 7 |
| 2 | 6525 | 9787 | 2.2837 | 8723 | 3333 | 6 |
| 3 | 2492 | 3739 | 8723 | 2.2432 | 8571 | 5 |
| 4 | 953 | 1429 | 3333 | 8571 | 2.2381 | 4 |
| 5 | 365 | 547 | 1277 | 3283 | 8571 | 3 |
| 6 | 142 | 213 | 496 | 1277 | 3333 | 2 |
| 7 | 61 | 91 | 213 | 547 | 1428 | 1 |
| 8 | 41 | 61 | 142 | 365 | 952 | 0 |
| | 8 | 7 | 6 | 5 | 4 | |

## $P = 3$

$n = 8$

| | 0 | 1 | 2 | 3 | 4 | |
|---|---|---|---|---|---|---|
| 0 | 4.4721 | 1.7082 | 6525 | 2492 | 952 | 9 |
| 1 | 1.7082 | 2.5623 | 9787 | 3738 | 1428 | 8 |
| 2 | 6525 | 9787 | 2.2837 | 8723 | 3332 | 7 |
| 3 | 2492 | 3738 | 8723 | 2.2430 | 8568 | 6 |
| 4 | 952 | 1428 | 3332 | 8568 | 2.2372 | 5 |
| 5 | 364 | 546 | 1273 | 3274 | 8549 | 4 |
| 6 | 139 | 209 | 488 | 1254 | 3274 | 3 |
| 7 | 54 | 81 | 190 | 488 | 1273 | 2 |
| 8 | 23 | 34 | 81 | 209 | 546 | 1 |
| 9 | 15 | 23 | 54 | 139 | 364 | 0 |
| | 9 | 8 | 7 | 6 | 5 | |

$n = 9$

| | 0 | 1 | 2 | 3 | 4 | 5 | |
|---|---|---|---|---|---|---|---|
| 0 | 4.4721 | 1.7082 | 6525 | 2492 | 952 | 364 | 10 |
| 1 | 1.7082 | 2.5623 | 9787 | 3738 | 1428 | 545 | 9 |
| 2 | 6525 | 9787 | 2.2837 | 8723 | 3332 | 1273 | 8 |
| 3 | 2492 | 3738 | 8723 | 2.2430 | 8568 | 3273 | 7 |
| 4 | 952 | 1428 | 3332 | 8568 | 2.2371 | 8545 | 6 |
| 5 | 364 | 545 | 1273 | 3273 | 8545 | 2.2364 | 5 |
| 6 | 139 | 208 | 486 | 1251 | 3265 | 8545 | 4 |
| 7 | 53 | 80 | 186 | 479 | 1251 | 3273 | 3 |
| 8 | 21 | 31 | 72 | 186 | 486 | 1273 | 2 |
| 9 | 9 | 13 | 31 | 80 | 208 | 545 | 1 |
| 10 | 6 | 9 | 21 | 53 | 139 | 364 | 0 |
| | 10 | 9 | 8 | 7 | 6 | 5 | |

$n = 10$

| | 0 | 1 | 2 | 3 | 4 | 5 | |
|---|---|---|---|---|---|---|---|
| 0 | 4.4721 | 1.7082 | 6525 | 2492 | 952 | 364 | 11 |
| 1 | 1.7082 | 2.5623 | 9787 | 3738 | 1428 | 545 | 10 |
| 2 | 6525 | 9787 | 2.2837 | 8723 | 3332 | 1273 | 9 |
| 3 | 2492 | 3738 | 8723 | 2.2430 | 8568 | 3273 | 8 |
| 4 | 952 | 1428 | 3332 | 8568 | 2.2371 | 8545 | 7 |
| 5 | 364 | 545 | 1273 | 3273 | 8545 | 2.2362 | 6 |
| 6 | 139 | 208 | 486 | 1250 | 3264 | 8542 | 5 |
| 7 | 53 | 80 | 186 | 478 | 1247 | 3264 | 4 |
| 8 | 20 | 30 | 71 | 183 | 478 | 1250 | 3 |
| 9 | 8 | 12 | 28 | 71 | 186 | 486 | 2 |
| 10 | 3 | 5 | 12 | 30 | 80 | 208 | 1 |
| 11 | 2 | 3 | 8 | 20 | 53 | 139 | 0 |
| | 11 | 10 | 9 | 8 | 7 | 6 | |

$n = 11$

| | 0 | 1 | 2 | 3 | 4 | 5 | 6 | |
|---|---|---|---|---|---|---|---|---|
| 0 | 4.4721 | 1.7082 | 6525 | 2492 | 952 | 364 | 139 | 12 |
| 1 | 1.7082 | 2.5623 | 9787 | 3738 | 1428 | 545 | 208 | 11 |
| 2 | 6525 | 9787 | 2.2837 | 8723 | 3332 | 1273 | 486 | 10 |
| 3 | 2492 | 3738 | 8723 | 2.2430 | 8568 | 3273 | 1250 | 9 |
| 4 | 952 | 1428 | 3332 | 8568 | 2.2371 | 8545 | 3264 | 8 |
| 5 | 364 | 545 | 1273 | 3273 | 8545 | 2.2362 | 8542 | 7 |
| 6 | 139 | 208 | 486 | 1250 | 3264 | 8542 | 2.2361 | 6 |
| 7 | 53 | 80 | 186 | 477 | 1247 | 3263 | 8542 | 5 |
| 8 | 20 | 30 | 71 | 182 | 476 | 1247 | 3264 | 4 |
| 9 | 8 | 12 | 27 | 70 | 182 | 477 | 1250 | 3 |
| 10 | 3 | 5 | 11 | 27 | 71 | 186 | 486 | 2 |
| 11 | 1 | 2 | 5 | 12 | 30 | 80 | 208 | 1 |
| 12 | 1 | 1 | 3 | 8 | 20 | 53 | 139 | 0 |
| | 12 | 11 | 10 | 9 | 8 | 7 | 6 | |

**P = 3**

$n = 12$

| | 0 | 1 | 2 | 3 | 4 | 5 | 6 | |
|---|---|---|---|---|---|---|---|---|
| 0 | 4.4721 | 1.7082 | 6525 | 2492 | 952 | 364 | 139 | 13 |
| 1 | 1.7082 | 2.5623 | 9787 | 3738 | 1428 | 545 | 208 | 12 |
| 2 | 6525 | 9787 | 2.2837 | 8723 | 3332 | 1273 | 486 | 11 |
| 3 | 2492 | 3738 | 8723 | 2.2430 | 8568 | 3273 | 1250 | 10 |
| 4 | 952 | 1428 | 3332 | 8568 | 2.2371 | 8545 | 3264 | 9 |
| 5 | 364 | 545 | 1273 | 3273 | 8545 | 2.2362 | 8542 | 8 |
| 6 | 139 | 208 | 486 | 1250 | 3264 | 8542 | 2.2361 | 7 |
| 7 | 53 | 80 | 186 | 477 | 1247 | 3263 | 8541 | 6 |
| 8 | 20 | 30 | 71 | 182 | 476 | 1246 | 3263 | 5 |
| 9 | 8 | 12 | 27 | 70 | 182 | 476 | 1247 | 4 |
| 10 | 3 | 4 | 10 | 27 | 70 | 182 | 477 | 3 |
| 11 | 1 | 2 | 4 | 10 | 27 | 71 | 186 | 2 |
| 12 | | 1 | 2 | 4 | 12 | 30 | 80 | 1 |
| 13 | | | 1 | 3 | 8 | 20 | 53 | 0 |
| | 13 | 12 | 11 | 10 | 9 | 8 | 7 | |

$n = 13$

| | 0 | 1 | 2 | 3 | 4 | 5 | 6 | 7 | |
|---|---|---|---|---|---|---|---|---|---|
| 0 | 4.4721 | 1.7082 | 6525 | 2492 | 952 | 364 | 139 | 53 | 14 |
| 1 | 1.7082 | 2.5623 | 9787 | 3738 | 1428 | 545 | 208 | 80 | 13 |
| 2 | 6525 | 9787 | 2.2837 | 8723 | 3332 | 1273 | 486 | 186 | 12 |
| 3 | 2492 | 3738 | 8723 | 2.2430 | 8568 | 3273 | 1250 | 477 | 11 |
| 4 | 952 | 1428 | 3332 | 8568 | 2.2371 | 8545 | 3264 | 1247 | 10 |
| 5 | 364 | 545 | 1273 | 3273 | 8545 | 2.2362 | 8542 | 3263 | 9 |
| 6 | 139 | 208 | 486 | 1250 | 3264 | 8542 | 2.2361 | 8541 | 8 |
| 7 | 53 | 80 | 186 | 477 | 1247 | 3263 | 8541 | 2.2361 | 7 |
| 8 | 20 | 30 | 71 | 182 | 476 | 1246 | 3262 | 8541 | 6 |
| 9 | 8 | 12 | 27 | 70 | 182 | 476 | 1246 | 3263 | 5 |
| 10 | 3 | 4 | 10 | 27 | 70 | 182 | 476 | 1247 | 4 |
| 11 | 1 | 2 | 4 | 10 | 27 | 70 | 182 | 477 | 3 |
| 12 | | 1 | 2 | 4 | 10 | 27 | 71 | 186 | 2 |
| 13 | | | 1 | 2 | 4 | 12 | 30 | 80 | 1 |
| 14 | | | | 1 | 3 | 8 | 20 | 53 | 0 |
| | 14 | 13 | 12 | 11 | 10 | 9 | 8 | 7 | |

Einseitig nach ∞ ausgedehnte Kette

| | 0 | 1 | 2 | 3 | 4 | 5 | 6 | ... |
|---|---|---|---|---|---|---|---|---|
| 0 | 4.4721 | 1.7082 | 6525 | 2492 | 952 | 364 | 139 | ... |
| 1 | 1.7082 | 2.5623 | 9797 | 3738 | 1428 | 545 | 208 | ... |
| 2 | 6525 | 9797 | 2.2837 | 8723 | 3332 | 1273 | 486 | ... |
| 3 | 2492 | 3738 | 8723 | 2.2430 | 8568 | 3273 | 1250 | ... |
| 4 | 952 | 1428 | 3332 | 8568 | 2.2371 | 8545 | 3264 | ... |
| 5 | 364 | 545 | 1273 | 3273 | 8545 | 2.2362 | 8542 | ... |
| 6 | 139 | 208 | 486 | 1250 | 3264 | 8542 | 2.2361 | ... |
| 7 | 53 | 80 | 186 | 477 | 1247 | 3263 | 8541 | ... |
| 8 | 20 | 30 | 71 | 182 | 476 | 1246 | 3262 | ... |
| 9 | 8 | 12 | 27 | 70 | 182 | 476 | 1246 | ... |
| 10 | 3 | 4 | 10 | 27 | 69 | 182 | 476 | ... |
| 11 | 1 | 2 | 4 | 10 | 27 | 69 | 182 | ... |
| 12 | | 1 | 2 | 4 | 10 | 27 | 69 | ... |
| 13 | | | 1 | 1 | 4 | 10 | 27 | ... |
| 14 | | | | 1 | 1 | 4 | 10 | ... |
| 15 | | | | | 1 | 1 | 4 | ... |
| ... | ... | ... | ... | ... | ... | ... | ... | ... |

Beidseitig nach ∞ ausgedehnte Kette

| | $m$ |
|---|---|
| $m$ | 2,2360 68 |
| $m \pm 1$ | 8541 02 |
| $m \pm 2$ | 3262 38 |
| $m \pm 3$ | 1246 12 |
| $m \pm 4$ | 475 97 |
| $m \pm 5$ | 181 81 |
| $m \pm 6$ | 69 44 |
| $m \pm 7$ | 26 53 |
| $m \pm 8$ | 10 13 |
| $m \pm 9$ | 3 87 |
| $m \pm 10$ | 1 48 |
| $m \pm 11$ | 56 |
| $m \pm 12$ | 22 |
| $m \pm 13$ | 8 |
| $m \pm 14$ | 3 |
| $m \pm 15$ | 1 |
| ........ | ........... |

Ebenso findet man aus (86 a) in Verbindung mit (73 b) und (79 b) zunächst für $i \leqq k$

$$\vec{X}_{i,k} = \lim_{n \to \infty} \frac{V_{i-a+1} V_{n+a-k}}{U_{n+1}} = V_{i-a+1} \lim_{n \to \infty} \frac{V_{n+1+(a-k-1)}}{U_{n+1}} = (\alpha^{i-a+1} + \beta^{i-a+1})\, \delta \alpha^{a-k-1}$$

oder, wenn man beide Fälle betrachtet und (72 c) berücksichtigt,

$$\vec{X}_{i,k} = \delta \begin{cases} \beta^{k-i} + \beta^{k+i-2(a-1)} & \text{für } i \leqq k \\ \beta^{i-k} + \beta^{k+i-2(a-1)} & \text{für } i \geqq k, \end{cases} \tag{90 a}$$

woraus man im Falle $a = 1$ erhält:

$$\vec{X}'_{i,k} = \delta \begin{cases} \beta^{k-i} + \beta^{k+i} \\ \beta^{i-k} + \beta^{i+k} \end{cases} = \delta \begin{cases} \beta^k V_i & \text{für } i \leqq k \\ \beta^i V_k & \text{für } i \geqq k. \end{cases} \tag{90 b}$$

Für die beiderseits unendliche Kette ergibt sich aus (90 a) wegen $\beta < 1$

$$\overleftrightarrow{X}_{i,k} = \lim_{a \to -\infty} \vec{X}_{i,k} = \delta \begin{cases} \beta^{k-i} & \text{für } i \leqq k \\ \beta^{i-k} & \text{für } i \geqq k, \end{cases} \tag{90 c}$$

was man mit $i = m$, $k = m \pm d$ $(d > 0)$ einfacher schreiben kann.

$$\overleftrightarrow{X}_{m,m \pm d} = \delta \beta^d. \tag{90 d}$$

Für die in der Hauptdiagonale stehenden Koeffizienten folgt aus (90 b, c) für $i = k = m$

$$\vec{X}'_{m,m} = \delta\,(1 + \beta^{2m}); \quad \overleftrightarrow{X}_{m,m} = \delta. \tag{91}$$

## 4. Die Koordinatenfehler nach der Ausgleichung

Wie in IV gehen wir von einer beliebigen vorläufigen Koordinatenberechnung aus und wählen als solche das Mittel aus oberer und unterer Kette (Fall C in I, 3), da dieses zur einfachsten Funktion der Verbesserungen geführt hat — s. (42 C) und (43 C). Die darin auftretenden Koeffizienten $f_\mathfrak{r}$ stellen wir übersichtlich zusammen und geben gleichzeitig die entsprechenden Koeffizienten $c_{\mathfrak{r}i}$ aus den Bedingungsgleichungen (22) an, mit deren Hilfe die Größen $\dot{F}_i = f_\mathfrak{r} \dot{c}_{\mathfrak{r}i}$ (11) gebildet werden können.

für $dx_k$ (92 a)

| $v_\mathfrak{r}$ | $f = \pm \frac{l}{(s-r)\varrho} \times$ | | | | Gewicht | $c_{\mathfrak{r}i}$ |
|---|---|---|---|---|---|---|
| | $i < b$ | $b \leqq i \leqq c-1$ | $c \leqq i \leqq d-1$ | $i \geqq d$ | | $a \leqq i \leqq z$ |
| $(1)_i$ | 0 | $(d-c)(i-b)$ | $(c-b)(d-i)$ | 0 | $H$ | $+2$ |
| $(2)_{i-1}$ | 0 | $-(d-c)(i-b)$ | $-(c-b)(d-i)$ | 0 | | $-2$ |
| $(8)_{i+1}$ | 0 | $-(d-c)(i-b)$ | $-(c-b)(d-i)$ | 0 | | $-2$ |
| $(5)_i$ | 0 | $-(d-c)(i-b)$ | $-(c-b)(d-i)$ | 0 | | $+2$ |
| $(4)_{i-1}$ | 0 | $(d-c)(i-b)$ | $(c-b)(d-i)$ | 0 | | $-2$ |
| $(6)_{i+1}$ | 0 | $(d-c)(i-b)$ | $(c-b)(d-i)$ | 0 | | $-2$ |
| | 0 | 0 | 0 | 0 | $= \dot{F}_i$ | |

In $dx_k$ (42 C) kommen wegen (40) nur die Richtungen nach den Hilfspunkten vor. Die Produktsummen $\dot{F}_i$ verschwinden durchwegs, wie aus (92 a) leicht hervorgeht, und nach (12 a) tritt daher keine Fehleränderung ein, d. h. der mittlere Längsfehler nach der strengen Ausgleichung ist jenem des arithmetischen Mittels gleich und durch (50 C) gegeben.

Weit schwieriger ist die Behandlung des Querfehlers. Zwar treten in (43 C) äußerlich nur die Richtungen $(3)_i$ und $(7)_i$ in Erscheinung, doch sind daraus auch die Koeffizienten von $(3)_{i-1}$ und $(7)_{i+1}$ zu entnehmen, da diese Richtungsverbesserungen ebenfalls in (22) auftreten und bei Bildung der Produktsummen $\dot{F}_i$ (11) mitberücksichtigt werden müssen. Dieser Umstand erfordert an den Summationsgrenzen in (43 C) eine gewisse Vorsicht und macht eine entsprechende Intervallteilung in der Zusammenstellung (92 b) notwendig, wo auch die Berechnung von $\dot{F}_i$ ausgeführt ist.

Zusammenstellung (92 b)

| $v_{\mathfrak{r}}$ | $f_{\mathfrak{r}} = \pm$ | | | | |
|---|---|---|---|---|---|
| | $i < b$ | $i = b$ | $i = b + 1$ | $b + 1 < i < c - 1$ | $i = c - 1$ |
| $(3)_{i-1}$<br>$(3)_i$<br>$(7)_i$<br>$(7)_{i+1}$ | 0<br>0<br>0<br>0 | 0<br>0<br>0<br>$-(d-c)$ | 0<br>$(d-c)$<br>$-(d-c)$<br>$-2(d-c)$ | $(d-c)(i-b-1)$<br>$(d-c)(i-b)$<br>$-(d-c)(i-b)$<br>$-(d-c)(i-b+1)$ | $(d-c)(c-b-2)$<br>$(d-c)(c-b-1)$<br>$-(d-c)(c-b-1)$<br>$-(c-b)(d-c)$ |
| $\mp \frac{l}{(s-r)\varrho} \times$ | 0 | $\frac{2}{N}(d-c)$ bei $b = a - 1$<br>$-\frac{4}{N}(d-c)$ „ $b > a - 1$ | $-\frac{8}{N}(d-c)$ | $-\frac{8}{N}(d-c)$ | $-\frac{8}{N}(d-c)$ |
| $\mp \frac{4l}{N(s-r)\varrho} \times$ | 0 | $\frac{d-c}{2}$ bei $b = a - 1$<br>$-(d-c)$ „ $b > a - 1$ | | $-2(d-c)$ | |

Zusammenstellung (95)

| | $\dot{F}_i = \mp \frac{4l}{N(s-r)\varrho} \times$ | $S_{i,m} = \sum_{k=a}^{i} U_{m-k} \dot{F}_k = \mp \frac{8l}{N(s-r)(P-2)\varrho} \times$ |
|---|---|---|
| $i, k < b$ | 0 | 0 |
| $i, k = b$ | $-\frac{2}{P-2}\mathfrak{a}'(d-c)$ | $-\mathfrak{a}''(d-c)U_{m-b}$ |
| $b+1 \leq i, k \leq c-1$ | $-2(d-c)$ | „ $-(d-c)(U_{m-b} - U_{m-b-1} - U_{m-i} + U_{m-i-1})$<br>$= (d-c)(U_{m-b-1} - \mathfrak{a}U_{m-b} - U_{m-i-1} + U_{m-i})$ |
| $i, k = c$ | $(c-b) - (d-c)$ | $(d-c)(U_{m-b-1} - \mathfrak{a}U_{m-b} - U_{m-c} + U_{m-c+1}) + \frac{P-2}{2}[(c-b) - (d-c)]U_{m-c}$<br>$= (d-c)\left(U_{m-b-1} - \mathfrak{a}U_{m-b} + \frac{1}{2}V_{m-c}\right) + \frac{P-2}{2}(c-b)U_{m-c}$ |
| $c+1 \leq i, k \leq d-1$ | $2(c-b)$ | „ „ $+(c-b)(U_{m-c} - U_{m-c-1} - U_{m-i} + U_{m-i-1})$<br>$= (d-c)(U_{m-b-1} - \mathfrak{a}U_{m-b}) + \frac{d-b}{2}V_{m-c} + (c-b)(U_{m-i-1} - U_{m-i})$ |
| $i, k = d$ | $\frac{2}{P-2}\mathfrak{z}'(c-b)$ | „ „ $+(c-b)(U_{m-d} - U_{m-d+1}) + \mathfrak{z}''(c-b)U_{m-d}$<br>$= (d-c)(U_{m-b-1} - \mathfrak{a}U_{m-b}) + \frac{d-b}{2}V_{m-c} + (c-b)(\mathfrak{z}U_{m-d} - U_{m-d+1})$ |
| $i, k > d$ | 0 | „ „ „ |

| | $b = a - 1$ | $b > a - 1$ | |
|---|---|---|---|
| $\mathfrak{a}'$ | $-\frac{P-2}{4}$ | $\frac{P-2}{2}$ | $\mathfrak{z}'$ |
| $\mathfrak{a}''$ | 0 | $\frac{P-2}{2}$ | $\mathfrak{z}''$ |
| $\mathfrak{a} = 1 + \mathfrak{a}''$ | 1 | $\frac{P}{2}$ | $\mathfrak{z} = 1 + \mathfrak{z}''$ |
| $\mathfrak{A} = \frac{P}{2} - \mathfrak{a}$ | $\frac{P-2}{2}$ | 0 | $\mathfrak{Z} = \frac{P}{2} - \mathfrak{z}$ |
| | $d = z + 1$ | $d < z + 1$ | |

$$S_{z,z+1} = \mp \frac{8l}{N\varrho(s-r)(P-2)}\left[(d-c)(U_{z-b} - \mathfrak{a}U_{z+1-b}) + \frac{d-b}{2}V_{z+1-c} + \right.$$

$$S_{z,a-1} = \pm \frac{8l}{N\varrho(s-r)(P-2)}\left[(d-c)(U_{b-a+2} - \mathfrak{a}U_{b-a+1}) - \frac{d-b}{2}V_{c-a+1} + \right.$$

$$S = \left[\frac{8l}{N\varrho(s-r)(P-2)}\right]^2 \left\{\mathfrak{A}(d-c)^2 + \mathfrak{Z}(c-b)^2 - (P-2)(d-c)(c-b)(d-b)\right.$$

$$= \left[\frac{4l}{N\varrho(s-r)(P-2)}\right]^2 \left\{2\mathfrak{A}(d-c)[2(d-c) + (c-b)V_{d-b} + (b-d)V_{c-b}]\right.$$

$$\Delta M^2_y = -\frac{l^2}{N(s-r)^2(P-2)^2}[4(P-2)(d-c)(c-b)(b-d) + (d-c)^2 X_{b,b} +$$

$$m^2_y(k) = \left(\frac{s-k}{s-r}\right)^2 m^2_y(r) + \left(\frac{k-r}{s-r}\right)^2 m^2_y(s) + \frac{1}{N}\left(\frac{l}{s-r}\right)^2\left(\frac{\mu}{\varrho}\right)^2\left\{\left[\frac{2(d-c)(c-b)+1}{3} - \frac{8H}{3N+H}\right](d-c)(c-b)(d-b) + \left(\frac{2H}{3N+H}\right)^2\right.$$

| $\frac{l}{(s-r)\varrho}\times$ | | | | | Gewicht | $c_{ri}$ | | |
|---|---|---|---|---|---|---|---|---|
| $i=c$ | $c<i<d-1$ | $i=d-1$ | $i=d$ | $i>d$ | | $i=a-1$ | $a\leqq i\leqq z$ | $i=z+1$ |
| $(d-c)(c-b-1)$ | $(c-b)(d-i+1)$ | $2(c-b)$ | $(c-b)$ | 0 | $N$ | 0 | $+4$ | $-2$ |
| $(c-b)(d-c)$ | $(c-b)(d-i)$ | $(c-b)$ | 0 | 0 | | $+4$ | $-2$ | 0 |
| $-(c-b)(d-c)$ | $-(c-b)(d-i)$ | $-(c-b)$ | 0 | 0 | | 0 | $-2$ | $+4$ |
| $-(c-b)(d-c-1)$ | $-(c-b)(d-i-1)$ | 0 | 0 | 0 | | $-2$ | $+4$ | 0 |
| $4\frac{(c-b)-(d-c)}{N}$ | $\frac{8}{N}(c-b)$ | $\frac{8}{N}(c-b)$ | $\frac{4}{N}(c-b)$ bei $d<z+1$<br>$-\frac{2}{N}(c-b)$ „ $d=z+1$ | 0 | $=\dot{F}_i.$ | | | |
| $(c-b)-(d-c)$ | $2(c-b)$ | | $(c-b)$ bei $d<z+1$<br>$-\frac{(c-b)}{2}$ „ $d=z+1$ | 0 | $=\dot{F}_i$ | | | |

| $S_{i,i}=\mp\frac{8l}{N(s-r)(P-2)\varrho}\times$ | $\sum\dot{F}_i S_{i,i}=\left[\frac{8l}{N(s-r)(P-2)\varrho}\right]^2\times$ |
|---|---|
| 0 | 0 |
| 0 | 0 |
| $(d-c)(U_{i-b-1}-\mathfrak{a}U_{i-b}+1)$ | $(d-c)^2[\mathfrak{a}U_{c-b}-(1+\mathfrak{a})U_{c-b-1}+U_{c-b-2}+1-\mathfrak{a}-(c-b-1)(P-2)]$ |
| $(d-c)(U_{c-b-1}-\mathfrak{a}U_{c-b}+1)$ | $\frac{P-2}{2}(d-c)[(c-b)-(d-c)][U_{c-b-1}-\mathfrak{a}U_{c-b}+1]$ |
| $(d-c)(U_{i-b-1}-\mathfrak{a}U_{i-b})+\frac{d-b}{2}V_{i-c}-(c-b)$ | $(c-b)(d-c)[U_{c-b-1}-U_{d-b-2}+\mathfrak{a}(U_{c-b+1}-U_{d-b})-(1+\mathfrak{a})(U_{c-b}-U_{d-b-1})$<br>$+(P-2)(c-b)\left[\frac{d-b}{2}(U_{d-c-1}+U_{d-c}-1)-(c-b)(d-c-1)\right]$ |
| $(d-c)(U_{d-b-1}-\mathfrak{a}U_{d-b})+\frac{d-b}{2}V_{d-c}-(c-b)$ | $\mathfrak{z}''(c-b)(d-c)(U_{d-b-1}-\mathfrak{a}U_{d-b})+\mathfrak{z}''\frac{(c-b)(d-b)}{2}V_{d-c}-\mathfrak{z}''(c-b)^2$ |
| „ „ „ | 0 |

$$(c-b)(\mathfrak{z}U_{z+1-d}-U_{z+2-d})\Big]=\pm\frac{4l}{N\varrho(s-r)(P-2)}[(d-c)V_{z+1-b}+(b-d)V_{z+1-c}+(c-b)V_{z+1-d}-2\mathfrak{A}(d-c)U_{z+1-b}];$$

$$(c-b)(\mathfrak{z}U_{d-a+1}-U_{d-a})\Big]=\pm\frac{4l}{N\varrho(s-r)(P-2)}[(d-c)V_{b-a+1}+(b-d)V_{c-a+1}+(c-b)V_{d-a+1}-2\mathfrak{z}(c-b)U_{d-a+1}];$$

$$-(c-b)(d-c)[\mathfrak{a}\mathfrak{z}U_{d-b}-(\mathfrak{a}+\mathfrak{z})U_{d-b-1}+U_{d-b-2}]+\frac{d-b}{2}[(d-c)(\mathfrak{a}V_{c-b}-V_{c-b-1})+(c-b)(\mathfrak{z}V_{d-c}-V_{d-c-1})]\Big\}$$

$$-4\mathfrak{A}\mathfrak{z}(c-b)(d-c)U_{d-b}+2\mathfrak{z}(c-b)[2(c-b)+(d-c)V_{d-b}+(b-d)V_{d-c}]+4(P-2)(d-c)(c-b)(b-d)$$
$$-(P^2-4)[(c-b)(d-c)U_{d-b}+(d-c)(b-d)U_{c-b}+(b-d)(c-b)U_{d-c}]\Big\}.$$

$$(b-d)^2X_{c,c}+(c-b)^2X_{d,d}+2(b-d)(d-c)X_{b,c}+2(c-b)(b-d)X_{c,d}+2(d-c)(c-b)X_{d,b}]\left(\frac{\mu}{\varrho}\right)^2;$$

$$[(d-c)^2X_{b,b}+(d-b)^2X_{c,c}+(c-b)^2X_{d,d}-2(d-b)(d-c)X_{b,c}-2(c-b)(d-b)X_{c,d}+2(d-c)(c-b)X_{d,b}\Big\}.$$

Mit Hilfe dieser Größen kann nun der Querfehler $m_y$ nach der Ausgleichung gemäß (12 b) aus

$$m^2_y = M^2_y - \dot{F}_i \dot{\Gamma}_{i,k} \dot{F}_k \mu^2 = M^2_y - \Delta M^2_y$$

bestimmt werden, wo $M^2_y$ durch (49 C) gegeben ist und wegen (57) und (58 a, b) $\dot{\Gamma}_{i,k} = \frac{N}{16} \Gamma_{i,k}$ die Gewichtskoeffizienten der ursprünglichen Normalgleichungen sind.

Der Betrag $\Delta M^2_y$, um welchen das Fehlerquadrat durch die Ausgleichung herabgedrückt wird, ist danach mit Benutzung von (84 a)

$$\Delta M^2_y = \sum_i \sum_k \dot{F}_i \dot{\Gamma}_{i,k} \dot{F}_k \mu^2 = \frac{N}{16} \mu^2 \sum_{i=a}^{z} \sum_{k=a}^{z} \dot{F}_i \Gamma_{i,k} \dot{F}_k$$

$$= \frac{N}{16\, U_{n+1}} \mu^2 \sum_{i=a}^{z} \dot{F}_i \left[ U_{z-i+1} \sum_{k=a}^{i} U_{k-a+1} \dot{F}_k + U_{i-a+1} \sum_{k=i+1}^{z} U_{z-k+1} \dot{F}_k \right];$$

teilt man die letzte Summe auf entsprechend $\sum_{k=i+1}^{z} = \sum_{k=a}^{z} - \sum_{k=a}^{i}$ und berücksichtigt, daß gemäß (84 a)

$$U_{z-i+1} U_{k-a+1} - U_{i-a+1} U_{z-k+1} = - U_{i-k} U_{n+1}$$

ist, so ergibt sich

$$\Delta M^2_y = \frac{N}{16} \mu^2 \sum_{i=a}^{z} \dot{F}_i \left[ \frac{U_{i-a+1}}{U_{n+1}} \sum_{k=a}^{z} U_{z-k+1} \dot{F}_k - \sum_{k=a}^{i} U_{i-k} \dot{F}_k \right].$$

Die eigentliche Berechnung ist unter Zugrundelegung der in (92 b) gefundenen Werte für $\dot{F}_i$ in (95) übersichtlich durchgeführt, wobei eine den Intervallen von (92 b) entsprechende Aufteilung der Summen unerläßlich ist. In der erwähnten Zusammenstellung (95) wurde zur Abkürzung

$$S_{i,m} = \sum_{k=a}^{i} U_{m-k} \dot{F}_k \tag{93 a}$$

eingeführt, derzufolge

$$\sum_{k=a}^{z} U_{z+1-k} \dot{F}_k = S_{z,z+1}; \quad \sum_{i=a}^{z} U_{i-a+1} \dot{F}_i = - S_{z,a-1}; \quad \sum_{k=a}^{i} U_{i-k} \dot{F}_k = S_{i,i} \tag{93 b}$$

ist, ferner

$$\sum_{i=a}^{z} \dot{F}_i S_{i,i} = S \tag{93 c}$$

gesetzt, so daß sich $\Delta M^2_y$ wie folgt schreiben läßt:

$$\Delta M^2_y = - \frac{N}{16} \left[ \frac{S_{z,z+1} S_{z,a-1}}{U_{n+1}} + S \right] \mu^2. \tag{94}$$

Um die lästige Mehrdeutigkeit an den Kettenenden, bedingt durch die Fälle $a \gtreqless b+1$ bzw. $z \gtreqless d-1$, zu vermeiden, sind entsprechende in (95) näher angegebene Abkürzungen $\mathfrak{a}'$, $\mathfrak{a}''$, $\mathfrak{a}$, $\mathfrak{A}$ bzw. $\mathfrak{z}'$, $\mathfrak{z}''$, $\mathfrak{z}$, $\mathfrak{Z}$ benutzt. Ihre Bedeutung erklärt sich teils aus der Zusammenstellung (92 b), teils daraus, daß in den zu bildenden Summen (93 a, c) die betreffenden Glieder im Grenzfall gar nicht auftreten.

Bei der in (95) durchgeführten Rechnung muß mehrmals von den Summenformeln (74), (77) und den Umformungen (61 a, b) oder (63 a, b) Gebrauch gemacht werden.

Im einzelnen gibt dort die erste Spalte das Intervall an und die zweite den darin gemäß (92 b) geltenden Wert $\dot{F}_i$ (der im Kopf angegebene gemeinsame Faktor ist herausgezogen). Die in der dritten Spalte berechnete Summe $S_{i,m}$ schließt immer den Wert des vorhergehenden abgeschlossenen Intervalls mit ein. Für $i = z$ ($\gtreqless d-1$) und mit $m = z+1$ bzw. $m = a-1$ erhält man die darunter aufgeführten Summen $S_{z,z+1}$ bzw. $S_{z,a-1}$, während für $m = i$ die Werte $S_{i,i}$ in der vierten Spalte folgen, mit deren Hilfe $\sum \dot{F}_i S_{i,i}$ in der letzten Spalte, jeweils nur über das betreffende Intervall summiert, bestimmt wurde. Die Gesamtsumme $S$ (93 c) ist wieder unten angegeben.

Bei der folgenden Berechnung von $\Delta M^2_y$ (94) wurde von der Tatsache Gebrauch gemacht, daß sich, wegen der Bedeutung von $\mathfrak{A}$ bzw. $\mathfrak{Z}$, z. B. $\mathfrak{A} U_{z+1-b}$ durch $\mathfrak{A} U_{n+1}$, $\mathfrak{Z} V_{d-c}$ durch $\mathfrak{Z} V_{z+1-c}$,

$\mathfrak{A}\mathfrak{Z}U_{d-b}$ durch $\mathfrak{A}\mathfrak{Z}U_{n+1}$ (wegen 37) usw. ersetzen lassen, wodurch sich alle Glieder mit $\mathfrak{A}$ und $\mathfrak{Z}$ fortheben. Die restlichen Glieder sind unter Berücksichtigung von (86 a) zusammengefaßt, so daß schließlich gemäß (49 C) und mit (57) der angegebene Wert für den Querfehler $m_y$ nach der strengen Richtungsausgleichung verbleibt.

## 5. Weitere Ausführungen zur Richtungsmessung

### a) *Zahlenbeispiel*

Die letzten Ergebnisse wollen wir an dem früher (I, 2; Abb. 2) auf andere Weise behandelten Beispiel einer aus drei Rauten ($n = 3$) bestehenden Kette prüfen, bei welcher die Nadire $N_0$ und $N_3$ als fehlerfreie Festpunkte gelten und die Richtungen nach den Nadir- und Hilfspunkten je einmal ($H = N = 1$; $P = 4$) beobachtet sind.

Tabelle 6 a

| | $b$ | $c$ | $d$ | $c-b$ | $d-c$ | $d-b$ | $M^2_x = m^2_x$ | $M^2_y$ | $\Delta M^2_y$ | $m^2_y$ |
|---|---|---|---|---|---|---|---|---|---|---|
| $N_1$ | 0 | 1 | 3 | 1 | 2 | 3 | 3.3333 | 1.1111 | 0.1825 | 0.9286 |
| $N_2$ | 0 | 2 | 3 | 2 | 1 | 3 | 3.3333 | 1.1111 | 0.2540 | 0.8571 |
| $N_4$ | 0 | 3 | 4 | 3 | 1 | 4 | 9.3333 | 3.1111 | 0.3492 | 2.7619 |

Tabelle 6 b

| | $X_{b,b}$ | $X_{c,c}$ | $X_{d,d}$ | $X_{b,c}$ | $X_{c,d}$ | $X_{d,b}$ | $K_4(b,c,d)$ |
|---|---|---|---|---|---|---|---|
| $N_1$ | $4 \cdot 6{,}9286 +$ | $9 \cdot 3{,}7143 +$ | $1 \cdot 3{,}7143 -$ | $12 \cdot 1{,}8571 -$ | $6 \cdot 0{,}2857 +$ | $4 \cdot 0{,}1429 =$ | 41,4296 |
| $N_2$ | $1 \cdot 6{,}9286 +$ | $9 \cdot 3{,}5000 +$ | $4 \cdot 3{,}7143 -$ | $6 \cdot 0{,}5000 -$ | $12 \cdot 1{,}0000 +$ | $4 \cdot 0{,}1429 =$ | 38,8574 |
| $N_4$ | $1 \cdot 6{,}9286 +$ | $16 \cdot 3{,}7143 +$ | $9 \cdot 6{,}9286 -$ | $8 \cdot 0{,}1429 -$ | $24 \cdot 1{,}8571 +$ | $6 \cdot 0{,}0714 =$ | 83,4296 |

Belassen wir jene Numerierung für die jetzige Fehlerberechnung, so ist auf Grund unserer in III, 1 a eingeführten Bezeichnung $r = 0$, $s = 3$; $a = 1$, $z = 3$ zu setzen, während für $b$, $c$, $d$ je nach dem zu untersuchenden Nadir die in Tab. 6 a angegebenen Nummern zu benutzen sind. Dort sind auch die Quadrate $M^2_x$, $M^2_y$ der mittleren Fehler vor der Ausgleichung, d. h. mit der arithmetischen Mittelbildung (49 C), (50 C) als vorläufiger Rechnung aufgeführt, wobei der Faktor $l\left(\frac{\mu}{\varrho}\right)$ offen gelassen wurde. Zur Bestimmung von $m^2_y$ nach der Schlußformel in (95) dient die Hilfsrechnung in Tab. 6 b, wofür aus Tab. 5 a die Einzelwerte $X_{i,k}$ entnommen sind.

Im Ergebnis zeigt sich völlige Übereinstimmung mit früher (s. Tab. 2 d).

### b) *Einführung der Funktion $K_P$ (b, c, d)*

Für den letzten Ausdruck in der Zusammenstellung (95) führen wir folgende Abkürzung ein:

$$K_P(b,c,d) = (d-c)^2 X_{b,b} + (b-d)^2 X_{c,c} + (c-b)^2 X_{d,d} \\ + 2(b-d)(d-c)X_{b,c} + 2(c-b)(b-d)X_{c,d} + 2(d-c)(c-b)X_{d,b}. \quad (96\,a)$$

$K$ ist nicht nur eine Funktion von $b$, $c$, $d$ — offenbar kann man diese drei Variablen zyklisch vertauschen —, sondern hängt auch noch von $P$, d. h. dem Verhältnis $\eta = \frac{H}{N}$, s. (57) und III, 2 c, sowie von der Kettenausdehnung ($n = z - a + 1$) ab.

Insbesondere ergibt sich wegen (90 c) für die beiderseits unendliche Kette

$$\overleftrightarrow{K_P}(b,c,d) = 2\delta\,[(b^2 + c^2 + d^2) - (cd + db + bc) + (b-d)(d-c)\beta^{c-b} \\ + (c-b)(b-d)\beta^{d-c} + (d-c)(c-b)\beta^{d-b}]. \quad (96\,b)$$

Beschränkt man sich auf die beiden wichtigsten Fälle der Richtungsbeobachtungen in Nadirketten und sieht von den Fehlern $m_r$, $m_s$ der Festpunkte ab, so erhält man schließlich aus (50 C) und (95) für die nach der Ausgleichung verbleibenden Fehler bei gleichhäufiger Beobachtung von Nadir- und Hilfspunkten ($H = N$; $P = 4$):

$$m^2_x = \frac{1}{N}\left(\frac{l}{s-r}\right)^2 [2(d-c)(c-b)+1](d-c)(c-b)(d-b)\left(\frac{\mu}{\varrho}\right)^2;$$

$$m^2_y = \frac{1}{N}\left(\frac{l}{s-r}\right)^2 \left[\frac{2(d-c)(c-b)-5}{3}(d-c)(c-b)(d-b)+\frac{1}{4}K_4(b,c,d)\right]\left(\frac{\mu}{\varrho}\right)^2; \tag{97 a}$$

bei optimaler Richtungsbeobachtung ($H = 3N$; $P = 3$):

$$m^2_x = \frac{1}{N}\left(\frac{l}{s-r}\right)^2 \frac{2(d-c)(c-b)+1}{3}(d-c)(c-b)(d-b)\left(\frac{\mu}{\varrho}\right)^2;$$

$$m^2_y = \frac{1}{N}\left(\frac{l}{s-r}\right)^2 \left[\frac{2(d-c)(c-b)-11}{3}(d-c)(c-b)(d-b)+K_3(b,c,d)\right]\left(\frac{\mu}{\varrho}\right)^2. \tag{97 b}$$

Die Berechnung der Funktionswerte $K_P(b, c, d)$ ist selbst mit Verwendung der $X$-Tabellen 5a, b recht umständlich. Diese Arbeit auf mich nehmend, habe ich daher zum praktischen Gebrauch Fehlertabellen aufgestellt, aus welchen die Quadrate der Längs-, Quer- und Punktfehler für die ersten 16 Nadire einer Rautenkette leicht entnommen werden können. Es sind dabei nicht nur die Anschlußbasis $(r, s)$ variiert und verschiedene Kettenlängen betrachtet (minimale Länge, einseitig und beiderseits ins Unendliche gehende Kette), sondern auch die wichtigsten Beobachtungsmöglichkeiten (Winkel-, einfache und optimale Richtungsbeobachtung) einbezogen. Über Anlage und Gebrauch dieser Tabellen gibt dort die am Anfang beigefügte Erläuterung nähere Auskunft.

Außerdem bringt Abb. 7 eine Darstellung des Punktfehlers $m = \sqrt{m^2_x + m^2_y}$ für die ersten 15 Nadire einer unendlich langen optimal beobachteten Rautenkette, welche in den Nadiren $N_o$ und $N_s$ ($s$ = variabler Parameter) angeschlossen ist.

Da hierfür unter anderem auch die Werte der Funktion $\overleftrightarrow{K_P}(0, c, d)$ — s. (96b) — numerisch berechnet werden mußten und ihnen ein gewisses mathematisches Interesse nicht abzusprechen ist, habe ich in der Tabelle 7a, b die Werte $\frac{1}{2\delta^2}\overleftrightarrow{K_p}(0, c, \dot{d})$ veröffentlicht. Auf folgende in die Augen stechende Eigenschaften sei hier kurz hingewiesen:

$$K_P(0, c, d) = K_P(0, d, c); \quad K_P(0, c, c) = 0; \quad \overleftrightarrow{K_P}(0, \dot{c}, d) = \overleftrightarrow{K_P}(0, d, d-c).$$

Mit Hilfe von (97b) und Tab. 7b ergibt sich z. B. für den Nadir $N_{15}$ einer beidseitig unendlichen Kette, welche in die Nadire $N_o$ und $N_1$ eingehängt ist, bei optimaler Richtungsbeobachtung

$$r = 0,\ s = 1; \quad b = 0,\ c = 1,\ d = 15; \quad H = 3N,\ P = 3;$$

$$m^2_x = \frac{2030}{N} l^2 \left(\frac{\mu}{\varrho}\right)^2; \quad m^2_y = \frac{1}{N}\left[\frac{2\cdot 14\cdot 1-11}{3}\cdot 14\cdot 1\cdot 15 + 584{,}90\right] l^2\left(\frac{\mu}{\varrho}\right)^2 = \frac{1774{,}90}{N} l^2 \left(\frac{\mu}{\varrho}\right)^2.$$

Wie man sich überzeugt, können diese Werte direkt den Fehlertabellen entnommen werden. Ebenso sieht man daraus, daß die Fehlerminderung der strengen Ausgleichung gegenüber dem arithmetischen Mittel recht unbedeutend ist. Ihr praktischer Nutzen liegt eben vorwiegend in der Beseitigung aller Widersprüche.

### *c) Über die Anordnung der Richtungsmessung*

Das letzte Beispiel zeigt, daß auch bei der optimal beobachteten und streng ausgeglichenen Rautenkette Längs- und Querfehler nicht gleich, die Fehlerellipsen also nur näherungsweise Kreise sind. Wie gering der Unterschied jedoch ist, geht recht deutlich aus Abb. 4 hervor, wo die unterste (gestrichelte) Kurve den Quer- und die unmittelbar darüberliegende den zugehörigen Längsfehler darstellt. Die Frage nach jenem Beobachtungsverhältnis $\eta = \frac{H}{N}$, bei welchem Längs- und Querfehler genau gleich werden, ist indessen bedeutungslos. Ihre Lösung ist nicht nur theoretisch recht kompliziert, sie hängt von zahlreichen Parametern $(n, b, c, d)$ ab, nicht zuletzt auch von den Fehlern der Anschlußpunkte, d. h. es könnte jeweils nur für einen bestimmten Nadir die Fehlerellipse zum Kreis gemacht werden. Außerdem kommt praktisch überhaupt nur ein Verhältnis $\eta$ von kleinen ganzen Zahlen in Betracht.

Man könnte das Beobachtungsprogramm jedoch dahingehend differentieren, daß man nicht alle Hilfspunkte gleich häufig beobachtet, also etwa (vgl. III, 2c) die Richtungen (1) und (5) $H'$-mal, dagegen die Richtungen (2), (4), (6) und (8) $H''$-mal ausmißt. Nach den gleichen Überlegungen, welche zu Gl. (57) führten, würde sich dann für $P$ der Wert $P = \frac{2NH' + NH'' + 5H'H''}{2H'H''}$ ergeben, und da statt (48) $m^2(\omega) = m^2(\omega') = 4\frac{H'' + 2H'}{H'H''}\mu^2$, also $H$ durch $\frac{3H'H''}{2H' + H''}$ zu ersetzen wäre, bekommt man für das Achsenverhältnis der Fehlerellipse nach (49 C) und (50 C) — das arithmetische Mittel

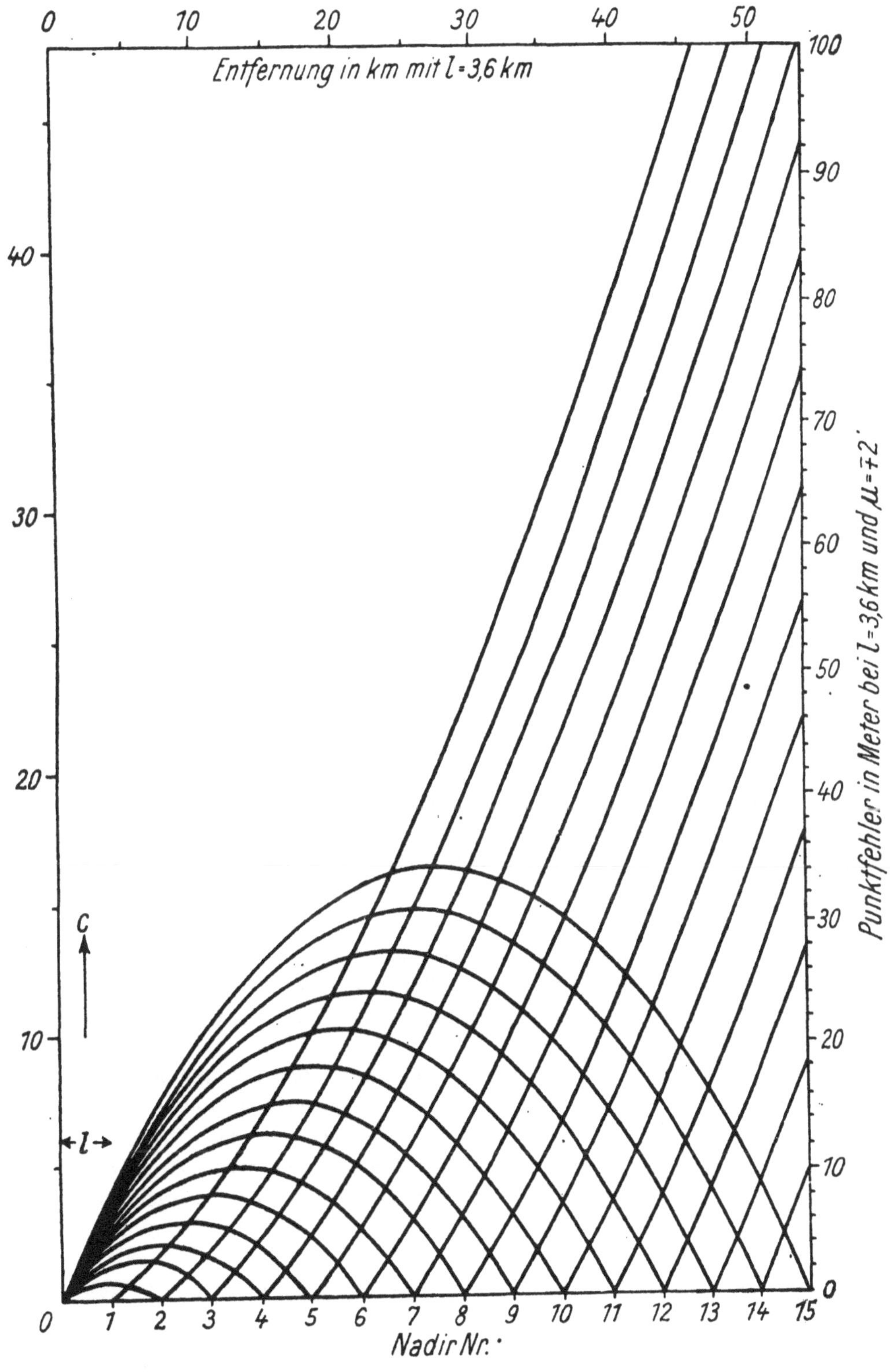


Abb. 7. Mittlerer Punktfehler $m = [c \cdot l \cdot \mu/\varrho$ in der eingehängten Kette bei optimal beobachteten Richtungssätzen und variabler Einhängebasis

Tabelle 7 a.

| c \ d | 1 | 2 | 3 | 4 | 5 | 6 | 7 |
|---|---|---|---|---|---|---|---|
| 1 | 0 | 0.57735 | 1.50555 | 2.80682 | 4.50933 | 6,62656 | 9.16374 |
| 2 | 0.57735 | 0 | 1.50555 | 3.13844 | 5.12080 | 7.56848 | 10.52763 |
| 3 | 1.50555 | 1.50555 | 0 | 2.80682 | 5.12080 | 7.59526 | 10.49457 |
| 4 | 2.80682 | 3.13844 | 2.80682 | 0 | 4.50933 | 7.56848 | 10.49457 |
| 5 | 4.50933 | 5.12080 | 5.12080 | 4.50933 | 0 | 6.62656 | 10.52763 |
| 6 | 6.62656 | 7.56848 | 7.59526 | 7.56848 | 6.62656 | 0 | 9.16374 |
| 7 | 9.16374 | 10.52763 | 10.49457 | 10.49457 | 10.52763 | 9.16374 | 0 |
| 8 | 12.12269 | 14.01464 | 13.91348 | 13.76128 | 13.91348 | 14.01464 | 12.12269 |
| 9 | 15.50401 | 18.03501 | 17.88349 | 17.52790 | 17.52790 | 17.88349 | 18.03501 |
| 10 | 19.30789 | 22.59050 | 22.41574 | 21.84576 | 21.61078 | 21.84576 | 22.41574 |
| 11 | 23.53440 | 27.68163 | 27.51253 | 26.73094 | 26.23725 | 26.23725 | 26.73094 |
| 12 | 28.18355 | 33.30859 | 33.17514 | 32.18840 | 31.43038 | 31.16153 | 31.43038 |
| 13 | 33.25534 | 39.47143 | 39.40386 | 38.21958 | 37.19714 | 36.64979 | 36.64979 |
| 14 | 38.74979 | 46.17017 | 46.19881 | 44.82495 | 43.53956 | 42.71133 | 42.42963 |
| 15 | 44.66688 | 53.40479 | 53.55996 | 52.00465 | 50.45829 | 49.34884 | 48.78188 |

Tabelle 7 b.

| c \ d | 1 | 2 | 3 | 4 | 5 | 6 | 7 |
|---|---|---|---|---|---|---|---|
| 1 | 0 | 0.72361 | 1.95967 | 3.69280 | 5.94202 | 8.72414 | 12.04919 |
| 2 | 0.72361 | 0 | 1.95967 | 4.36068 | 7.29094 | 10.85292 | 15.11206 |
| 3 | 1.95967 | 1.95967 | 0 | 3.69280 | 7.29094 | 11.19006 | 15.65553 |
| 4 | 3.69280 | 4.36068 | 3.69280 | 0 | 5.94202 | 10.85292 | 15.65553 |
| 5 | 5.94202 | 7.29094 | 7.29094 | 5.94202 | 0 | 8.72414 | 15.11206 |
| 6 | 8.72414 | 10.85292 | 11.19006 | 10.85292 | 8.72414 | 0 | 12.04919 |
| 7 | 12.04919 | 15.11206 | 15.65553 | 15.65553 | 15.11206 | 12.04919 | 0 |
| 8 | 15.92241 | 20.10343 | 20.83234 | 20.86025 | 20.83234 | 20.10343 | 15.92241 |
| 9 | 20.34632 | 25.84425 | 26.79254 | 26.72230 | 26.72230 | 26.79254 | 25.84425 |
| 10 | 25.32209 | 32.34256 | 33.57001 | 33.36222 | 33.17815 | 33.36222 | 33.57001 |
| 11 | 30.85025 | 39.60199 | 41.18013 | 40.83484 | 40.38040 | 40.38040 | 40.83484 |
| 12 | 36.93103 | 47.62415 | 49.62970 | 49.16446 | 48.40917 | 48.09922 | 48.40917 |
| 13 | 43.56452 | 56.40974 | 58.92168 | 58.36166 | 57.29930 | 56.62843 | 56.62843 |
| 14 | 50.75076 | 65.95904 | 69.05731 | 68.43096 | 67.06571 | 66.01507 | 65.63645 |
| 15 | 58.48978 | 76.27218 | 80.03715 | 79.37427 | 77.71476 | 76.27907 | 75.49418 |

weicht von der strengen Ausgleichung nur wenig ab — $M^2_x : M^2_y = N\frac{2H' + H''}{H'H''}$. Im Hinblick auf dieses Verhältnis einerseits und auf die aufzuwendende Arbeit andererseits — die Zahl der auszumessenden Richtung beträgt $\nu = (2N + 2H' + 4H'')$ — sollen in Tab. 8 noch die praktisch denkbaren Fälle untersucht werden. Der erhöhte Arbeitsaufwand $(\nu : \nu_e)$ gegenüber dem einfachen Richtungssatz $(H' = H'' = N = 1)$ bei $N = 2$ ist natürlich unter dem Gesichtspunkt zu betrachten, daß in diesem Fall auch die allgemeine Genauigkeit verdoppelt ist.

Es ist fehlertheoretisch ziemlich gleichgültig, ob ein Hilfspunkt $H$-mal ausgemessen wird oder statt dessen $H$-Punkte je einmal beobachtet werden, sofern sie nicht zu weit von der Stelle entfernt liegen, welche dem Hilfspunkt im schematischen Netz zukommt. Obwohl im letzten Fall Identifizierungsfehler besser ausgeschaltet werden, kommt ihm bei der Nadirtriangulation keine praktische Bedeutung bei.

Dagegen nähern wir uns hier jenen Verhältnissen, wie sie bei dem auf optisch-mechanischem Wege hergestellten Folgebildanschluß vorliegen, wo nicht nur einzelne Punkte, sondern — beliebig über das doppelt überdeckte Gebiet verteilt — deren viele benutzt werden. Freilich die Güte dieses „Bildeindrucks" läßt sich quantitativ nicht so leicht erfassen wie etwa der mittlere Fehler ausgemessener Richtungen, auch spielen bei der Ärotriangulation Fehler der Instrumente und ihrer Handhabung eine gewisse Rolle, abgesehen davon, daß es sich meistens gar nicht um Senkrechtaufnahmen handelt.

Wie dem im einzelnen auch sein möge, entscheidend für die erreichte Punktgenauigkeit ist weniger die Größe oder das Wesen der Ausgangsfehler, sondern die Art ihrer Fortpflanzung, und diese ist sicher annäherungsweise bei der Ärotriangulation dieselbe wie bei der Nadirtriangulation. Wenn man also beispielsweise bei der Paßpunktbestimmung durch Bildtriangulation [35] einen größeren Quer- als Längsfehler gefunden hat, so steht dieses nicht im Widerspruch zur Theorie.

$\frac{1}{24} K_4 (0, c, d)$

| 8 | 9 | 10 | 11 | 12 | 13 | 14 | 15 |
|---|---|---|---|---|---|---|---|
| 12.12269 | 15.50401 | 19.30789 | 23.53440 | 28.18355 | 33.25534 | 38.74979 | 44.66688 |
| 14.01464 | 18.03501 | 22.59050 | 27.68163 | 33.30859 | 39.47143 | 46.17017 | 53.40479 |
| 13.91348 | 17.88349 | 22.41574 | 27.51253 | 33.17514 | 39.40386 | 46.19881 | 53.55996 |
| 13.76128 | 17.52790 | 21.84576 | 26.73094 | 32.18840 | 38.21958 | 44.82495 | 52.00465 |
| 13.91348 | 17.52790 | 21.61078 | 26.23725 | 31.43038 | 37.19714 | 43.53956 | 50.45829 |
| 14.01464 | 17.88349 | 21.84576 | 26.23725 | 31.16153 | 36.64979 | 42.71133 | 49.34884 |
| 12.12269 | 18.03501 | 22.41574 | 26.73094 | 31.43038 | 36.64979 | 42.42963 | 48.78188 |
| 0 | 15.50401 | 22.59050 | 27.51253 | 32.18840 | 37.19714 | 42.71133 | 48.78188 |
| 15.50401 | 0 | 19.30789 | 27.68163 | 33.17514 | 38.21958 | 43.53956 | 49.34884 |
| 22.59050 | 19.30789 | 0 | 23.53440 | 33.30859 | 39.40386 | 44.82495 | 50.45829 |
| 27.51253 | 27.68163 | 23.53440 | 0 | 28.18355 | 39.47143 | 46.19881 | 52.00465 |
| 32.18840 | 33.17514 | 33.30859 | 28.18355 | 0 | 33.25534 | 46.17017 | 53.55996 |
| 37.19714 | 38.21958 | 39.40386 | 39.47143 | 33.25534 | 0 | 38.74979 | 53.40479 |
| 42.71133 | 43.53956 | 44.82495 | 46.19881 | 46.17017 | 38.74979 | 0 | 44.66688 |
| 48.78188 | 49.34884 | 50.45829 | 52.00465 | 53.55996 | 53.40479 | 44.66688 | 0 |

$\frac{1}{10} K_3 (0, c, d)$

| 8 | 9 | 10 | 11 | 12 | 13 | 14 | 15 |
|---|---|---|---|---|---|---|---|
| 15.92241 | 20.34632 | 25.32209 | 30.85025 | 36.93103 | 43.56452 | 50.75076 | 58.48978 |
| 20.10343 | 25.84425 | 32.34256 | 39.60199 | 47.62415 | 56.40974 | 65.95904 | 76.27218 |
| 20.83234 | 26.79254 | 33.57001 | 41.18013 | 49.62970 | 58.92168 | 69.05731 | 80.03715 |
| 20.86025 | 26.72230 | 33.36222 | 40.83484 | 49.16446 | 58.36166 | 68.43096 | 79.37427 |
| 20.83234 | 26.72230 | 33.17815 | 40.38040 | 48.40917 | 57.29930 | 67.06571 | 77.71476 |
| 20.10343 | 26.79254 | 33.36222 | 40.38040 | 48.09922 | 56.62843 | 66.01507 | 76.27907 |
| 15.92241 | 25.84425 | 33.57001 | 40.83484 | 48.40917 | 56.62843 | 65.63645 | 75.49418 |
| 0 | 20.34632 | 32.34256 | 41.18013 | 49.16446 | 57.29930 | 66.01507 | 75.49418 |
| 20.34632 | 0 | 25.32209 | 39.60199 | 49.62970 | 58.36166 | 67.06571 | 76.27907 |
| 32.34256 | 25.32209 | 0 | 30.85025 | 47.62415 | 58.92168 | 68.43096 | 77.71476 |
| 41.18013 | 39.60199 | 30.85025 | 0 | 36.93103 | 56.40974 | 69.05731 | 79.37427 |
| 49.16446 | 49.62970 | 47.62415 | 36.93103 | 0 | 43.56452 | 65.95904 | 80.03715 |
| 57.29930 | 58.36166 | 58.92168 | 56.40974 | 43.56452 | 0 | 50.75076 | 76.27218 |
| 66.01507 | 67.06571 | 68.43096 | 69.05731 | 65.95904 | 50.75076 | 0 | 58.48978 |
| 75.49418 | 76.27907 | 77.71476 | 79.37427 | 80.03715 | 76.27218 | 58.48978 | 0 |

Tabelle 8

$N = 1$

| $H'$ | $H''$ | $\nu$ | $\nu : \nu_e$ | $P$ | $M^2_x : M^2_y$ |
|---|---|---|---|---|---|
| 1 | 1 | 8 | 1.00 | 4.000 | 3.00 |
| 1 | 2 | 12 | 1.50 | 3.500 | 2.00 |
| 1 | 3 | 16 | 2.00 | 3.333 | 1.66 |
| 1 | 4 | 20 | 2.50 | 3.250 | 1.50 |
| 2 | 1 | 10 | 1.25 | 3.750 | 2.50 |
| 2 | 2 | 14 | 1.75 | 3.250 | 1.50 |
| 2 | 3 | 18 | 2.25 | 3.083 | 1.16 |
| 2 | 4 | 22 | 2.75 | 3.000 | 1.00 |
| 3 | 1 | 12 | 1.50 | 3.666 | 2.33 |
| 3 | 2 | 16 | 2.00 | 3.166 | 1.33 |
| 3 | 3 | 20 | 2.50 | 3.000 | 1.00 |
| 3 | 4 | 24 | 3.00 | 2.916 | 0.83 |
| 4 | 1 | 14 | 1.75 | 3.625 | 2.25 |
| 4 | 2 | 18 | 2.25 | 3.125 | 1.25 |
| 4 | 3 | 22 | 2.75 | 2.958 | 0.91 |
| 4 | 4 | 26 | 3.25 | 2.875 | 0.75 |

$N = 2$

| $H'$ | $H''$ | $\nu$ | $\nu : \nu_e$ | $P$ | $M^2_x : M^2_y$ |
|---|---|---|---|---|---|
| 1 | 1 | 10 | 1.25 | 5.500 | 6.00 |
| 1 | 2 | 14 | 1.75 | 4.500 | 4.00 |
| 1 | 3 | 18 | 2.25 | 4.166 | 3.33 |
| 1 | 4 | 22 | 2.75 | 4.000 | 3.00 |
| 2 | 1 | 12 | 1.50 | 5.000 | 5.00 |
| 2 | 2 | 16 | 2.00 | 4.000 | 3.00 |
| 2 | 3 | 20 | 2.50 | 3.666 | 2.33 |
| 2 | 4 | 24 | 3.00 | 3.500 | 2.00 |
| 3 | 1 | 14 | 1.75 | 4.833 | 4.66 |
| 3 | 2 | 18 | 2.25 | 3.833 | 2.66 |
| 3 | 3 | 22 | 2.75 | 3.500 | 2.00 |
| 3 | 4 | 26 | 3.25 | 3.333 | 1.66 |
| 4 | 1 | 16 | 2.00 | 4.750 | 4.50 |
| 4 | 2 | 20 | 2.50 | 3.750 | 2.50 |
| 4 | 3 | 24 | 3.00 | 3.416 | 1.83 |
| 4 | 4 | 28 | 3.50 | 3.250 | 1.50 |

Es deutet nach früherem eben darauf hin, daß beim optisch-mechanisch durchgeführten Bildanschluß das effektive Verhältnis $\frac{H}{N} > 3$ ist, was ja auch unmittelbar einleuchtet, da der Bereich der Hilfspunkte den größten Teil der Bildfläche einnimmt.

# VI. Das Gewicht von Seitenlängen

## 1. Entwicklung von $L$ nach den Beobachtungselementen

Nachdem wir uns im Vorhergehenden über die Koordinatenfehler eines beliebigen Nadirs $K$ unterrichtet haben, soll nun der Abstand $L_{j,k}$ der beiden Nadire $j$ und $k$ betrachtet und das Gewicht dieses Stückes aus dem Nadirzug bestimmt werden, wobei der mittlere Fehler der Schlußseite $L_{z,z+1}$ einer nach diesem Ende hin freien Rautenkette wie auch jener der ganzen Kettenlänge $L_{a-1,z+1}$ unser besonderes Interesse beanspruchen.

Für den erwähnten Abstand gilt

$$L_{j,k} = \sum_{i=j}^{k-1} l_{i,i+1} \quad \text{bzw.} \quad dL_{j,k} = \sum_{i=j}^{k-1} dl_{i,i+1}.$$

Bei seiner Berechnung gehen wir vom arithmetischen Mittel aus den beiden Ergebnissen aus, welche die links- und rechtsseitig des Nadirzuges gelegenen Dreiecksketten liefern. Es ist zu erwarten, daß wir dadurch der strengen Ausgleichung von vornherein am nächsten kommen — die Identität damit wird sich bald herausstellen — und die weitere Behandlung sich entsprechend einfach gestaltet. Wir ziehen also (26 C) heran, schreiben dabei abkürzend

$$\frac{\varphi_k + \varphi'_k}{2} = \tau_k, \quad \text{sowie, vgl. (29)} \quad T_k = \sum_{i=1}^{k-1} (k-i)\tau_i = \frac{\Phi_k + \Phi'_k}{2} \tag{98}$$

und erhalten mit Benutzung von (28)

$$dL_{j,k} = \sum_{i=j}^{k-1} \left[ dl_{o,1} + \frac{l}{\varrho} \sum_{q=1}^{i} \tau_q \right] = (k-j)\, dl_{o,1} + \frac{l}{\varrho}(T_k - T_j)$$

oder, falls $dl_{o,1}$ mit Hilfe von (35) in Verbindung mit (32 b) und (98) eliminiert wird,

$$dL_{j,k} = \frac{k-j}{s-r}(dx_s - dx_r) + \frac{l}{(s-r)\varrho} \begin{vmatrix} (s-r) & (T_s - T_r) \\ (k-j) & (T_k - T_j) \end{vmatrix}. \tag{99 a}$$

Sofern $N_r$ und $N_s$ als Festpunkte anzusehen sind, ist $dx_s = dx_r = 0$ zu setzen. Bei Vertauschung von $(r, s)$ mit $(j, k)$, d. h. der Basis mit der zu untersuchenden Strecke, ändert die letzte Deter-

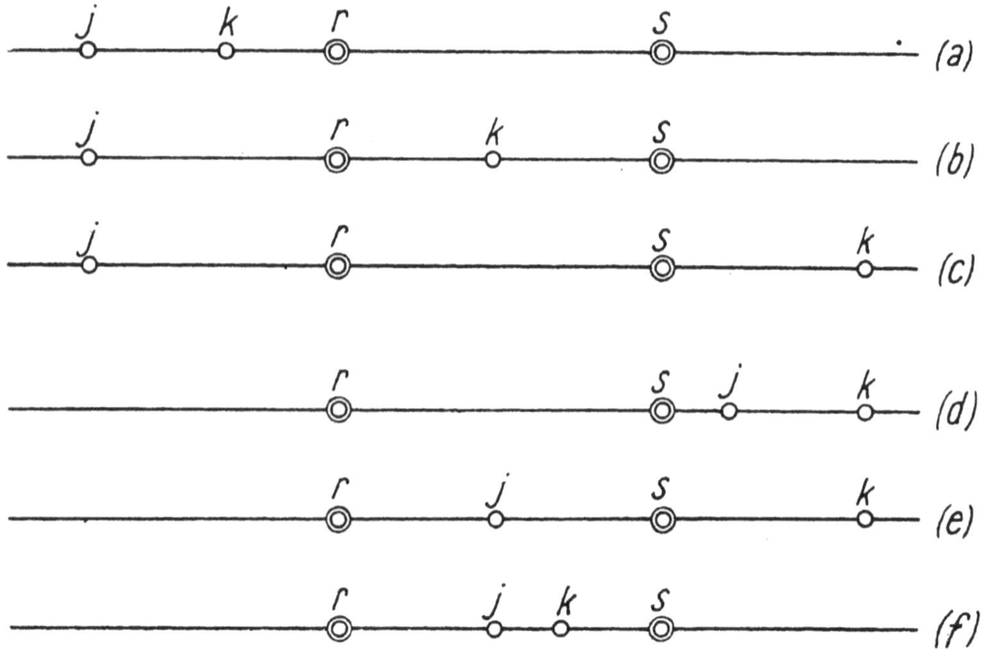


Abb. 8

minante nur ihr Vorzeichen. Davon abgesehen verhalten sich also die entsprechenden Änderungen $dL_{j,k}$ und $dL_{r,s}$ wie $(k-j):(s-r)$, d. h. wie die Längen jener beiden Strecken.

Auf Grund dieser Tatsache braucht man statt der sechs möglichen Punktlagen $(a)$ bis $(f)$ in Abb. 8 — die Annahme $r < s$ und $j < k$ bedeutet keine Einschränkung der Allgemeinheit — nur die erste Hälfte $j \leqq r$ zu betrachten; die Fälle $j \geqq r$ ergeben sich dann bei entsprechender Vertauschung. Wir machen davon jedoch nur zu Kontrollzwecken Gebrauch.

Aus (99 a) und (98) folgt bei unveränderlichen $N_r$ und $N_s$ zunächst

$$dL_{j,k} = \frac{l}{(s-r)\varrho}\left\{(s-r)\left[\sum_{i=1}^{k-1}(k-i)\tau_i - \sum_{i=1}^{j-1}(j-i)\tau_i\right] - (k-j)\left[\sum_{i=1}^{s-1}(s-i)\tau_i - \sum_{i=1}^{r-1}(r-i)\tau_i\right]\right\}. \quad (99\,b)$$

Die erforderliche Ordnung nach den in den Größen $\tau_i$ (98) steckenden Beobachtungselementen — s. (25 a, b) bzw. (41 a, b) — läßt sich bewerkstelligen, sobald konkrete Annahmen über die gegenseitige Lage der Punkte $j$, $k$, $r$, $s$ vorliegen. Man erhält z. B. in dem obersten Fall $(a)$ von Abb. 8:

$$dL_{j,k} = \frac{l}{(s-r)\varrho}\left[\sum_{i=1}^{j-1}\{(s-r)[(k-i)-(j-i)] - (k-j)[(s-i)-(r-i)]\}\tau_i\right.$$
$$\left. + \sum_{j}^{k-1}\{(s-r)(k-i) - (k-j)[(s-i)-(r-i)]\}\tau_i - \sum_{k}^{r-1}(k-j)[(s-i)-(r-i)]\tau_i - \sum_{r}^{s-1}(k-j)(s-i)\tau_i\right]$$

oder, falls wir zusammenfassen und die übrigen, ähnlich zu behandelnden Fälle gleichzeitig angeben:

a) $j < k \leqq r < s$.

$$dL_{j,k} = \frac{l}{(s-r)\varrho}\left\{(s-r)\sum_{i=j}^{k-1}(j-i)\tau_i - (k-j)(s-r)\sum_{k}^{r-1}\tau_i - (k-j)\sum_{r}^{s-1}(s-i)\tau_i\right\}. \quad (100\,a)$$

b) $j \leqq r \leqq k \leqq s$.

$$dL_{j,k} = \frac{l}{(s-r)\varrho}\left\{(s-r)\sum_{i=j}^{r-1}(j-i)\tau_i + \sum_{r}^{k-1}\begin{vmatrix}(s-r) & (s-i)\\ (k-j) & (k-i)\end{vmatrix}\tau_i - (k-j)\sum_{k}^{s-1}(s-i)\tau_i\right\}. \quad (100\,b)$$

c) $j \leqq r < s \leqq k$.

$$dL_{j,k} = \frac{l}{(s-r)\varrho}\left\{(s-r)\sum_{i=j}^{r-1}(j-i)\tau_i + \sum_{r}^{s-1}\begin{vmatrix}(s-r) & (s-i)\\ (k-j) & (k-i)\end{vmatrix}\tau_i + (s-r)\sum_{s}^{k-1}(k-i)\tau_i\right\}. \quad (100\,c)$$

d) $r < s \leqq j < k$.

$$dL_{j,k} = -\frac{l}{(s-r)\varrho}\left\{(k-j)\sum_{i=r}^{s-1}(r-i)\tau_i - (s-r)(k-j)\sum_{s}^{j-1}\tau_i - (s-r)\sum_{j}^{k-1}(k-i)\tau_i\right\}. \quad (100\,d)$$

e) $r \leqq j \leqq s \leqq k$.

$$dL_{j,k} = -\frac{l}{(s-r)\varrho}\left\{(k-j)\sum_{i=r}^{j-1}(r-i)\tau_i + \sum_{j}^{s-1}\begin{vmatrix}(k-j) & (k-i)\\ (s-r) & (s-i)\end{vmatrix}\tau_i - (s-r)\sum_{s}^{k-1}(k-i)\tau_i\right\}. \quad (100\,e)$$

f) $r \leqq j < k \leqq s$.

$$dL_{j,k} = -\frac{l}{(s-r)\varrho}\left\{(k-j)\sum_{i=r}^{j-1}(r-i)\tau_i + \sum_{j}^{k-1}\begin{vmatrix}(k-j) & (k-i)\\ (s-r) & (s-i)\end{vmatrix}\tau_i + (k-j)\sum_{k}^{s-1}(s-i)\tau_i\right\}. \quad (100\,f)$$

## 2. Mittlerer Fehler von $L$

Die so gewonnenen Koeffizienten $f_\tau$ (8 a) stellen wir genau wie früher — vgl. (52 a, b), (92 a, b) mit Berücksichtigung von (98) und (25 a, b) bei Winkel- bzw. von (41 a, b) und (40) bei Richtungsbeobachtung im folgenden übersichtlich zusammen und beschränken uns zunächst auf den ersten Fall (100 a) $j < k \leqq r < s$.

Unter Zuhilfenahme von (21 a, b) bzw. (22) sind gleichzeitig wieder die Koeffizienten $c_{\tau i}$ der Bedingungsgleichungen mit angegeben und damit die Größen $F_i$ nach (11) berechnet. Wie man unmittelbar einsieht, werden auch in den übrigen Fällen $b$ bis $f$ im ganzen Bereich sämtliche $F_{i'}$, $F_{i''}$ bzw. $\dot{F}_i$ Null, so daß der mittlere Fehler vor und nach der Ausgleichung derselbe bleibt, d. h. das arithmetische Mittel ist, wie bereits angedeutet, mit dem Ergebnis der strengen Ausgleichung identisch.

Bei Winkelbeobachtung:

| $v_\tau$ | $f_\tau = \frac{l}{s-r} \times$ | | | | | $c_{\tau i}$ | |
|---|---|---|---|---|---|---|---|
| | $i < j$ | $j \leq i < k$ | $k \leq i < r$ | $r \leq i < s$ | $i \geq s$ | $i = i'$ | $i = i''$ |
| $\alpha_i$ | 0 | $+\ (s-r)(j-i)$ | $-\ (s-r)(k-j)$ | $-\ (k-j)(s-i)$ | 0 | $+2$ | 0 |
| $\beta_i$ | 0 | $+\frac{1}{2}$ „ „ | $-\frac{1}{2}$ „ „ | $-\frac{1}{2}$ „ „ | 0 | $+1$ | $+1$ |
| $\gamma_i$ | 0 | $-\frac{1}{2}$ „ „ | $+\frac{1}{2}$ „ „ | $+\frac{1}{2}$ „ „ | 0 | $-1$ | $+1$ |
| $\delta_i$ | 0 | $-$ „ „ | $+$ „ „ | $+$ „ „ | 0 | $-2$ | 0 |
| $\alpha'_i$ | 0 | $+$ „ „ | $-$ „ „ | $-$ „ „ | 0 | $-2$ | 0 |
| $\beta'_i$ | 0 | $+\frac{1}{2}$ „ „ | $-\frac{1}{2}$ „ „ | $-\frac{1}{2}$ „ „ | 0 | $-1$ | $+1$ |
| $\gamma'_i$ | 0 | $-\frac{1}{2}$ „ „ | $+\frac{1}{2}$ „ „ | $+\frac{1}{2}$ „ „ | 0 | $+1$ | $+1$ |
| $\delta'_i$ | 0 | $-$ „ „ | $+$ „ „ | $+$ „ „ | 0 | $+2$ | 0 |
| | 0 | 0 | 0 | 0 | 0 | $= F_{i'}$ | |
| | 0 | 0 | 0 | 0 | 0 | $= F_{i''}$ | |

Bei Richtungsbeobachtung:

| $v_\tau$ | $f_\tau = \frac{l}{s-r} \times$ | | | | | Gewicht | $c_{\tau i}$ |
|---|---|---|---|---|---|---|---|
| | $i < j$ | $j \leq i < k$ | $k \leq i < r$ | $r \leq i < s$ | $i \geq s$ | | |
| $(1)_i$ | 0 | $+(s-r)(j-i)$ | $-(s-r)(k-j)$ | $-(k-j)(s-i)$ | 0 | $H$ | $+2$ |
| $(2)_{i-1}$ | 0 | $-$ „ „ | $+$ „ „ | $+$ „ „ | 0 | | $-2$ |
| $(8)_{i+1}$ | 0 | $-$ „ „ | $+$ „ „ | $+$ „ „ | 0 | | $-2$ |
| $(5)_i$ | 0 | $-$ „ „ | $+$ „ „ | $+$ „ „ | 0 | | $+2$ |
| $(4)_{i-1}$ | 0 | $+$ „ „ | $-$ „ „ | $-$ „ „ | 0 | | $-2$ |
| $(6)_{i+1}$ | 0 | $+$ „ „ | $-$ „ „ | $-$ „ „ | 0 | | $-2$ |
| | 0 | 0 | 0 | 0 | 0 | $= \dot{F}_i$ | |

Sieht man zunächst von der Ungenauigkeit der Festpunkte ab, so erhält man z. B. aus (100 a) auf Grund des Fehlerfortpflanzungsgesetzes und der Formeln (44):

$$M^2(L_{j,k}) = \left(\frac{l}{s-r}\right)^2 \left\{(s-r)^2 \sum_{i=j}^{k-1} (j-i)^2 + (k-j)^2 (s-r^2 \sum_{k}^{r-1} 1 + (k-j)^2 \sum_{r}^{s-1} (s-i)^2\right\} \left(\frac{m_\tau}{\varrho}\right)^2$$

$$= \left(\frac{l}{s-r}\right)^2 \left\{(s-r)^2 \sum_{q=0}^{k-j-1} q^2 + (k-j)^2 (s-r)^2 (r-k) + (k-j)^2 \sum_{q=1}^{s-r} q^2\right\} \left(\frac{m_\tau}{\varrho}\right)^2$$

$$= \left(\frac{k-j}{s-r}\right) \left\{\frac{(s-r)(k-j-1)(2k-2j-1)}{6} + (k-j)(s-r)(r-k) + \frac{(k-j)(s-r+1)(2s-2r+1)}{6}\right\} l^2 \left(\frac{m_\tau}{\varrho}\right)^2$$

$$= \frac{1}{6} \left(\frac{k-j}{s-r}\right) \left\{2(k-j)(s-r)\left[(s-j) + 2(r-k)\right]' + (k-j) + (s-r)\right\} l^2 \left(\frac{m_\tau}{\varrho}\right)^2 .$$

Ähnlich ergibt sich $M^2(L_{j,k})$ auch in den übrigen Fällen b bis f. Berücksichtigt man noch die Fehler der Festpunkte $N_r$ und $N_s$, so folgt schließlich für das mittlere Fehlerquadrat der Strecke $L_{j,k}$

$$m^2{}_L = M^2(L_{j,k}) = \left(\frac{k-j}{s-r}\right)^2 \left[m^2(x_r) + m^2(x_s)\right] + \frac{\Theta}{6} \left(\frac{k-j}{s-r}\right) l^2 \left(\frac{m_\tau}{\varrho}\right)^2 . \qquad (101)$$

Dabei haben die Koeffizienten $\Theta$ in den Fällen a bis f (vgl. Abb. 8) folgende Bedeutung:

| | Punktlage | $\Theta$ |
|---|---|---|
| a | $j < k \leqq r < s$ | $2(s-r)(k-j)[(s-j)+2(r-k)]+(s-r)+(k-j)$ |
| b | $j \leqq r \leqq k \leqq s$ | $2(s-r)(r-j)^2+2(s-r)(k-j)(s-k)-2(s-k)(k-r)^2+(s-k)+(r-j)$ |
| c | $j \leqq r < s \leqq k$ | $2(s-r)(r-j)^2+2(s-r)(k-s)[(k-s)-(r-j)]+(k-s)+(r-j)$ |
| d | $r < s \leqq j < k$ | $2(k-j)(s-r)[(k-r)+2(j-s)]+(k-j)+(s-r)$ |
| e | $r \leqq j \leqq s \leqq k$ | $2(k-j)(j-r)^2+2(k-j)(s-r)(k-s)-2(k-s)(s-j)^2+(k-s)+(j-r)$ |
| f | $r \leqq j < k \leqq s$ | $2(k-j)(j-r)^2+2(k-j)(s-k)[(s-k)-(j-r)]+(s-k)+(j-r)$ |

(102)

und für $m^2_\tau$ findet man auf Grund der Gl. (98) und (25a, b) bzw. (41a, b), (48)

$$m^2_\tau = m^2\left(\frac{\varphi+\varphi'}{2}\right) = \begin{cases} 10\,\mu^2 \text{ bei Winkelbeobachtung} \\ \dfrac{6}{H}\,\mu^2 \text{ bei Richtungsbeobachtung.} \end{cases} \tag{103a}$$

Unseren späteren (Kap. IX) Untersuchungen vorgreifend, bemerke ich hier, daß für nichtschematische Ketten statt $m^2_\tau = m^2_\tau\,(45^0)$ allgemein

$$m^2_\tau(\vartheta) = \varepsilon(\vartheta)\cdot m^2_\tau \tag{103b}$$

zu setzen ist, wo $2\vartheta$ den mittleren Rautenwinkel im Nadir bezeichnet. Die Zahlenwerte des Faktors $\varepsilon(\vartheta)$ können aus Tab. 12a bzw. 12b entnommen werden.

## 3. Schlußseite und Kettenlänge

Wir legen eine aus $n$ Rauten aufgebaute Kette zugrunde; der Maßstab sei durch den irgendwie bestimmten Abstand $l \pm \overline{m}$ zweier unmittelbar benachbarter Nadire $N_r$ und $N_s$ $(s = r+1)$ oder durch deren Koordinaten $x_r$ und $x_s$ gegeben. Im letzten Fall ist der mittlere Fehler der Ausgangsbasis $\overline{m} = \sqrt{m^2(x_r)+m^2(x_s)}$.

Unser Interesse gilt hier der Maßstabübertragung auf die Schlußseite sowie dem Fehler der Gesamtlänge. Falls die Kette in $N_r$ beginnt, muß dieser mit dem bereits früher ermittelten Längsfehler des anderen Kettenendes übereinstimmen.

Es bedeutet für unsere erste gestellte Aufgabe keine Einschränkung der Allgemeinheit, wenn wir $r = 0$, $s = 1$ setzen. Mit $j = n$, $k = n+1$ ergibt sich dann aus (101) und (102d) sehr einfach für den mittleren Fehler der Schlußseite in der einseitig freien Kette

$$m^2(L_{n,n+1}) = \overline{m}^2 + n\,l^2\left(\frac{m_\tau}{\varrho}\right)^2. \tag{104}$$

Die relative Genauigkeit beträgt hiernach, $\overline{m} = 0$ angenommen, mit Berücksichtigung von (103a)

$$\frac{m(L_{n,n+1})}{L_{n,n+1}} = \pm\sqrt{n}\,\frac{m_\tau}{\varrho} = \begin{cases} \pm\,0{,}92\,\mu'\sqrt{n}\,‰ = \pm\,0{,}50\,\mu^c\sqrt{n}\,‰ \text{ bei Winkelbeobachtung} \\ \pm\,0{,}71\,\mu'\sqrt{\dfrac{n}{H}}\,‰ = \pm\,0{,}38\,\mu^c\sqrt{\dfrac{n}{H}}\,‰ \text{ bei Richtungsbeobachtung.} \end{cases} \tag{105}$$

Es wäre natürlich falsch, den mittleren Fehler der Endseite $L_{n,n+1}$ aus den Längsfehlern der Nadire $N_n$ und $N_{n+1}$ abzuleiten und ihn gleich $\sqrt{m^2(x_n)+m^2(x_{n+1})}$ zu setzen. Z. B. ergäbe sich so mit $m_0 = m_1 = \pm m$ (Fehler von $N_0$ und $N_1$) bei einfacher Richtungsbeobachtung für die Strecke $N_9N_{10}$ mit Benutzung der Fehlertabellen

$$\sqrt{\left[145\,m^2+1224\,l^2\left(\frac{\mu}{\varrho}\right)^2\right]+\left[181\,m^2+1710\,l^2\left(\frac{\mu}{\varrho}\right)^2\right]} = \sqrt{326\,m^2+2934\,l^2\left(\frac{\mu}{\varrho}\right)^2},$$

während es nach (104) richtig heißen muß $m\,(L_{9\cdot 10}) = \sqrt{2\,m^2+54\,l^2\left(\frac{\mu}{\varrho}\right)^2}$.

Man kann sich über die Genauigkeitsverhältnisse ein besseres Bild machen, wenn für die praktisch möglichen Fälle Zahlenangaben vorliegen. Ich möchte daher an dieser Stelle

(Tab. 9) den immer wiederkehrenden Wert $l\left(\frac{\mu}{\varrho}\right)$ im Bereich $l = 2{,}0$ bis 4,0 km tabulieren, und zwar für Alt- (2′ bis 4′) und Neuminuten ($3^c$ bis $7^c$).

Tabelle 9. $l\frac{\mu}{\varrho}$ in $[m]$

| $\mu$ in Alt-Minuten | | | | | $l$ | $\mu$ in Neu-Minuten | | | | |
|---|---|---|---|---|---|---|---|---|---|---|
| 2,0 | 2,5 | 3,0 | 3,5 | 4,0 | $[km]$ | 3 | 4 | 5 | 6 | 7 |
| 1.16 | 1.45 | 1.74 | 2.04 | 2.32 | 2.0 | 0.94 | 1.26 | 1.57 | 1.88 | 2.20 |
| 1.22 | 1.53 | 1.83 | 2.14 | 2.44 | 2.1 | 0.99 | 1.32 | 1.65 | 1.98 | 2.31 |
| 1.28 | 1.60 | 1.92 | 2.24 | 2.56 | 2.2 | 1.04 | 1.38 | 1.73 | 2.07 | 2.42 |
| 1.34 | 1.67 | 2.00 | 2.34 | 2.68 | 2.3 | 1.08 | 1.44 | 1.81 | 2.17 | 2.53 |
| 1.40 | 1.75 | 2.09 | 2.44 | 2.79 | 2.4 | 1.13 | 1.51 | 1.88 | 2.26 | 2.64 |
| 1.45 | 1.82 | 2.18 | 2.54 | 2.91 | 2.5 | 1.18 | 1.57 | 1.96 | 2.36 | 2.75 |
| 1.51 | 1.89 | 2.27 | 2.65 | 3.02 | 2.6 | 1.22 | 1.63 | 2.04 | 2.45 | 2.86 |
| 1.57 | 1.96 | 2.36 | 2.75 | 3.14 | 2.7 | 1.27 | 1.70 | 2.12 | 2.54 | 2.97 |
| 1.63 | 2.04 | 2.44 | 2.85 | 3.26 | 2.8 | 1.32 | 1.76 | 2.20 | 2.64 | 3.08 |
| 1.69 | 2.11 | 2.53 | 2.95 | 3.38 | 2.9 | 1.37 | 1.82 | 2.28 | 2.73 | 3.19 |
| 1.75 | 2.18 | 2.62 | 3.06 | 3.49 | 3.0 | 1.41 | 1.89 | 2.36 | 2.83 | 3.30 |
| 1.80 | 2.25 | 2.70 | 3.16 | 3.60 | 3.1 | 1.46 | 1.95 | 2.44 | 2.92 | 3.41 |
| 1.86 | 2.32 | 2.79 | 3.26 | 3.72 | 3.2 | 1.51 | 2.01 | 2.51 | 3.02 | 3.52 |
| 1.92 | 2.40 | 2.88 | 3.36 | 3.84 | 3.3 | 1.56 | 2.08 | 2.59 | 3.11 | 3.63 |
| 1.98 | 2.47 | 2.96 | 3.46 | 3.96 | 3.4 | 1.60 | 2.14 | 2.67 | 3.20 | 3.74 |
| 2.04 | 2.54 | 3.05 | 3.56 | 4.07 | 3.5 | 1.65 | 2.20 | 2.75 | 3.30 | 3.85 |
| 2.10 | 2.62 | 3.14 | 3.66 | 4.19 | 3.6 | 1.70 | 2.26 | 2.83 | 3.39 | 2.96 |
| 2.15 | 2.69 | 3.23 | 3.76 | 4.30 | 3.7 | 1.74 | 2.32 | 2.90 | 3.49 | 4.07 |
| 2.21 | 2.76 | 3.32 | 3.87 | 4.42 | 3.8 | 1.79 | 2.39 | 2.98 | 3.58 | 4.18 |
| 2.27 | 2.84 | 3.40 | 3.97 | 4.54 | 3.9 | 1.84 | 2.45 | 3.06 | 3.68 | 4.29 |
| 2.33 | 2.90 | 3.49 | 4.07 | 4.65 | 4.0 | 1.89 | 2.51 | 3.14 | 3.77 | 4.40 |

Es ist nicht uninteressant, die Genauigkeit der Maßstabübertragung in der für die Radialtriangulation typischen Rautenkette mit jener in solchen Ketten zu vergleichen, welche sich aus anderen Grundgebilden aufbauen, etwa mit der einfachen Dreieckskette und einer Kette aus Quadraten mit beiden Diagonalen, wie sie von Simon [3] behandelt wurden. Ich übernehme von dort [3, S. 32] die reziproken Gewichte $\frac{1}{P}$ der Endseite bezogen auf die Ausgangsseite, setze also für die Rautenkette in (104) $l = 1$ sowie $\overline{m} \doteq 0$.

Tabelle 10

| Kette aus $n =$ | 1 | 2 | 3 | 4 | 5 | 6 |
|---|---|---|---|---|---|---|
| Dreiecken . . . | 1,33 | 2,58 | 3,89 | 5,21 | 6,54 | 7,87 |
| Quadraten . . | 1,50 | 3,17 | 4,83 | 6,50 | 8,17 | 9,83 |
| Rauten . . . . | 6,00 | 12,00 | 18,00 | 24,00 | 30,00 | 36,00 |

Wie man aus Tab. 10 ersieht, ist die Übertragung vermittels einer Rautenkette (bei einfacher Richtungsbeobachtung) nur etwa ein Viertel so genau; kein Wunder, da bei ihr die meisten Richtungen nur einseitig beobachtet sind und die gegenseitig beobachteten (zwischen den Nadiren) keinen Einfluß auf die Fehler in der Kettenrichtung haben — $m_\tau$ (103 a) ist ja unabhängig von $N$.

Zur Lösung unserer zweiten Aufgabe setzen wir in (102 c) $j = 0$, $r = r$, $s = r + 1$, $k = n + 1$ und erhalten damit aus (101) für den mittleren Fehler der Gesamtlänge einer beiderseits freien Kette

$$m^2(L_{0,n+1}) = (n+1)^2\,\overline{m}^2 + (n+1)\left[\frac{n(2n+1)}{6} - r(n-r)\right] l^2 \left(\frac{m_\tau}{\varrho}\right)^2. \qquad (106)$$

Nimmt man hier $r = o$, so ergibt sich, wie schon oben erwähnt, abgesehen von den Anschlußfehlern volle Übereinstimmung mit dem nach (47 C) bzw. (50 C) ermittelten Längsfehler des

Kettenendpunktes, wenn noch in jenen Formeln $b = 0$, $c = 1$, $d = n + 1$, wie erforderlich, angenommen und (103 a) berücksichtigt wird.

Anschließend werde auch die Genauigkeit der mittelsten Seite $L_{\frac{n}{2}, \frac{n}{2}+1}$ einer an den beiden Enden $N_0$ und $N_{n+1}$ ($n$ gerade) eingehängten Kette festgestellt. Es liegt Fall f von Abb. 8 vor und man erhält mit $r = o$, $s = n + 1$, $j = \frac{n}{2}$, $k = \frac{n}{2} + 1$ und dem entsprechenden $\Theta$-Wert aus (101)

$$M^2 \left(L_{\frac{n}{2}, \frac{n}{2}+1}\right) = \frac{\overline{\overline{m}}^2}{(n+1)^2} + \frac{n(n+2)}{12(n+1)} l^2 \left(\frac{m_\tau}{\varrho}\right)^2,$$

worin $m_\tau$ wieder aus (103a) zu entnehmen ist. Sieht man von den Fehlern der Einhängepunkte ab ($\overline{\overline{m}} = o$), so erkennt man leicht, daß $M\left(L_{\frac{n}{2}, \frac{n}{2}+1}\right)$ bei langen Ketten proportional mit $\sqrt{n}$ wächst, ebenso wie der mittlere Fehler der Endseite einer freien Kette nach (104).

# VII. Basismessungen

## 1. Allgemeines

Wird die Nadirtriangulation zur Netzverdichtung oder zur Überbrückung festpunktloser Räume herangezogen, so erübrigt sich eine Basismessung im üblichen Sinne, da man dann mindestens zwei koordinatenmäßig bekannte Festpunkte auffinden wird, in welche die Rautenkette eingehängt werden kann. Zwar läßt sich der Maßstab auch in der endfreien Kette, welche in unbekanntes Gelände vorfühlt, auf ebensolche Weise bestimmen, sofern in ihrem Anfangsteil wenigstens zwei Anschlußpunkte bekannt sind. Freilich, die ungünstige Fehlerfortpflanzung in der Rautenkette wird gerade in diesem Falle eine zweite Maßstabbestimmung am Ende der Kette wünschenswert erscheinen lassen.

Wie man aus Formel (105) entnimmt, ist der relative Längenfehler bei der Übertragung zur Nachbarseite ($n = 1$) schon $> 1^0/_{00}$. Unter diesen Umständen kann sogar eine recht primitive Maßstabbestimmung als Basismessung gute Dienste leisten, wie etwa die Längenentnahme aus der fotographischen Aufnahme — vgl. [37] — und ihre Übertragung mit Berücksichtigung der Aufnahmeneigung, des Höhenunterschiedes der Basisendpunkte und der Flughöhe, so genau diese Daten eben bekannt sind. Natürlich wird man auf solche Methoden nur dann zurückgreifen, wenn das Basisgelände nicht begehbar oder aus sonstigen Gründen eine terrestrische Längenmessung nicht möglich ist und man eben aus der Not eine Tugend machen muß.

Durch Einschalten von unorientierten Hilfsbasislinien in gewissen Abständen verspricht man sich gleichfalls eine Genauigkeitssteigerung bei sehr langen Rautenzügen. Buchholtz [27] gibt ein Näherungsverfahren an, um solche Messungen auszugleichen.

Jede zusätzliche Basismessung hat eine Bedingungsgleichung im Gefolge. Um den darin auftretenden Widerspruch zum Verschwinden zu bringen, müssen, streng genommen, nicht nur die Winkel- bzw. Richtungselemente verbessert werden, was zu einer Krümmung der Kette Anlaß gibt, sondern auch die gemessenen Längen. Die Fehler der letzten werden meist vernachlässigt, wenn die Genauigkeit der Basismessung jene der Richtungsbeobachtung stark überwiegt. Andernfalls trägt man dem heterogenen Charakter der Meßgrößen — Länge, Richtung — dadurch Rechnung, daß man ihnen die reziproken Quadrate der bekannten oder geschätzten mittleren Beobachtungsfehler als Gewichte beilegt [4, S. 98 u. 250] und auf diese Weise dimensionslose Größen in Verbindung bringt.

## 2. Die Basisbedingung

Um die Basisbedingung aufzustellen, schlagen wir einen ähnlichen Weg ein wie in II, 1, auch halten wir uns an jene Bezeichnung. Geht man von einer Basis, etwa $L_{r,s}$, aus und rechnet damit über die Kette hinweg die zweite Basis $L_{j,k}$, so wird sich eine Beziehung

$$L_{j,k} = L_{r,s} Q \tag{107 a}$$

ergeben, wo $Q$ eine Funktion der Richtungs- bzw. Winkelelemente darstellt, welche von dem gewählten Wege der Rechnung abhängt. Bezeichnen $\ddot{L}_{j,k}, \ddot{L}_{r,s}$ die genäherten Meßwerte, $v_{j,k}$, $v_{r,s}$ ihre Verbesserungen und setzt man entsprechend $Q = \ddot{Q} + dQ$, so folgt nach logarithmischer Behandlung aus (107 a)

$$\left[\frac{v_{r,s}}{L_{r,s}} - \frac{v_{j,k}}{L_{j,k}} + \frac{dQ}{Q}\right] M + \log \frac{\ddot{L}_{r,s}}{\ddot{L}_{j,k}} \ddot{Q} = 0, \quad \text{mit } M = \overset{10}{\log}\, e = 0{,}4343. \tag{107 b}$$

Nun gilt bei fester Ausgangsbasis $L_{r,s}$ nach (107 a)

$$\frac{dQ}{Q} = \frac{dL_{j,k}}{L_{j,k}}, \tag{107 c}$$

worin $dL_{j,k}$ im Sinne unserer früheren Betrachtungen in VI allein von Winkel- bzw. Richtungsänderungen abhängt und durch eine der Formeln (100 a—f) gegeben ist. So lautet schließlich die Basisbedingung

$$\frac{v_{r,s}}{L_{r,s}} - \frac{v_{j,k}}{L_{j,k}} + \frac{dL_{j,k}}{L_{j,k}} + W_B = 0, \quad \text{mit } W_B = \frac{1}{M} \log \frac{\ddot{L}_{r,s}}{\ddot{L}_{j,k}} \ddot{Q}. \tag{107}$$

Die Gl. (107) hat allgemeine Gültigkeit, gleichgültig welche gegenseitige Lage die Basisendpunkte innerhalb des Nadirzugs haben.

Ich will jedoch nur auf den praktisch wichtigsten Fall näher eingehen, wo die Grundlinien zwischen je zwei unmittelbar aufeinanderfolgenden Nadiren, etwa zwischen $N_{k-1}$, $N_k$ und $N_r$, $N_{r+1}$ gemessen sind (Abb. 9). Unterscheidet man der Kürze halber diese beiden Basen durch $I$ $(j, k)$ und $II$ $(r, s)$, so erhält man wegen $L_I \approx L_{II} \approx l$ aus (107) mit Berücksichtigung von (100 a), dort $j = k - 1$, $s = r + 1$ gesetzt, sowie von (98) und (25 a, b) folgende Bedingung:

$$(v_{II} - v_I) \frac{1}{l} - \frac{1}{\varrho} \sum_{i=k}^{r} \left[\alpha_i + \alpha'_i + \frac{1}{2}(\beta_i + \beta'_i - \gamma_i - \gamma'_i) - \delta_i - \delta'_i\right] + W_B = 0. \tag{108 a}$$

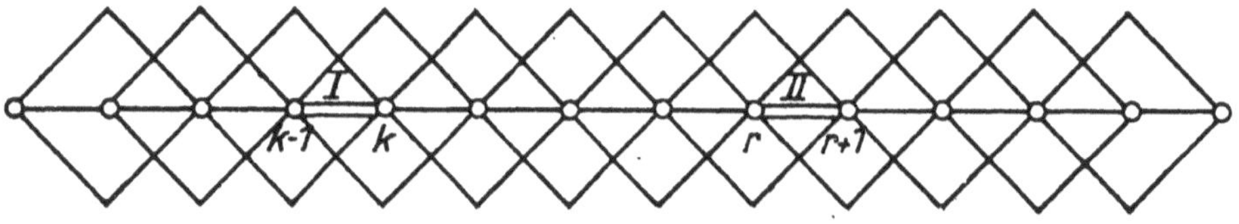


Abb. 9

Entsprechend der für die Formeln (100 a—f) getroffenen Abmachungen — und es ist nützlich, das arithmetische Mittel auch hier als vorläufigen Rechenweg beizubehalten — ist der Widerspruch in obiger Bedingungsgleichung

$$W_B = \frac{1}{2M}(\overline{W}_{kr} + \overline{W}'_{kr}), \tag{108 b}$$

wo

$$\overline{W}_{kr} = \log \ddot{L}_{II} - \log \ddot{L}_I - \sum_{i=k}^{r} [\log \sin \ddot{\alpha}_i - \log \sin (\ddot{\alpha}_i + \ddot{\beta}_i) + \log \sin (\ddot{\gamma}_i + \ddot{\delta}_i) - \log \sin \ddot{\delta}_i],$$

$$\overline{W}'_{kr} = \log \ddot{L}_{II} - \log \ddot{L}_I - \sum_{i=k}^{r} [\log \sin \ddot{\alpha}'_i - \log \sin (\ddot{\alpha}'_i + \ddot{\beta}'_i) + \log \sin (\ddot{\gamma}'_i + \ddot{\delta}'_i) - \log \sin \ddot{\delta}'_i].$$

Bei mehr als zwei gemessenen Grundlinien hat man für den Ansatz der Bedingungen verschiedene Möglichkeiten, je nachdem welche der Basen kombiniert werden. Am vorteilhaftesten setzt man die Bedingungen — vgl. (108 a) — nur zwischen je zwei aufeinanderfolgenden Grundlinien an, weil dann die in einer Gleichung auftretenden Winkelelemente in keiner zweiten Basisbedingung vorkommen. Da mehrfache Basismessungen bei der Nadirtriangulation keine große praktische Rolle spielen und im wesentlichen auch keine neuen Schwierigkeiten mit sich bringen, beschränke ich mich im folgenden auf die einzige Basisbedingung (108 a).

Durch die Hinzunahme der Basisbedingung zu den bisher allein behandelten Winkelbedingungen (21 a, b) bzw. (22) wird das System der Normalkoeffizienten (51 b) bzw. (56) entsprechend erweitert, indem sog. Zusatzkoeffizienten $C_{B,i}$, $C_{B,B}$ auftreten, wo der Index $B$, wie schon im Widerspruch (108 a, b) zum Ausdruck gebracht ist, die Basisbedingung kennzeichnen soll. Außerdem ist nach der Schlußbemerkung in VII, 1 noch zu berücksichtigen, daß den Richtungselementen die Gewichte $\frac{H}{\mu^2}$, $\frac{N}{\mu^2}$ beizulegen sind bzw. den Winkelelementen die Gewichte $\frac{1}{2\mu^2}$, während für die gemessenen Basislängen $L_I \pm m_I$, $L_{II} \pm m_{II}$ die Gewichte $\frac{1}{m^2_I}$ und $\frac{1}{m^2_{II}}$ anzusetzen sind.

### 3. Einfluß auf das Ergebnis

*a) Bei Ausgleichung von Winkelbeobachtungen*

Auf Grund der Gl. (21 a, b), (108 a) und obiger Gewichtsannahme erhält man folgende Normalkoeffizienten — vgl. (51 b):

$$C_{i,q} = \begin{cases} 0 \quad , & \text{wenn } i \neq q \text{ (auch bei } i = i',\ q = i'') \\ +40\,\mu^2, & \quad ,, \quad i = q = i' \\ +\ 8\,\mu^2, & \quad ,, \quad i = q = i'' \end{cases}$$

$$C_{i,B} = 0 \text{ (sowohl für } i = i' \text{ als auch für } i = i'') \tag{109 a}$$

$$C_{B,B} = (m^2_I + m^2_{II})\frac{1}{l^2} + 10\,(r - k + 1)\left(\frac{\mu}{\varrho}\right)^2.$$

Die Matrix der Normalkoeffizienten ist also nur in der Hauptdiagonale besetzt; daher sind auch nur die quadratischen Gewichtskoeffizienten von Null verschieden, und zwar

$$\Gamma_{i',i'} = \frac{1}{40\mu^2}; \quad \Gamma_{i''i''} = \frac{1}{8\mu^2}; \quad \Gamma_{B,B} = \frac{l^2}{(m^2_I + m^2_{II}) + 10\,(r - k + 1)\,(l\mu/\varrho)^2}. \tag{109 b}$$

Die Korrelaten (5) ergeben sich ebenfalls sehr einfach — vgl. (54 a):

$$k_{i'} = -\frac{1}{40\mu^2}W'_i; \quad k_{i''} = -\frac{1}{8\mu^2}W''_i; \quad k_B = -\frac{l^2}{(m^2_I + m^2_{II}) + 10\,(r - k + 1)\,(l\mu/\varrho)^2}W_B. \tag{109 c}$$

Gemäß (2) und (7), sowie (21 a, b) und (108 a) erhält man damit

die Basisverbesserungen

$$v_I = -\frac{1}{l}\,m^2_I k_B; \quad v_{II} = +\frac{1}{l}\,m^2_{II} k_B; \tag{110 a}$$

die Winkelverbesserungen

für $i < k$ und $i > r$ (s. Abb. 9)

$$\begin{aligned} v(\alpha_i) &= +4\,\mu^2 k_{i'} & v(\alpha'_i) &= -4\,\mu^2 k_{i'} \\ v(\beta_i) &= +2\,\mu^2 k_{i'} + 2\,\mu^2 k_{i''} & v(\beta'_i) &= -2\,\mu^2 k_{i'} + 2\,\mu^2 k_{i''} \\ v(\gamma_i) &= -2\,\mu^2 k_{i'} + 2\,\mu^2 k_{i''} & v(\gamma'_i) &= +2\,\mu^2 k_{i'} + 2\,\mu^2 k_{i''} \\ v(\delta_i) &= -4\,\mu^2 k_{i'} & v(\delta'_i) &= +4\,\mu^2 k_{i'} \end{aligned} \tag{110 b}$$

für $k \leqq i \leqq r$

$$\begin{aligned} v(\alpha_i) &= +4\,\mu^2 k_{i'} - 2\,\mu^2 k_B/\varrho & v(\alpha'_i) &= -4\,\mu^2 k_{i'} - 2\,\mu^2 k_B/\varrho \\ v(\beta_i) &= +2\,\mu^2 k_{i'} + 2\,\mu^2 k_{i''} - \mu^2 k_B/\varrho & v(\beta'_i) &= -2\,\mu^2 k_{i'} + 2\,\mu^2 k_{i''} - \mu^2 k_B/\varrho \\ v(\gamma_i) &= -2\,\mu^2 k_{i'} + 2\,\mu^2 k_{i''} + \mu^2 k_B/\varrho & v(\gamma'_i) &= +2\,\mu^2 k_{i'} + 2\,\mu^2 k_{i''} + \mu^2 k_B/\varrho \\ v(\delta_i) &= -4\,\mu^2 k_{i'} + 2\,\mu^2 k_B/\varrho & v(\delta'_i) &= +4\,\mu^2 k_{i'} + 2\,\mu^2 k_B/\varrho. \end{aligned} \tag{110 c}$$

Setzt man hier die Korrelaten aus (109 c) ein und vergleicht mit (54 b), so erkennt man, daß nur die Winkelelemente von der Basisbedingung berührt werden, welche zwischen den beiden Grundlinien gelegenen Rauten angehören.

*b) Bei Ausgleichung von Richtungsbeobachtungen*

Drückt man gemäß (15) die Winkel- durch die Richtungselemente aus, so lautet die Basisbedingung (108 a)

$$(v_{II} - v_I)\frac{1}{l} - \frac{1}{\varrho}\sum_{i=k}^{r}\{[(1)_i - (2)_{i-1} - (8)_{i+1}] - [(5)_i - (4)_{i-1} - (6)_{i+1}]\} + W_B = 0 \tag{111 a}$$

und man bemerkt, daß wegen (40) der Ausdruck $\frac{\omega_i - \omega'_i}{2}$ unter der Summe steht. Zu (111a) passend schreiben wir auch die Winkelbedingungen (22) etwas um:

$$4(3)_{i-1} + 2[(1)_i - (2)_{i-1} - (8)_{i+1}] - 2(3)_i - 2(7)_i + 2[(5)_i - (4)_{i-1} - (6)_{i+1}] + 4(7)_{i+1} + W'_i = 0. \quad (111\,\text{b})$$

Hier tritt der Ausdruck $(\omega_i + \omega'_i)$ auf und, wie leicht einzusehen, verschwinden alle nicht quadratischen Zusatzkoeffizienten $C_{i,B}$ beim Aufstellen der Normalgleichungen. Im einzelnen findet man — vgl. (56):

$$C_{B,B} = (m^2_I + m^2_{II})\frac{1}{l^2} + \frac{6}{H}(r - k + 1)\left(\frac{\mu}{\varrho}\right)^2$$

$$C_{i,q} = \begin{cases} 24\frac{\mu^2}{H} + 40\frac{\mu^2}{N} \\ -16\frac{\mu^2}{N} \\ 0 \end{cases} = \frac{16\mu^2}{N}\begin{cases} \frac{3N+5H}{2H} \text{ für } i = q \\ -1 \text{ für } i = q-1 \text{ oder } i = q+1 \\ 0 \text{ in allen übrigen Fällen.} \end{cases} \quad (112\,\text{a})$$

Setzt man ähnlich wie in (57) zur Abkürzung

$$\frac{3N+5H}{2H} = P; \quad \frac{N}{16\mu^2}W'_i = w'_i, \quad (112\,\text{b})$$

so erhält man genau die nämlichen Normalgleichungen wie unter (58a), zu welchen sich aber nun als neue Gleichung folgende gesellt:

$$\left[(m^2_I + m^2_{II})\frac{1}{l^2} + \frac{6}{H}(r - k + 1)\left(\frac{\mu}{\varrho}\right)^2\right]k_B + W_B = 0,$$

aus welcher sich die Korrelate der Basisbedingung unmittelbar ergibt:

$$k_B = -\frac{H l^2}{(m^2_I + m^2_{II})H + 6(r - k + 1)(l\mu/\varrho)^2}W_B, \quad (112\,\text{c})$$

während die übrigen Korrelaten $k_h$ der Winkelbedingungen nach (5) mit Hilfe der Widersprüche (112b) und der Gewichtskoeffizienten $\Gamma_{h,i}$ berechnet werden müssen, wobei letztere durch (84a, b) gegeben oder einfacher den Tabellen 4a, b zu entnehmen sind.

Mit den gefundenen Korrelaten ergeben sich die Verbesserungen wieder nach (2) und (7) bei Berücksichtigung von (111a, b):

Basisverbesserungen

$$v_I = -\frac{1}{l}m^2_I k_B; \quad v_{II} = +\frac{1}{l}m^2_{II}k_B; \quad (113\,\text{a})$$

Richtungsverbesserungen

$$\begin{aligned} v(3)_i &= -\frac{2}{N}\mu^2 k_i + \frac{4}{N}\mu^2 k_{i+1} \\ v(7)_i &= +\frac{4}{N}\mu^2 k_{i-1} - \frac{2}{N}\mu^2 k_i \end{aligned} \quad (113\,\text{b})$$

für $i < k$ und $i > r$:

$$\begin{aligned} v(2)_{i-1} = v(4)_{i-1} = v(6)_{i+1} = v(8)_{i+1} &= -\frac{2}{H}\mu^2 k_i \\ v(1)_i = v(5)_i &= +\frac{2}{H}\mu^2 k_i \end{aligned} \quad (113\,\text{c})$$

für $k \leqq i \leqq r$:

$$\begin{aligned} v(2)_{i-1} = v(8)_{i+1} &= -\frac{2}{H}\mu^2 k_i + \frac{1}{H\varrho}\mu^2 k_B \\ v(1)_i &= +\frac{2}{H}\mu^2 k_i - \frac{1}{H\varrho}\mu^2 k_B \\ v(5)_i &= +\frac{2}{H}\mu^2 k_i + \frac{1}{H\varrho}\mu^2 k_B \\ v(4)_{i-1} = v(6)_{i+1} &= -\frac{2}{H}\mu^2 k_i - \frac{1}{H\varrho}\mu^2 k_B. \end{aligned} \quad (113\,\text{d})$$

Ein Vergleich mit (55) zeigt, daß der Einfluß der Basisbedingung auch hier sich nur auf den Bereich zwischen den beiden Grundlinien erstreckt.

Es mag noch darauf hingewiesen werden, daß sich die Basisverbesserungen $v_I$, $v_{II}$ in (110 a) bzw. (113 a) im natürlichen Längenmaß, und zwar in gleicher Einheit wie $l$, ergeben, während der Widerspruch (108 b) logarithmisch eingeführt wurde.

Die in diesem Abschnitt aufgestellten Formeln ermöglichen es, die Winkel- bzw. Richtungsverbesserungen nach Berechnung der Widersprüche (17), (18 b) bzw. (19 b) und (108 b) unmittelbar zu bestimmen, so daß von einem Problem der Ausgleichung überhaupt nicht mehr gesprochen werden kann.

# VIII. Anschluß der Nadirkette

## 1. Allgemeine Anschlußmethoden

Die Frage des Einhängens der Rautenkette (vgl. II, 4) wird erst dann ein Problem, wenn zur Bestimmung der vier Unbekannten $dx_0$, $dy_0$, $dl_{01}$, $d\lambda_{01}$ in (33) überzählige Bedingungen vorliegen. Dieses ist beispielsweise der Fall, wenn an beiden Enden der Kette ein Punkt- und Richtungsanschluß gegeben sind. Die wichtigste Rolle spielt jedoch der Fall, wo die Kette an mehr als zwei Festpunkte angeschlossen werden soll.

Wie die einzelnen Forderungen auch sein mögen, eine Ausgleichung der Nadirkoordinaten nach vermittelnden Beobachtungen (s. I, 2 a) wird ihnen stets in aller Strenge gerecht werden. Abgesehen davon, daß sie praktisch kaum durchgeführt werden kann, ist die Herstellung eines solchen Zwangsanschlusses nicht immer günstig, manchmal sogar als schädlich zu beurteilen, nämlich dann, wenn die Genauigkeit der Festpunkte sehr verschieden ist.

Wie schon in I, 2 b erwähnt, ist dann ein Einfelderungsverfahren vorzuziehen, bei welchem die Form des Netzes erhalten bleibt, nur seine Lage, Orientierung und sein Maßstab so geändert werden, daß die übrigbleibenden Klaffungen an den Anschlußpunkten möglichst klein werden. Diese, in ihren Grundgedanken auf Helmert zurückgehende Transformation, hat eigentlich nur dann ihre Berechtigung, wenn die Genauigkeit der Richtungsmessung weit über jener der Festpunkte liegt, während im umgekehrten Fall die bekannte Koordinatenausgleichung am Platze wäre, welche die gegebenen Punkte als absolut sicher voraussetzt.

Diese beiden extremen Fälle sind wohl nie verwirklicht, so daß man einen geeigneten Mittelweg wählen müßte, bei dem einerseits an den Festpunkten gewisse Abweichungen zugelassen werden, andererseits aber auch auf eine Netzverformung nicht ganz verzichtet wird. Man erreicht das am einfachsten durch eine Abbildung von der Form — vgl. [18] —

$$Z = a_0 + a_1 z + a_2 z^2 + a_3 z^3 + \ldots, \tag{114}$$

bei welcher die endgültigen Netzkoordinaten $Z = X + iY$ durch eine komplexe Potenzreihe der vorläufigen Koordinaten $z = x + iy$ dargestellt werden. Bricht man die Reihe mit dem Glied $a_n z^n$ ab, so lassen sich $n + 1$ Punkte widerspruchsfrei anschließen, d. h. ihre gegebenen Koordinaten reichen gerade aus, um die $n + 1$ Konstanten $a_q = a'_q + i a''_q$ $(0 \leqq q \leqq n)$ zu bestimmen, während bei mehr Anschlußpunkten die Minimumsforderung für die übrigbleibenden Abweichungen hinzukommt. Die lineare Abbildung $Z = a_0 + a_1 z$ ist mit der Helmertschen Transformation identisch.

Es hängt von dem jeweiligen Zweck der Radialtriangulation ab, ob er den Rechenaufwand rechtfertigt, welcher entsteht, wenn man höhere Potenzen in obiger Reihe mitnimmt, und aus rein praktischen Erwägungen heraus wird man in den meisten Fällen darauf verzichten.

## 2. Die Helmert-Transformation

### *a) Praktische Ausführung*

Unbeschadet aller erwähnten Bedenken spielt die Helmert-Transformation wegen ihrer Einfachheit eine wichtige Rolle und wird daher auch meistens angewandt, um eine in sich ausgeglichene Kette an gegebene Punkte anzuschließen. Ich will daher hier auch näher darauf eingehen, die

Anschlußbedingungen jedoch nicht in der durch die Gleichungen (33) gegebenen Form aufstellen, sondern den durch (114) vorgezeichneten Weg wählen. Die folgenden Ausführungen lassen sich nämlich dann unschwer für den Fall erweitern, daß auch die dritte oder noch höhere Potenzen von $z$ herangezogen werden sollen.

Wir betrachten also die lineare Transformation

$$Z = a_0 + a_1 z$$

oder

$$X + iY = a'_0 + i a''_0 + (a'_1 + i a''_1)(x + iy), \tag{115 a}$$

welche nach Trennung von Real- und Imaginärteil zu folgendem Gleichungspaar führt:

$$\begin{aligned} X &= a'_0 + a'_1 x - a''_1 y \\ Y &= a''_0 + a''_1 x + a'_1 y. \end{aligned} \tag{115 b}$$

Zur Ermittlung der Konstanten $a'_0$, $a''_0$, $a'_1$ und $a''_1$ dienen die gegebenen Koordinaten $(\bar{x}, \bar{y})$ der Festpunkte und ihre bekannten vorläufigen Koordinaten $(x, y)$. Bei mehr als zwei Anschlußpunkten muß man für jeden dieser Punkte kleine Abweichungen $\mathfrak{x} = X - \bar{x}$, $\mathfrak{y} = Y - \bar{y}$ zwischen den gegebenen und den aus der Transformation (115 b) errechneten Koordinaten in Kauf nehmen. Um die Lösung des Anschlußproblems eindeutig zu gestalten, stellen wir an die Quadratsumme dieser „Fehler" die Minimumsforderung. Durch Einführung geeigneter Gewichte läßt sich hierbei der Güte der einzelnen Anschlußpunkte bequem Rechnung tragen. Gerade dieser Vorteil ist nicht zu unterschätzen, da man bei der Nadirtriangulation manchmal mit Punkten von recht unterschiedlicher Genauigkeit zu tun hat. Zweckmäßig setzt man die Gewichte dem reziproken Quadrat des mittleren Koordinatenfehlers gleich. Damit ist das Einfelderungsverfahren auf die Behandlung folgender Fehlergleichungen zurückgeführt:

$$\begin{array}{lll} \text{Festpunkt } P_r \begin{cases} a'_0 + x_r a'_1 - y_r a''_1 - \bar{x}_r = \mathfrak{x}_r, \\ a''_0 + y_r a'_1 + x_r a''_1 - \bar{y}_r = \mathfrak{y}_r, \end{cases} & \begin{array}{l}\text{Gewicht}\\ \text{,,}\end{array} & \begin{array}{l} 1/m^2(\bar{x}_r) \\ 1/m^2(\bar{y}_r) \end{array} \\ \text{,,} \quad P_s \begin{cases} a'_0 + x_s a'_1 - y_s a''_1 - \bar{x}_s = \mathfrak{x}_s, \\ a''_0 + y_s a'_1 + x_s a''_1 - \bar{y}_s = \mathfrak{y}_s, \end{cases} & \begin{array}{l}\text{,,}\\ \text{,,}\end{array} & \begin{array}{l} 1/m^2(\bar{x}_s) \\ 1/m^2(\bar{y}_s) \end{array} \\ \text{,,} \quad P_t \begin{cases} a'_0 + x_t a'_1 - y_t a''_1 - \bar{x}_t = \mathfrak{x}_t, \\ a''_0 + y_t a'_1 + x_t a''_1 - \bar{y}_t = \mathfrak{y}_t, \end{cases} & \begin{array}{l}\text{,,}\\ \text{,,}\end{array} & \begin{array}{l} 1/m^2(\bar{x}_t) \\ 1/m^2(\bar{y}_t) \end{array} \end{array} \tag{115 c}$$

usw., usw.

Aus ihnen werden die vier unbekannten Konstanten, welche ihrem Charakter nach mit einer Verschiebung $(a'_0, a''_0)$ in beiden Koordinatenrichtungen, einer Maßstabsänderung $(a'_1)$ und einer Drehung $(a''_1)$ identisch sind, nach dem üblichen Ausgleichsverfahren für vermittelnde Beobachtungen bestimmt.

Ich begnüge mich hier damit, die Matrix der aus (115 c) hervorgehenden Normalkoeffizienten mit Benutzung der GAUSSschen Summensymbole [ ] anzugeben.

$$\left\| \begin{array}{ccccc} [1/m^2_x] & 0 & [x/m^2_x] & -[y/m^2_x] & -[\bar{x}/m^2_x] \\ 0 & [1/m^2_y] & [y/m^2_y] & [x/m^2_y] & -[\bar{y}/m^2_y] \\ [x/m^2_x] & [y/m^2_y] & [x^2/m^2_x + y^2/m^2_y] & [xy\,(1/m^2_y - 1/m^2_x)] & -[x\bar{x}/m^2_x + y\bar{y}/m^2_y] \\ -[y/m^2_x] & [x/m^2_y] & [xy\,(1/m^2_y - 1/m^2_x)] & [y^2/m^2_x + x^2/m^2_y] & [\bar{x}y/m^2_x - \bar{y}x/m^2_y] \end{array} \right\| \tag{115 d}$$

Obige Entwicklungen gelten bei ganz beliebiger Lage der Festpunkte innerhalb des einzuhängenden Netzes. Beschränken wir uns jedoch wie bisher auf die Nadirpunkte einer Rautenkette, welche sich wenigstens näherungsweise in der $X$-Richtung ausdehnt, so kann in den Normalkoeffizienten (115 d) $y = 0$ gesetzt werden — nicht aber $\bar{y}$ — und die Normalgleichungen zerfallen dann in die beiden Paare

$$\begin{aligned} [1/m^2_x]\, a'_0 + [x/m^2_x]\, a'_1 &= [\bar{x}/m^2_x] \\ [x/m^2_x]\, a'_0 + [x^2/m^2_x]\, a'_1 &= [x\bar{x}/m^2_x] \end{aligned} \tag{116 a}$$

und

$$\begin{aligned} [1/m^2_y]\, a''_0 + [x/m^2_y]\, a''_1 &= [\bar{y}/m^2_y] \\ [x/m^2_y]\, a''_0 + [x^2/m^2_y]\, a''_1 &= [x\bar{y}/m^2_y], \end{aligned} \tag{116 b}$$

d. h. die Unbekannten $a'_0$, $a'_1$ einerseits und $a''_0$, $a''_1$ andererseits können praktisch unabhängig voneinander bestimmt werden und ergeben sich leicht:

$$a'_0 = \frac{[x^2/m^2x]\,[\bar{x}/m^2x] - [x/m^2x]\,[x\bar{x}/m^2x]}{[x^2/m^2x]\,[1/m^2x] - [x/m^2x]^2}, \quad a'_1 = \frac{[1/m^2x]\,[x\bar{x}/m^2x] - [x/m^2x]\,[\bar{x}/m^2x]}{[x^2/m^2x]\,[1/m^2x] - [x/m^2x]^2}, \tag{117 a}$$

$$a''_0 = \frac{[x^2/m^2y]\,[\bar{y}/m^2y] - [x/m^2y]\,[x\bar{y}/m^2y]}{[x^2/m^2y]\,[1/m^2y] - [x/m^2y]^2}, \quad a''_1 = \frac{[1/m^2y]\,[x\bar{y}/m^2y] - [x/m^2y]\,[\bar{y}/m^2y]}{[x^2/m^2y]\,[1/m^2y] - [x/m^2y]^2}. \tag{117 b}$$

Damit erhält man gemäß (115 b) die endgültigen Koordinaten eines beliebigen Punktes. Bei den Festpunkten selbst kann man statt der dieser Transformation entspringenden auch die gegebenen Koordinaten $\bar{x}, \bar{y}$ verwenden, welche im allgemeinen genauer sein dürften.

### *b) Fehlerbetrachtung*

Wie aus (115 b) und (117 a, b) ohne weiteres ersichtlich ist, sind die endgültigen Koordinaten $X, Y$ als lineare Funktionen der gegebenen Anschlußkoordinaten $\bar{x}$, $\bar{y}$ darstellbar. Daher können auch die mittleren Fehler $m_x(k)$, $m_y(k)$ eines beliebigen Punktes $P_k$ nach dem Fehlerfortpflanzungsgesetz leicht durch die bekannten Koordinatenfehler der Festpunkte ausgedrückt werden.

Freilich eine solche Fehlerbestimmung fußt auf der Voraussetzung, daß die eigentlichen (Winkel- bzw. Richtungs-) Beobachtungsfehler gegenüber den Fehlern der Anschlußpunkte zurücktreten, eine Annahme, welche wir ja als grundlegend für die Durchführung der Helmert-Transformation bereits erkannt haben. Da diese Voraussetzung praktisch jedoch kaum zutrifft, hat die geschilderte Fehlerrechnung nur sehr beschränkten Wert, und ich will auf sie daher auch nicht näher eingehen.

Die Heranziehung der übrigbleibenden Fehlerquadratsumme $\Sigma\,(p_x \mathfrak{x}^2 + p_y \mathfrak{y}^2)$ ist nur zur allgemeinen Beurteilung von Punkten, welche innerhalb des Rahmens der Festpunkte liegen, geeignet; abgesehen davon setzt sie die vollzogene Einpassung voraus, kann also zur Planung einer Netzanlage gar nicht verwendet werden.

Wir beschreiten daher einen ganz anderen Weg, um zu Koordinatenfehlern zu gelangen, welche die tatsächlichen Verhältnisse annähernd richtig charakterisieren.

Bekanntlich läßt sich das Ausgleichungsergebnis bei $n$ Unbekannten auch durch arithmetische Mittelbildung aus allen Kombinationen von $n$ Einzelbestimmungen erreichen [11], [29]. Auf unseren Fall angewendet heißt dies: Greift man aus den Fehlergleichungen (115 c) irgend zwei Paare, etwa $r$ und $s$ und bestimmt daraus die Werte $(a'_0, a''_0, a'_1, a''_1)_{r,s}$ der vier Unbekannten, so ist das Ausgleichungsergebnis identisch mit dem gewichteten arithmetischen Mittel

$$(a'_0,\, a''_0,\, a'_1,\, a''_1) = \frac{\Sigma\, p_{r,s}\,(a'_0, a''_0, a'_1, a''_1)_{r,s}}{\Sigma\, p_{r,s}} \tag{118 a}$$

über alle möglichen Kombinationen solcher Paare. Als Gewicht ist dabei zu setzen

$$p_{r,s} = \frac{1}{m^2(x_r)} \cdot \frac{1}{m^2(y_r)} \cdot \frac{1}{m^2(x_s)} \cdot \frac{1}{m^2(y_s)} \begin{vmatrix} 1 & 0 & x_r & -y_r \\ 0 & 1 & y_r & x_r \\ 1 & 0 & x_s & -y_s \\ 0 & 1 & y_s & x_s \end{vmatrix}. \tag{118 b}$$

Wieder beschränken wir uns auf die Nadirkette, welche sich in der $X$-Richtung erstreckt $(y_r = y_s = 0;\ x_r = r \cdot l,\ x_s = s \cdot l)$. Auch die Fehlergleichungen (115 c) zerfallen dann in zwei voneinander unabhängige Gruppen, von denen die eine nur die Unbekannten $a'_0$, $a'_1$, die andere nur $a''_0$, $a''_1$ enthält, und in diesem Fall erhält man statt (118 b), wenn der Faktor $l$ als unwesentlich für die Gewichtsbestimmung fortgelassen wird,

$$p_{r,s}(x) = \frac{1}{m^2(x_r)\, m^2(x_s)} \begin{vmatrix} 1 & r \\ 1 & s \end{vmatrix} = \frac{s-r}{m^2(x_r)\, m^2(x_s)}; \quad p_{r,s}(y) = \frac{s-r}{m^2(y_r)\, m^2(y_s)}. \tag{118 c}$$

Da die endgültigen Koordinaten eines beliebigen Punktes nach (115 b) eine lineare Kombination der Unbekannten $(a'_0, a''_0, a'_1, a''_1)$ sind, kann dieselbe Mittelung wie bei (118 a) angewandt werden, nämlich

$$X = \frac{\Sigma\, p_{r,s}(x)\, X_{r,s}}{\Sigma\, p_{r,s}(x)}; \quad Y = \frac{\Sigma\, p_{r,s}(y)\, Y_{r,s}}{\Sigma\, p_{r,s}(y)}; \tag{118 d}$$

wobei eben $X_{r,s}$, $Y_{r,s}$ die mit Benutzung von $(a'_0, a''_0, a'_1, a''_1)_{r,s}$ gerechneten, d. h. jene Koordinaten des Nadirs $N_k$ darstellen, welche auf der Einhängung der Kette in die festen Nadire $N_r$ und $N_s$ beruhen und hier selbst zwar nicht gebraucht werden, deren mittlere Fehler aber auf Grund unserer früheren — IV; V, 4 — Entwicklungen bzw. der Fehlertabellen leicht angegeben werden können.

Auf (118 d) läßt sich jedoch nicht das einfache Fehlerfortpflanzungsgesetz anwenden, weil die einzelnen Kombinationswerte $X_{r,s}$ (ebenso $Y_{r,s}$) nicht unabhängig voneinander sind, sondern es müßte Formel (14 c) zur Anwendung kommen. Indessen kann man auch zur Berechnung von $m^2_X$ und $m^2_Y$ einen ähnlichen Weg einschlagen, wie er von Jacobi [11, S. 406, Gl. (9)] angegeben wurde, um die mittleren Fehler der Unbekannten nach der Ausgleichung zu bestimmen. Es ist anzunehmen, daß dieser Weg auch zur Ermittlung des mittleren Fehlers einer Funktion von Unbekannten gangbar ist.

Die mittleren Koordinatenfehler nach dem Einpassen der Rautenkette ergeben sich danach aus den mittleren Fehlern $m_{r,s}(x)$ bzw. $m_{r,s}(y)$ der einzelnen Kombinationen mit Benutzung von [29] gemäß folgendem Gesetz:

$$m^2_X = \frac{\Sigma p_{r,s}(x)\, m^2_{r,s}(x)}{(n-1)\,\Sigma p_{r,s}(x)}\,; \qquad m^2_Y = \frac{\Sigma p_{r,s}(y)\, m^2_{r,s}(y)}{(n-1)\,\Sigma p_{r,s}(y)}\,; \tag{119}$$

die Gewichte $p_{r,s}$ sind durch (118 c) bestimmt, die Fehlerquadrate $m^2_{r,s}$ aus den Fehlertabellen oder den Formeln (53) bzw. (97 a, b) zu entnehmen, und $n$ bedeutet die Anzahl der Festpunkte.

### c) *Beispiel*

Eine aus 8 Rauten (10 Nadire) bestehende Kette ist mit den Nadiren $N_0$, $N_1$, $N_4$, $N_6$ an Festpunkte anzuschließen, deren mittlere Fehler in der Kettenrichtung gegeben sind: $m(x_0) = \pm 3$, $m(x_1) = \pm 2{,}5$, $m(x_4) = \pm 5$, $m(x_6) = \pm 4$ — alle Angaben in [$m$]. Es sind für sämtliche Nadire die zu erwartenden Längsfehler unter der Voraussetzung optimaler Richtungsmessung zu berechnen; die Genauigkeit einer Richtungsbeobachtung sei $\mu = \pm 5^c$, der durchschnittliche Nadirabstand $l = 3{,}6$ km; also nach Tabelle 9 $l\frac{\mu}{\varrho} = 2{,}83$, $\left(l\frac{\mu}{\varrho}\right)^2 = 8{,}01$.

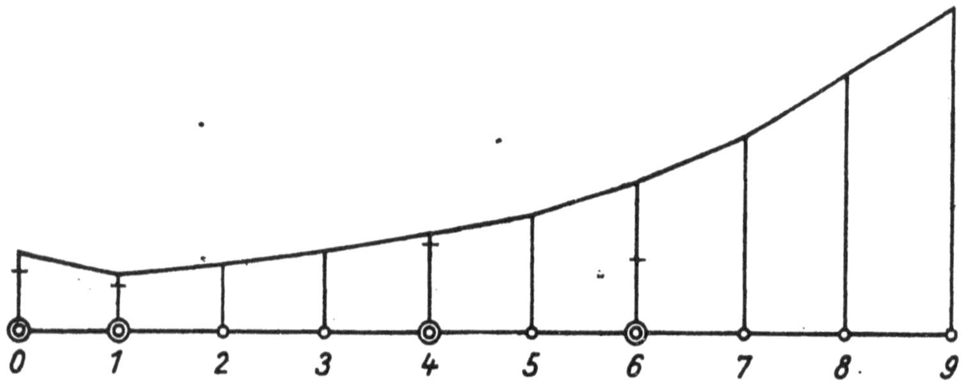


Abb. 10

Tabelle 12

| $r, s$ | $p_{r,s}$ | $g_{r,s}$ | $m^2_{r,s}(x)$ 0 | 1 | 2 | 3 | 4 | 5 | 6 | 7 | 8 | 9 |
|---|---|---|---|---|---|---|---|---|---|---|---|---|
| 0—1 | 0,0178 | 0,117 | 9,0 | 6,2 | 50,0 | 172,3 | 405,3 | 780,8 | 1331,1 | 2088,0 | 3083,8 | 4350,3 |
| 0—4 | 178 | 117 | 9,0 | 20,6 | 32,5 | 28,6 | 25,0 | 69,6 | 194,7 | 432,0 | 813,9 | 1372,5 |
| 0—6 | 416 | 275 | 9,0 | 31,2 | 66,2 | 82,3 | 68,6 | 35,8 | 16,0 | 62,6 | 203,4 | 482,8 |
| 1—4 | 192 | 127 | 38,8 | 6,2 | 14,4 | 20,6 | 25,0 | 70,1 | 187,9 | 410,6 | 770,1 | 1298,8 |
| 1—6 | 500 | 330 | 44,9 | 6,2 | 23,9 | 46,5 | 48,4 | 29,7 | 16,0 | 58,5 | 189,3 | 440,5 |
| 4—6 | 50 | 33 | 833,7 | 452,6 | 212,1 | 80,3 | 25,0 | 14,3 | 16,0 | 62,3 | 185,1 | 416,6 |
| | 0,1514 | 0,999 | 51,84 | 29,48 | 44,57 | 66,75 | 89,18 | 128,5 | 212,6 | 385,6 | 678,4 | 1126,4 |
| | $m_X = \pm$ | | 4,2 | 3,1 | 3,8 | 4,7 | 5,5 | 6,5 | 8,4 | 11,3 | 15,0 | 19,4 |

Wir greifen aus den Festpunkten zwei heraus und bestimmen für jede solche Kombination $r, s$ unter sinngemäßer Benutzung der Fehlertabellen, das Quadrat des Längsfehlers für jeden Nadir z. B. findet man für die Kombination $(N_1, N_4)$ aus der Tabelle für $s = 3$:

$$m^2_{1,4}(x_6) = 0{,}44 \cdot (2{,}5)^2 + 2{,}78 \cdot (5)^2 + 14{,}44 \cdot 8{,}01 = 2{,}75 + 69{,}5 + 115{,}66 = 187{,}9\,.$$

In der beigefügten Tabelle 11 sind alle so berechneten Werte zusammengestellt, ebenso die nach (118c) bestimmten Gewichte $p_{r,s}(x)$ bzw. $g_{r,s} = \frac{p_{r,s}}{\Sigma p_{r,s}}$, womit die für jeden Nadir übereinanderstehenden Werte $m^2_{r,s}(x)$ gemittelt werden. Wegen $n = 4$ ergeben sich dann nach (119) die gesuchten Fehler $m_x$, welche in Abb. 10 übersichtlich aufgetragen wurden. Die Strichmarken über den Festpunkten bezeichnen deren gegebene mittlere $x$-Fehler. Man erkennt an diesem Beispiel deutlich den überwiegenden Einfluß der Meßfehler.

### 3. Übertragung der Festpunkte

Bisher wurde immer stillschweigend angenommen, daß die gegebenen Festpunkte gleichzeitig Radialpunkte innerhalb der Rautenkette sind. Es ist praktisch jedoch unmöglich, die Aufnahmerichtung im bewegten Flugzeug so zu dirigieren, daß sich die gewünschten Objekte auf der Erde auch nur annäherungsweise im Plattenmittelpunkt abbilden. Unter Umständen läßt sich freilich ein markanter in der Nähe des Hauptpunktes gelegener Bildpunkt nachträglich im Gelände einmessen und als Anschlußpunkt benutzen.

Von solchen Ausnahmen und sonstigen Zufällen abgesehen werden die Festpunkte an irgendwelchen Stellen im Bilde erscheinen. Je nach ihrer Zahl und Verteilung kann man dazwischen einzelne oder auch gleichzeitig mehrere Nadirpunkte nach den jedem Geodäten bekannten Methoden koordinatenmäßig einschalten, wobei dem geschilderten Sachverhalt entsprechend vorwiegend der einfache Rückwärtseinschnitt und die Doppelpunkteinschaltung (Hansensche und Mareksche Aufgabe) mit und ohne Überbestimmungen eine Rolle spielen. In den Fällen, wo diese Verfahren versagen, mindestens aber zwei Anschlußpunkte gegeben sind, führt eine vorläufige Rechnung der Kette im beliebigen Maßstab und darauf folgende Einhängung immer zum Ziel.

Wie die Verhältnisse im einzelnen auch liegen mögen, man hat auf diese Weise die Festpunkte gewissermaßen auf die Nadirpunkte übertragen und so die bisher allein betrachteten Anschlußbedingungen hergestellt.

Freilich ist die Frage nach der Genauigkeit dieser „übertragenen" Festpunkte damit nicht gelöst. Zwar lassen sich nach den üblichen Methoden auch mittlere Koordinatenfehler für die eingeschalteten Neupunkte angeben, jedoch werden hierbei stets die Ausgangspunkte als fehlerfrei vorausgesetzt, was bei der Nadirtriangulation durchaus nicht immer zutreffen wird. Andererseits sind aber in solchen Fällen, in welchen die Fehler der gegebenen Punkte gegenüber den Meßfehlern erheblichen Einfluß gewinnen können, die allgemeinen Genauigkeitsansprüche so bescheiden, daß man auf eine exakte Fehlerbestimmung für die einzuschaltenden Nadirpunkte verzichten und sich mit einer Abschätzung begnügen kann, indem man etwa die Fehler der in der Nachbarschaft liegenden Festpunkte mittelt.

## IX. Behandlung nichtquadratischer Rauten

### 1. Ausgleichung von Winkelbeobachtungen

Den bisherigen Untersuchungen lag die schematische, aus lauter Quadraten aufgebaute Rautenkette zugrunde. Sie sollen nun dahingehend eine Erweiterung erfahren, daß wir den Rautenwinkel im Nadir allgemein $2\vartheta$ annehmen, allerdings wieder über die ganze Kette hinweg gleich. Wir setzen also jetzt (s. Abb. 5)

$$\alpha_i = \alpha'_i = \delta_i = \delta'_i = \vartheta; \quad \beta_i = \beta'_i = \gamma_i = \gamma'_i = 90^0$$

und erhalten dann wegen

$$\operatorname{ctg}(\alpha + \beta) = \operatorname{ctg}(\gamma + \delta) = -\operatorname{tg}\vartheta; \quad \operatorname{ctg}\vartheta + \operatorname{tg}\vartheta = \frac{1}{\sin\vartheta\cos\vartheta} = \frac{2}{\sin 2\vartheta}$$

aus (18a) und (19a) folgende Bedingungsgleichungen an Stelle von (21a, b):

$$\frac{2}{\sin 2\vartheta}[\alpha_i - \alpha'_i + \sin^2\vartheta\,\beta_i - \sin^2\vartheta\,\gamma_i - \sin^2\vartheta\,\beta'_i + \sin^2\vartheta\,\gamma'_i - \delta_i + \delta'_i] + W'_i = 0 \qquad (120\,a)$$

$$\beta_i + \gamma_i + \beta'_i + \gamma'_i + W''_i = 0, \qquad (120\,b)$$

wobei die Widersprüche wie früher — (17), (18b) und (19b) — zu bestimmen sind.

Die Längenübertragung (23 A) liefert statt (24 A)

$$dl_{i,i+l} = dl_{i-l,i} + \frac{l}{\varrho}\left(\frac{2}{\sin 2\vartheta}\alpha_i + \operatorname{tg}\vartheta\,\beta_i - \operatorname{tg}\vartheta\,\gamma_i - \frac{2}{\sin 2\vartheta}\delta_i\right)$$

und Entsprechendes ergibt der Rechenweg B, so daß den Abkürzungen (25a, b) folgende allgemeine Bedeutung zukommt:

$$\varphi_i = \frac{2}{\sin 2\vartheta}(\alpha_i + \sin^2\vartheta\,\beta_i - \sin^2\vartheta\,\gamma_i - \delta_i); \quad \psi_i = \beta_i + \gamma_i. \qquad (121\,a)$$

$$\varphi'_i = \frac{2}{\sin 2\vartheta}(\alpha'_i + \sin^2\vartheta\,\beta'_i - \sin^2\vartheta\,\gamma'_i - \delta'_i); \quad \psi'_i = \beta'_i + \gamma'_i. \qquad (121\,b)$$

Mit $2\mu^2$ als mittleren Winkelfehler ergeben sich für diese Größen sowie für $\tau$ (98) folgende mittlere Fehler an Stelle von (45) bzw. (103a):

$$m^2(\varphi,\varphi') = \frac{16(1+\sin^4\vartheta)}{\sin^2 2\vartheta}\mu^2; \quad m^2(\psi,\psi) = 4\mu^2; \quad m^2_\tau = \frac{8(1+\sin^4\vartheta)}{\sin^2 2\vartheta}\mu^2. \qquad (122)$$

Da $\psi$ und $\psi'$ gegenüber früher unverändert bleiben, also unabhängig von $\vartheta$ sind, gilt dasselbe vom Querfehler $m_y$. Dagegen wirkt sich der Einfluß von $\vartheta$ in $\varphi$ und $\varphi'$ auf den Längsfehler $m_x$ aus, und zwar zeigt ein Vergleich von (122) mit (45), daß der nur von den Fehlern der Winkelmessung herrührende Anteil im Quadrat des Längsfehlers bei beliebigem Rautenwinkel $\vartheta$ sich leicht aus unseren früheren Ergebnissen für quadratische Rauten ($\vartheta = 45^0$) ableiten läßt; es ist nämlich

$$m^2_x(\vartheta) = \varepsilon(\vartheta)\,m^2_x(45^0); \quad \text{mit } \varepsilon(\vartheta) = \frac{4(1+\sin^4\vartheta)}{5\sin^2 2\vartheta}. \qquad (123)$$

In Tabelle 12a sind Zahlenwerte des Faktors $\varepsilon(\vartheta)$ für den Bereich $30^0 \leqq \vartheta < 60^0$ berechnet, für $\sin^2\vartheta = \sqrt{2} - 1$ oder $\vartheta = 40^0\,3'\,37'',4$ erhält man den einzigen (reellen) Minimalwert $\varepsilon_{\min} = 0{,}965686$, während $\varepsilon$ unbeschränkt wächst, wenn $\vartheta$ gegen $0^0$ ab- oder nach $90^0$ zunimmt.

Die Ausgleichung der Bedingungen (120a, b) führt über folgende Normal- und Gewichtskoeffizienten — vgl. (51b, c):

$$C_{i,k} = 0 \text{ für } i \neq k; \quad C_{i',i'} = \frac{16(1+\sin^4\vartheta)}{\sin^2 2\vartheta}; \quad C_{i'',i''} = 4, \qquad (124\,a)$$

$$\Gamma_{i,k} = 0 \text{ für } i \neq k; \quad \Gamma_{i',i'} = \frac{\sin^2 2\vartheta}{16(1+\sin^4\vartheta)}; \quad \Gamma_{i'',i''} = \frac{1}{4}, \qquad (124\,b)$$

womit sich die Korrelaten

$$k_{i'} = -\frac{\sin^2 2\vartheta}{16(1+\sin^4\vartheta)}W'_i; \quad k_{i''} = -\frac{1}{4}W''_i \qquad (125\,a)$$

an Stelle von (54a) und folgende Winkelverbesserungen statt (54b) ergeben:

$$\begin{aligned} v(\alpha_i) = -v(\delta_i) = -v(\alpha'_i) = v(\delta'_i) &= -\frac{\sin 2\vartheta}{8(1+\sin^4\vartheta)}W'_i \\ v(\beta_i) = v(\gamma'_i) &= -\frac{\sin 2\vartheta\sin^2\vartheta}{8(1+\sin^4\vartheta)}W'_i - \frac{1}{4}W''_i \qquad (125\,b) \\ v(\gamma_i) = v(\beta'_i) &= +\frac{\sin 2\vartheta\sin^2\vartheta}{8(1+\sin^4\vartheta)}W'_i - \frac{1}{4}W''_i. \end{aligned}$$

## 2. Ausgleichung von Richtungsbeobachtungen

Mit Hilfe der Gleichungen (15) lassen sich die Ausdrücke (121a, b) leicht durch die Richtungsverbesserungen ausdrücken; man erhält dann statt (41a, b)

$$\varphi_i = \frac{2}{\sin 2\vartheta}\left[+\frac{1}{2}\omega_i + (3)_{i-1} - \sin^2\vartheta\,(3)_i - \sin^2\vartheta\,(7)_i + (7)_{i+1}\right]; \quad \psi_i = (3)_i - (7)_i \qquad (126\,a)$$

$$\varphi'_i = \frac{2}{\sin 2\vartheta}\left[-\frac{1}{2}\omega'_i - (3)_{i-1} + \sin^2\vartheta\,(3)_i + \sin^2\vartheta\,(7)_i - (7)_{i+1}\right]; \quad \psi'_i = -(3)_i + (7)_i. \qquad (126\,b)$$

Tabelle 12a

$\varepsilon(\vartheta)$ bei Winkelbeobachtung

| $\vartheta$ | 30° | 40° | 50° |
|---|---|---|---|
| 0° | 1.13333 | 0.96569 | 1.10893 |
| 1 | 1.09838 | 0.96694 | 1.14147 |
| 2 | 1.06840 | 0.97098 | 1.17738 |
| 3 | 1.04293 | 0.97783 | 1.21799 |
| 4 | 1.02158 | 0.98749 | 1.26334 |
| 5 | 1.00404 | 1.00000 | 1.31390 |
| 6 | 0.99003 | 1.01544 | 1.37019 |
| 7 | 0.97935 | 1.03391 | 1.43282 |
| 8 | 0.97182 | 1.05553 | 1.50252 |
| 9 | 0.96730 | 1.08047 | 1.58014 |

Tabelle 12b

$\varepsilon(\vartheta)$ bei Richtungsbeobachtung

| $\vartheta$ | 30° | 40° | 50° |
|---|---|---|---|
| 0° | 1.00000 | 0.92209 | 1.16082 |
| 1 | 0.97549 | 0.93172 | 1.20511 |
| 2 | 0.95541 | 0.94427 | 1.25419 |
| 3 | 0.93939 | 0.95979 | 1.30850 |
| 4 | 0.92714 | 0.97833 | 1.36852 |
| 5 | 0.91841 | 1.00000 | 1.43485 |
| 6 | 0.91300 | 1.02492 | 1.50816 |
| 7 | 0.91076 | 1.05325 | 1.58922 |
| 8 | 0.91158 | 1.08519 | 1.67894 |
| 9 | 0.91537 | 1.12095 | 1.77842 |

Dabei haben die Abkürzungen $\omega_i$, $\omega'_i$ nun gegenüber (40) die allgemeinere Bedeutung

$$\omega_i = 2\,[2\sin^2\vartheta\,(1)_i - (2)_{i-1} - (8)_{i+1}]; \quad \omega'_i = 2\,[2\sin^2\vartheta\,(5)_i - (4)_{i-1} - (6)_{i+1}]. \qquad (126\,\mathrm{a})$$

Für die mittleren Fehler bei Richtungsbeobachtung sind daher an Stelle von (48) bzw. (103) folgende Werte zugrunde zu legen:

$$m^2(\omega, \omega') = 8\,(1 + 2\sin^4\vartheta)\,\frac{\mu^2}{H}; \quad m^2(\tau) = m^2\left(\frac{\varphi + \varphi'}{2}\right) = m^2\left(\frac{\omega - \omega'}{2\sin 2\vartheta}\right) = \frac{4\,(1 + 2\sin^4\vartheta)}{\sin^2 2\vartheta}\,\frac{\mu^2}{H}. \qquad (127)$$

Während also der Querfehler $m_y$ unabhängig von $\vartheta$ bleibt, ergibt sich für den Längsfehler $m_x$ der ausgeglichenen Rautenkette, welcher identisch mit jenem des arithmetischen Mittels (50 C) ist und daher nur von $m_\tau$ abhängt, wenn man hier wieder von der Ungenauigkeit der Festpunkte absieht:

$$m^2_x(\vartheta) = \varepsilon(\vartheta) \cdot m^2_x(45^0); \quad \text{mit } \varepsilon(\vartheta) = \frac{2\,(1 + 2\sin^4\vartheta)}{3\sin^2 2\vartheta}, \qquad (128)$$

wie ein Vergleich von (127) mit (103 a) unmittelbar bestätigt. Es sei jedoch darauf hingewiesen, daß dieses nicht in den Rechenfällen $A$ und $B$ — vgl. I, 3 — gilt.

Die Zahlenwerte $\varepsilon(\vartheta)$ für den Bereich $30 \leqq \vartheta < 60^0$ findet man auch in Tabelle 12 b. Das einzige (reelle) Minimum erhält man für $\sin^2\vartheta = \frac{\sqrt{3} - 1}{2}$ oder $\vartheta = 37^0\,13'\,43'',9$ und es beträgt $\varepsilon_{\min} = 0.910624$. Durch Verwendung etwas flacherer Rauten kann man also eine Genauigkeitssteigerung von fast 10% gegenüber einer Kette aus quadratischen Rauten erzielen.

Die Ausgleichung hat die Widersprüche in folgenden Bedingungsgleichungen zu beseitigen, welche man bei beliebigem Rautenwinkel $2\vartheta$ an Stelle von (22) aus (20) erhält:

$$\frac{2}{\sin 2\vartheta}\{2(3)_{i-1} + [2\sin^2\vartheta(1)_i - (2)_{i-1} - (8)_{i+1}] - 2\sin^2\vartheta(3)_i - 2\sin^2\vartheta(7)_i + [2\sin^2\vartheta(5)_i - (4)_{i-1} - (6)_{i+1}] + 2(7)_{i+1}\} + W'_i = 0, \qquad (129)$$

wo $W'_i$ wieder durch (17) und (18 b) gegeben ist. Hieraus ergibt sich — vgl. (2) und (7) — für die Verbesserungen statt (55)

$$\begin{aligned}
\dot v(2)_{i-1} = \dot v(4)_{i-1} = \dot v(6)_{i+i} = \dot v(8)_{i+1} &= -\frac{2}{\sqrt{H}\sin 2\vartheta}\,k_i \\
\dot v(1)_i = \dot v(5)_i &= +\frac{4\sin^2\vartheta}{\sqrt{H}\sin 2\vartheta}\,k_i \\
\dot v(3)_{i-1} &= -\frac{4\sin^2\vartheta}{\sqrt{N}\sin 2\vartheta}\,k_{i-1} + \frac{4}{\sqrt{N}\sin 2\vartheta}\,k_i \\
\dot v(3)_i &= -\frac{4\sin^2\vartheta}{\sqrt{N}\sin 2\vartheta}\,k_i + \frac{4}{\sqrt{N}\sin 2\vartheta}\,k_{i+1} \\
\dot v(7)_i &= +\frac{4}{\sqrt{N}\sin 2\vartheta}\,k_{i-1} - \frac{4\sin^2\vartheta}{\sqrt{N}\sin 2\vartheta}\,k_i \\
\dot v(7)_{i+1} &= +\frac{4}{\sqrt{N}\sin 2\vartheta}\,k_i - \frac{4\sin^2\vartheta}{\sqrt{N}\sin 2\vartheta}\,k_{i+1}
\end{aligned} \qquad (130)$$

und analog (56) folgen die Normalkoeffizienten

$$C_{i,k} = \frac{32 \sin^2\vartheta}{N \sin^2 2\vartheta} \begin{cases} \frac{1+2\sin^4\vartheta}{2\sin^2\vartheta} \cdot \frac{N}{H} + \frac{1+\sin^4\vartheta}{\sin^2\vartheta} & \text{für } k = i \\ -1 & \text{für } k = i+1,\ i-1 \\ 0 & \text{in den übrigen Fällen,} \end{cases} \tag{131 a}$$

welche mit den Abkürzungen — vgl. (57)

$$\frac{1+2\sin^4\vartheta}{2\sin^2\vartheta} \cdot \frac{N}{H} + \frac{1+\sin^4\vartheta}{\sin^2\vartheta} = \frac{(N+2H) + 2(N+H)\sin^4\vartheta}{2H\sin^2\vartheta} = P;$$

$$\frac{N\sin^2 2\vartheta}{32\sin^2\vartheta} W'_i = \frac{N}{8}\cos^2\vartheta\, W'_i = w'_i \tag{131 b}$$

genau die früher behandelten Normalgleichungen (58 a) liefern.

Die Zahlenwerte von $P$ sind für die praktisch wichtigsten Fälle $H/N = 1$ und $H/N = 3$ in den Tabellen 13 a, b im Bereich $30 \leq \vartheta < 60^0$ aufgeführt.

Tabelle 13a $P = \frac{3+4\sin^4\vartheta}{2\sin^2\vartheta}$

Einfache Richtungsbeobachtung

| $\vartheta$ | $30^0$ | $40^0$ | $50^0$ |
|---|---|---|---|
| $0^0$ | 6.50000 | 4.45676 | 3.72978 |
| 1 | 6.18527 | 4.34585 | 3.69154 |
| 2 | 5.90325 | 4.24566 | 3.65753 |
| 3 | 5.65003 | 4.15520 | 3.62740 |
| 4 | 5.42237 | 4.07359 | 3.60081 |
| 5 | 5.21769 | 4.00000 | 3.57745 |
| 6 | 5.03261 | 3.93373 | 3.55705 |
| 7 | 4.86594 | 3.87414 | 3.53933 |
| 8 | 4.71546 | 3.82062 | 3.52406 |
| 9 | 4.57955 | 3.77266 | 3.51102 |

Tabelle 13b $P = \frac{7+8\sin^4\vartheta}{6\sin^2\vartheta}$

Optimale Richtungsbeobachtung

| $\vartheta$ | $30^0$ | $40^0$ | $50^0$ |
|---|---|---|---|
| $0^0$ | 5.00000 | 3.37456 | 2.77054 |
| 1 | 4.75182 | 3.28446 | 2.73698 |
| 2 | 4.52901 | 3.20268 | 2.70676 |
| 3 | 4.32855 | 3.12846 | 2.67957 |
| 4 | 4.14791 | 3.06111 | 2.65519 |
| 5 | 3.98486 | 3.00000 | 2.63335 |
| 6 | 3.83748 | 2.94458 | 2.61386 |
| 7 | 3.70413 | 2.89435 | 2.59651 |
| 8 | 3.58335 | 2.84887 | 2.58112 |
| 9 | 3.47386 | 2.80772 | 2.56752 |

Zur Auflösung der Normalgleichungen werden am einfachsten wieder Korrelatentabellen benutzt, welche für den einzelnen Fall $P(\vartheta)$ allerdings erst aufzustellen sind — vgl. das Zahlenbeispiel im nächsten Abschnitt!

Für die praktische Rechnung ist es vorteilhafter, mit den ursprünglichen Widersprüchen $\overline{W}_i$ (17) in jene Tabellen einzugehen. Die so gewonnenen Korrelaten

$$\bar{k}_h = -\Gamma_{h,i}\overline{W}_i \tag{132 a}$$

— vgl. (5) — hängen dann wegen der Gleichungen (18 b) und (131 b) mit den endgültigen Korrelaten $k_h$ wie folgt zusammen:

$$k_h = -\Gamma_{h,i} w'_i = -\varkappa \cdot \Gamma_{h,i} \overline{W}_i = \varkappa \bar{k}_h, \quad \text{wo } \varkappa = \frac{N}{8}\cos^2\vartheta \frac{\varrho}{M}. \tag{132 b}$$

Es ist indessen gar nicht nötig, diese Werte $k_h$ zu ermitteln, da sie nur Hilfsgrößen zur Berechnung der Verbesserungen darstellen. Diesem Endziel von vornherein zusteuernd, bestimmen wir gleich folgende Zahlenwerte:

$$\varkappa_o = \frac{2}{\sin 2\vartheta}\bar{\varkappa} = \frac{N}{8}\operatorname{ctg}\vartheta \frac{\varrho}{M}; \tag{132 c}$$

$$\varkappa_1 = \frac{1}{H}\varkappa_o; \quad \varkappa_2 = \frac{2\sin^2\vartheta}{H}\varkappa_o; \quad \varkappa_3 = \frac{2}{N}\varkappa_o; \quad \varkappa_4 = \frac{2\sin^2\vartheta}{N}\varkappa_o; \tag{132 d}$$

$$\varkappa_5 = \left(\frac{1}{H} + \frac{2}{N}\right)\varkappa_o = \varkappa_1 + \varkappa_3; \quad \varkappa_6 = 2\sin^2\vartheta\left(\frac{1}{H} + \frac{1}{N}\right)\varkappa_o = \varkappa_2 + \varkappa_4; \tag{132 e}$$

$$\varkappa_7 = \frac{2}{N}(1 + \sin^2\vartheta)\varkappa_o = \varkappa_3 + \varkappa_4; \quad \varkappa_8 = \varkappa_5 + \varkappa_6. \tag{132 f}$$

Auf Grund dieser Abkürzungen erhält man zufolge (130) und (7) die endgültigen Richtungsverbesserungen:

$$\begin{aligned} v(2)_{i-1} = v(4)_{i-1} = v(6)_{i+1} = v(8)_{i+1} &= -\varkappa_1 \bar{k}_i \\ v(1)_i = v(5)_i &= +\varkappa_2 \bar{k}_i \\ v(3)_i &= -\varkappa_4 \bar{k}_i + \varkappa_3 \bar{k}_{i+1} \\ v(7)_i &= +\varkappa_3 k_{i-1} - \varkappa_4 \bar{k}_i . \end{aligned} \tag{133}$$

Mit Berücksichtigung von (15) und (132 e) ergibt sich hieraus für die Winkelverbesserungen:

$$\begin{aligned} v(\alpha_i) &= -v(\alpha'_i) = -\varkappa_4 \bar{k}_{i-1} + \varkappa_5 \bar{k}_i \\ v(\beta_i) &= -v(\beta'_i) = -\varkappa_3 \bar{k}_{i-1} + \varkappa_6 \bar{k}_i \\ v(\gamma_i) &= -v(\gamma'_i) = \qquad -\varkappa_6 \bar{k}_i + \varkappa_3 \ddot{k}_{i+1} \\ v(\delta_i) &= -v(\delta'_i) = \qquad -\varkappa_5 \bar{k}_i + \varkappa_4 \ddot{k}_{i+1} . \end{aligned} \tag{134 a}$$

Wir fügen mit Benutzung von (132 f) noch die Verbesserungen der an den Hilfspunkten gelegenen Rautenwinkel an:

$$\begin{aligned} -v(\alpha_i + \beta_i) &= +v(\alpha'_i + \beta'_i) = +\varkappa_7 \ddot{k}_{i-1} - \varkappa_8 \ddot{k}_i \\ -v(\gamma_i + \delta_i) &= +v(\gamma'_i + \delta'_i) = \qquad +\varkappa_8 \bar{k}_i - \varkappa_7 \bar{k}_{i+1} , \end{aligned} \tag{134 b}$$

welche im folgenden gebraucht werden.

## 3. Praktisches Beispiel; Annäherung durch sukzessive Approximation

Die Berücksichtigung des mittleren Rautenwinkels $\vartheta$ wird natürlich ein besseres Ergebnis zeitigen, als wenn man nur die früheren Formeln für die schematische (Quadrat-)Kette zugrunde gelegt hätte. Wie praktische Fälle zeigen, sind die einzelnen Rauten jedoch nie kongruent, eigentlich nur rautenähnliche Vierecke, und meist sogar recht verschieden voneinander. Es ist daher nicht zu verwundern, wenn die vorhandenen Widersprüche durch die Ausgleichung, wie wir sie bisher kennenlernten, nicht sofort restlos beseitigt werden. Jedoch kann man wohl annehmen, daß durch sukzessive Approximation dieses Ziel erreicht wird, indem man nämlich mit den nach der ersten Ausgleichung verbleibenden Widersprüchen die Ausgleichung wiederholt und dieses Verfahren so lange fortsetzt, bis schließlich alle Bedingungen mit genügender Genauigkeit erfüllt sind.

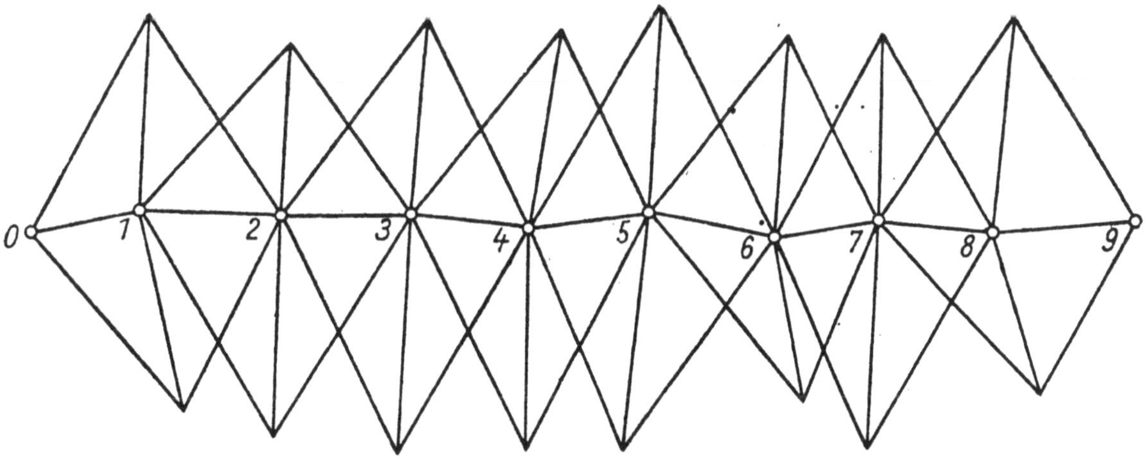


Abb. 11

Ich möchte mich hier nicht auf lange theoretische Beweise einlassen, sondern die Methode an einem praktischen Beispiel — Abb. 11 — vorführen, und zwar wählte ich hierfür absichtlich eine mit recht primitiven Mitteln (gewöhnlicher Winkeltransporteur) ausgewertete Triangulation [27], da sich an den großen dabei auftretenden Widersprüchen das Approximationsverfahren besser demonstrieren läßt. Im Gegensatz zum Original habe ich allerdings eine (fingierte) optimale Rich-

Tabelle 14

| Nadir | Richtung | Ziel | Beobachtungen | I | II | III | Mittel | Verbesserung $\vartheta = 45^0$ | Verbesserung $\vartheta = 57^0 28'$ | Ausgeglichene Richtung | | log $l$ |
|---|---|---|---|---|---|---|---|---|---|---|---|---|
| | | | ° | ′ | ′ | ′ | ′ | | | ° | ′ | |
| 0 | (2) | $H_1$ | 126 | 32.5 | 35.9 | 34.4 | 34.27 | − 0.23 | − 0.23 | 126 | 35.8 | 3.48316 |
| | (3) | $N_1$ | 176 | 12.3 | — | — | 12.3 | + 1.37 | + 1.37 | 176 | 15.4 | |
| | (4) | $H'_1$ | 237 | 47.0 | 45.9 | 49.7 | 47.53 | − 0.23 | − 0.23 | 237 | 49.0 | |
| 1 | (1) | $H_1$ | 99 | 2.9 | 4.1 | 0.2 | 2.40 | + 0.23 | + 0.32 | 99 | 23.1 | 3.58590 |
| | (2) | $H_2$ | 142 | 21.2 | 17.8 | 17.0 | 18.67 | − 0.50 | − 0.50 | 142 | 38.5 | |
| | (3) | $N_2$ | 190 | 54.0 | — | — | 54.0 | + 2.34 | + 2.05 | 191 | 16.4 | |
| | (4) | $H'_2$ | 248 | 18.3 | 20.0 | 16.7 | 18.33 | − 0.50 | − 0.50 | 248 | 38.2 | |
| | (5) | $H'_1$ | 266 | 40.0 | 40.3 | 45.6 | 41.97 | + 0.23 | + 0.32 | 267 | 2.7 | |
| | (7) | $N_0$ | 355 | 56.0 | — | — | 56.0 | − 0.68 | − 0.97 | 356 | 15.4 | |
| 2 | (1) | $H_2$ | 101 | 48.4 | 45.3 | 46.0 | 46.57 | + 0.50 | + 0.72 | 102 | 12.8 | 3.55529 |
| | (2) | $H_3$ | 137 | 14.3 | 10.7 | 14.8 | 13.27 | − 0.67 | − 0.66 | 137 | 38.1 | |
| | (3) | $N_3$ | 188 | 27.5 | — | — | 27.5 | + 2.48 | + 1.82 | 188 | 54.8 | |
| | (4) | $H'_3$ | 252 | 37.1 | 38.6 | 40.4 | 38.70 | − 0.67 | − 0.66 | 253 | 3.5 | |
| | (5) | $H'_2$ | 281 | 46.6 | 42.6 | 41.4 | 43.53 | + 0.50 | + 0.72 | 282 | 9.7 | |
| | (6) | $H'_1$ | 306 | 10.4 | 8.7 | 4.5 | 7.87 | − 0.23 | − 0.23 | 306 | 33.1 | |
| | (7) | $N_1$ | 10 | 51.7 | — | — | 51.7 | − 0.14 | − 0.78 | 11 | 16.4 | |
| | (8) | $H_1$ | 62 | 27.9 | 22.1 | 25.9 | 25.30 | − 0.23 | − 0.23 | 62 | 50.6 | |
| 3 | (1) | $H_3$ | 103 | 23.0 | 20.6 | 17.6 | 20.40 | + 0.67 | + 0.94 | 104 | 10.8 | 3.52082 |
| | (2) | $H_4$ | 139 | 53.2 | 55.1 | 51.5 | 53.27 | − 1.00 | − 0.96 | 140 | 41.8 | |
| | (3) | $N_4$ | 193 | 39.2 | — | — | 39.2 | + 4.03 | + 2.94 | 194 | 31.6 | |
| | (4) | $H'_4$ | 252 | 16.8 | 15.1 | 12.6 | 14.83 | − 1.00 | − 0.96 | 253 | 3.4 | |
| | (5) | $H'_3$ | 282 | 49.9 | 53.2 | 49.6 | 50.90 | + 0.67 | + 0.94 | 283 | 41.3 | |
| | (6) | $H'_2$ | 311 | 52.9 | 51.0 | 54.2 | 52.70 | − 0.50 | − 0.50 | 312 | 41.7 | |
| | (7) | $N_2$ | 8 | 5.1 | — | — | 5.1 | + 1.03 | + 0.20 | 8 | 54.8 | |
| | (8) | $H_2$ | 61 | 16.2 | 18.3 | 13.3 | 15.93 | − 0.50 | − 0.50 | 62 | 4.9 | |
| 4 | (1) | $H_4$ | 109 | 10.2 | 14.9 | 11.1 | 12.07 | + 1.00 | + 1.37 | 109 | 33.8 | 3.52607 |
| | (2) | $H_5$ | 132 | 30.5 | 32.3 | 27.4 | 30.07 | − 0.40 | − 0.42 | 132 | 50.0 | |
| | (3) | $N_5$ | 183 | 31.1 | — | — | 31.1 | − 0.63 | − 1.56 | 183 | 49.9 | |
| | (4) | $H'_5$ | 257 | 27.0 | 28.4 | 31.1 | 28.83 | − 0.40 | − 0.42 | 257 | 48.7 | |
| | (5) | $H'_4$ | 280 | 58.8 | 62.2 | 60.9 | 60.63 | + 1.00 | + 1.37 | 281 | 22.3 | |
| | (6) | $H'_3$ | 311 | 7.0 | 8.1 | 11.3 | 8.80 | − 0.67 | − 0.66 | 311 | 28.5 | |
| | (7) | $N_3$ | 14 | 11.4 | — | — | 11.4 | + 0.98 | − 0.13 | 14 | 31.6 | |
| | (8) | $H_3$ | 70 | 52.1 | 47.6 | 48.7 | 49.47 | − 0.67 | − 0.66 | 71 | 9.1 | |
| 5 | (1) | $H_5$ | 104 | 6.5 | 8.2 | 4.7 | 6.47 | + 0.40 | + 0.60 | 103 | 53.3 | 3.54972 |
| | (2) | $H_6$ | 142 | 0.7 | 58.0 | 1.6 | 0.10 | − 0.52 | − 0.52 | 141 | 45.8 | |
| | (3) | $N_6$ | 201 | 51.0 | — | — | 51.0 | + 1.95 | + 1.34 | 201 | 38.6 | |
| | (4) | $H'_6$ | 241 | 24.8 | 29.4 | 27.6 | 27.27 | − 0.52 | − 0.52 | 241 | 13.0 | |
| | (5) | $H'_5$ | 288 | 32.0 | 30.2 | 27.9 | 30.03 | + 0.40 | + 0.60 | 288 | 16.9 | |
| | (6) | $H'_4$ | 309 | 2.8 | 4.4 | 6.4 | 4.53 | − 1.00 | − 0.96 | 308 | 49.8 | |
| | (7) | $N_4$ | 3 | 59.7 | — | — | 59.7 | + 4.83 | + 3.96 | 3 | 49.9 | |
| | (8) | $H_4$ | 72 | 40.9 | 42.8 | 39.1 | 40.93 | − 1.00 | − 0.96 | 72 | 26.2 | |
| 6 | (1) | $H_6$ | 105 | 33.2 | 28.9 | 30.2 | 30.77 | + 0.52 | + 0.74 | 105 | 35.4 | 3.47482 |
| | (2) | $H_7$ | 130 | 48.3 | 46.0 | 43.8 | 46.03 | − 0.37 | − 0.37 | 130 | 49.6 | |
| | (3) | $N_7$ | 182 | 47.6 | — | — | 47.6 | + 0.64 | − 0.00 | 182 | 51.5 | |
| | (4) | $H_7$ | 254 | 53.0 | 57.9 | 55.8 | 55.57 | − 0.37 | − 0.37 | 254 | 59.1 | |
| | (5) | $H'_6$ | 271 | 32.5 | 32.9 | 28.2 | 31.20 | + 0.52 | + 0.74 | 271 | 35.8 | |
| | (6) | $H'_5$ | 318 | 4.9 | 6.5 | 9.8 | 7.07 | − 0.40 | − 0.42 | 318 | 10.6 | |
| | (7) | $N_5$ | 21 | 34.4 | — | — | 34.4 | + 0.81 | + 0.30 | 21 | 38.6 | |
| | (8) | $H_5$ | 72 | 53.5 | 58.7 | 55.1 | 55.77 | − 0.40 | − 0.42 | 72 | 59.2 | |
| 7 | (1) | $H_7$ | 101 | 31.0 | 31.9 | 26.8 | 29.90 | + 0.37 | + 0.53 | 101 | 41.7 | 3.51360 |
| | (2) | $H_8$ | 134 | 39.8 | 42.1 | 43.9 | 41.93 | − 0.21 | − 0.22 | 134 | 53.0 | |
| | (3) | $N_8$ | 194 | 29.1 | — | — | 29.1 | + 0.16 | − 0.29 | 194 | 40.1 | |
| | (4) | $H'_8$ | 235 | 35.6 | 30.3 | 35.9 | 33.93 | − 0.21 | − 0.22 | 235 | 45.0 | |
| | (5) | $H'_7$ | 283 | 20.5 | 25.7 | 23.8 | 23.33 | + 0.37 | + 0.53 | 283 | 35.1 | |
| | (6) | $H'_6$ | 305 | 30.8 | 32.9 | 35.5 | 33.07 | − 0.52 | − 0.52 | 305 | 43.8 | |
| | (7) | $N_6$ | 2 | 38.7 | — | — | 38.7 | + 2.04 | + 1.56 | 2 | 51.5 | |
| | (8) | $H_6$ | 72 | 42.8 | 42.7 | 47.4 | 44.30 | − 0.52 | − 0.52 | 72 | 55.0 | |
| 8 | (1) | $H_8$ | 104 | 47.0 | 47.4 | 52.1 | 48.83 | + 0.21 | + 0.31 | 105 | 25.4 | 3.59173 |
| | (3) | $N_9$ | 186 | 50.7 | — | — | 50.7 | − 0.64 | − 0.92 | 187 | 26.1 | |
| | (5) | $H'_8$ | 263 | 55.8 | 56.3 | 59.9 | 57.33 | + 0.21 | + 0.31 | 264 | 33.9 | |
| | (6) | $H'_7$ | 312 | 5.6 | 1.8 | 0.4 | 2.60 | − 0.37 | − 0.37 | 312 | 38.5 | |
| | (7) | $N_7$ | 14 | 2.4 | — | — | 2.4 | + 1.58 | + 1.31 | 14 | 40.0 | |
| | (8) | $H_7$ | 68 | 3.7 | 0.1 | 58.2 | 0.67 | − 0.37 | − 0.37 | 68 | 36.6 | |
| 9 | (6) | $H'_8$ | 311 | 13.6 | 14.4 | 18.6 | 15.53 | − 0.21 | − 0.22 | 311 | 20.7 | |
| | (7) | $N_8$ | 7 | 19.4 | — | — | 19.4 | + 1.26 | + 1.29 | 7 | 26.1 | |
| | (8) | $H_8$ | 68 | 36.5 | 37.8 | 41.5 | 38.60 | − 0.21 | − 0.22 | 68 | 43.8 | |

Tabelle 15

| Raute Nr. | $A$ | $B$ | $A+B$ Kontrolle | $(E)$ log sin $A$ | $\Delta_A$ | $(E)$ log sin $B$ | $\Delta_B$ | $\Delta_A+\Delta_B$ |
|---|---|---|---|---|---|---|---|---|
| | ° ′ | ° ′ | ° ′ | | | | | |
| 1 | 103 6.4 | 89 14.0 | 192 20.4 | | | | | |
| | 49 38.0 | 61 35.2 | 111 13.2 | 9.88191 | + 10.8 | 9.94425 | + 6.8 | + 17.6 |
| | 152 44.4 | 150 49.2 | 303 33.6 | 0.33911 | + 24.5 | 0.31198 | + 22.7 | + 47.2 |
| | 143 25.2 | 140 31.8 | 283 57.0 | 9.77521 | — 17.1 | 9.80323 | — 15.4 | — 32.5 |
| | 51 33.6 | 64 43.8 | 116 17.4 | 0.10609 | — 10.0 | 0.04368 | — 6.0 | — 16.0 |
| | 91 51.6 | 75 48.0 | 167 39.6 | 0.10232 | | 0.10314 | | |
| 2 | 90 54.9 | 89 8.2 | 180 3.1 | | | | | |
| | 48 35.3 | 57 24.3 | 105 59.6 | 9.87505 | + 11.2 | 9.92557 | + 8.1 | + 19.3 |
| | 139 30.2 | 146 32.5 | 286 2.7 | 0.18749 | + 14.8 | 0.25859 | + 19.1 | + 33.9 |
| | 139 51.7 | 149 28.4 | 289 20.1 | 9.80932 | — 15.0 | 9.70581 | — 21.4 | — 36.4 |
| | 53 10.8 | 56 12.4 | 109 23.2 | 0.09663 | — 8.4 | 0.08037 | — 9.4 | — 17.8 |
| | 86 40.9 | 93 16.0 | 179 56.9 | 9.96849 | | 9.97034 | | |
| 3 | 95 15.3 | 85 14.2 | 180 29.5 | | | | | |
| | 51 14.2 | 64 11.2 | 115 25.4 | 9.89195 | + 10.1 | 9.95435 | + 6.2 | + 16.3 |
| | 146 29.5 | 149 25.4 | 295 54.9 | 0.25802 | + 19.1 | 0.29354 | + 21.4 | + 40.5 |
| | 146 56.9 | 152 14.3 | 299 11.2 | 9.73671 | — 19.4 | 9.66820 | — 24.0 | — 43.4 |
| | 56 38.1 | 63 2.6 | 119 40.7 | 0.07822 | — 8.3 | 0.04995 | — 6.3 | — 14.6 |
| | 90 18.8 | 89 11.7 | 179 30.5 | 9.96490 | | 9.96604 | | |
| 4 | 95 0.7 | 93 10.8 | 188 11.5 | | | | | |
| | 53 45.9 | 58 35.6 | 112 21.5 | 9.90666 | + 9.3 | 9.93120 | + 7.7 | + 17.0 |
| | 148 46.6 | 151 46.4 | 300 33.0 | 0.28536 | + 20.8 | 0.32518 | + 22.6 | + 43.4 |
| | 143 0.2 | 152 24.7 | 295 24.9 | 9.77943 | — 16.8 | 9.66569 | — 24.2 | — 41.0 |
| | 68 41.2 | 54 55.2 | 123 36.4 | 0.03077 | — 4.9 | 0.08706 | — 8.9 | — 13.8 |
| | 74 19.0 | 97 29.5 | 171 48.5 | 0.00222 | | 0.00913 | | |
| 5 | 100 6.8 | 75 29.7 | 175 36.5 | | | | | |
| | 51 1.0 | 73 57.7 | 124 58.7 | 9.89060 | + 10.2 | 9.98276 | + 3.6 | + 13.8 |
| | 151 7.8 | 149 27.4 | 300 35.2 | 0.31621 | + 22.9 | 0.29397 | + 21.4 | + 44.3 |
| | 149 5.9 | 150 6.3 | 299 12.2 | 9.71060 | — 21.1 | 9.69758 | — 22.0 | — 43.1 |
| | 51 21.4 | 63 27.3 | 114 48.7 | 0.10732 | — 10.1 | 0.04838 | — 6.3 | — 16.4 |
| | 97 44.5 | 86 39.0 | 184 23.5 | 0.02473 | | 0.02269 | | |
| 6 | 83 56.4 | 110 3.2 | 193 59.6 | | | | | |
| | 59 50.9 | 39 36.3 | 99 27.2 | 9.93686 | + 7.3 | 9.80448 | + 15.3 | + 22.6 |
| | 143 47.3 | 149 39.5 | 293 26.8 | 0.22858 | + 17.3 | 0.29658 | + 21.6 | + 38.9 |
| | 147 22.4 | 145 49.2 | 293 11.6 | 9.73172 | — 19.7 | 9.74957 | — 18.6 | — 38.3 |
| | 70 5.6 | 57 5.6 | 127 11.2 | 0.02676 | — 4.6 | 0.07595 | — 8.0 | — 12.6 |
| | 77 16.8 | 88 43.6 | 166 0.4 | 9.92392 | | 9.92658 | | |
| 7 | 98 51.2 | 79 15.4 | 178 6.6 | | | | | |
| | 52 1.6 | 72 8.0 | 124 9.6 | 9.89669 | + 9.9 | 9.97853 | + 4.1 | + 14.0 |
| | 150 52.8 | 151 23.4 | 302 16.2 | 0.31279 | + 22.7 | 0.31980 | + 23.1 | + 45.8 |
| | 146 57.5 | 150 54.0 | 297 51.5 | 9.73660 | — 19.5 | 9.68694 | — 22.7 | — 42.2 |
| | 53 58.3 | 61 59.8 | 115 58.1 | 0.09220 | — 9.2 | 0.05408 | — 6.7 | — 15.9 |
| | 92 59.2 | 88 54.2 | 181 53.4 | 0.03828 | | 0.03935 | | |
| 8 | 90 46.4 | 110 5.1 | 200 51.5 | | | | | |
| | 59 47.2 | 41 4.8 | 100 52.0 | 9.93659 | + 7.4 | 9.81764 | + 14.5 | + 21.9 |
| | 150 33.6 | 151 9.9 | 301 43.5 | 0.30847 | + 22.4 | 0.31670 | + 22.9 | + 45.3 |
| | 143 21.1 | 133 10.5 | 276 31.6 | 9.77590 | — 17.0 | 9.86289 | — 11.9 | — 28.9 |
| | 61 19.2 | 56 3.9 | 117 23.1 | 0.05685 | — 6.9 | 0.08110 | — 8.5 | — 15.4 |
| | 82 1.9 | 77 6.6 | 159 8.5 | 0.07781 | | 0.07833 | | |

tungsbeobachtung angenommen: drei gemessene Sätze — s. Tab. 14 —, von denen der mittlere (II) in umgekehrter Reihenfolge gelesen werden kann. Für die spätere Rechnung ist es vorteilhaft, wenn möglich den Kreis so zu drehen, daß die Ablesung eines Ziels ungefähr mit dem Azimut übereinstimmt; der Kreis (Transporteur, Teilkreis) selbst darf aber während der ganzen Beobachtung auf einem Nadir nicht verstellt werden.

Aus den Mitteln der drei Sätze I, II, III stellt man sodann für die einzelnen Rauten alle Winkel zusammen, welche zum Aufstellen der Seitenbedingungen nötig sind. In Tabelle 15 ist die Reihenfolge $\beta$, $\alpha$, $\alpha+\beta$, $\gamma+\delta$, $\delta$, $\gamma$ unter Spalte A bzw. $\beta'$, $\alpha'$, $\beta'+\alpha'$, $\gamma'+\delta'$, $\delta'$, $\gamma'$ unter Spalte B gewählt, und in gleicher Zeile findet man die zugehörigen log sin bzw. die dekadische Ergänzung $(E)$. Gleichzeitig damit werden die Tafeldifferenzen $\Delta_A$, $\Delta_B$ notiert, wobei das Vorzeichen durch die Zunahme der Winkel $\alpha$, $\beta$ . . . um $+1'$ bestimmt und zu berücksichtigen ist, daß für die Seiten-

Tabelle 16

| $\vartheta = 45^0$ | $\frac{1}{8}\frac{\varrho}{M} = 989.46$, ctg = 1.00000, $\varkappa_0 = 989.46$ | $\varkappa_1$ 329.82, $\varkappa_2$ 329.82 | $\varkappa_3$ 1978.9, $\varkappa_4$ 989.5 | $\varkappa_3$ 2308.8, $\varkappa_6$ 1319.3 | $\varkappa_7$ 2968.4, $\varkappa_8$ 3628.0 |
|---|---|---|---|---|---|

| Raute Nr. | 1 | 2 | 3 | 4 | 5 | 6 | 7 | 8 | Kontroll-Summe |
|---|---|---|---|---|---|---|---|---|---|
| $10^5 \overline{W}$ | − 82 | − 185 | − 114 | − 691 | + 204 | − 266 | − 107 | − 52 | |
| $10^5 \Delta^0 \overline{k}$ | + 78.68 | + 154.05 | + 198.46 | + 327.34 | + 92.57 | + 154.36 | + 104.51 | + 52.17 | + 1162.14 |
| $\varkappa_4 \Delta^0 \overline{k}$ | + 0.779 | + 1.524 | + 1.964 | + 3.239 | + 0.916 | + 1.527 | + 1.034 | + 0.516 | + 11.499 |
| $\varkappa_5 \Delta^0 \overline{k}$ | + 1.816 | + 3.557 | + 4.582 | + 7.557 | + 2.137 | + 3.564 | + 2.413 | + 1.204 | + 26.830 |
| $\varkappa_7 \Delta^0 \overline{k}$ | + 2.336 | + 4.573 | + 5.891 | + 9.717 | + 2.748 | + 4.582 | + 3.102 | + 1.549 | + 34.498 |
| $\varkappa_8 \Delta^0 \overline{k}$ | + 2.855 | + 5.589 | + 7.200 | + 11.876 | + 3.358 | + 5.600 | + 3.792 | + 1.893 | + 42.163 |
| $v'$ $\alpha$ | + 1.816 | + 2.778 | + 3.058 | + 5.593 | − 1.102 | + 2.648 | + 0.886 | + 0.170 | + 13.814 |
| $\alpha + \beta$ | + 2.855 | + 3.253 | + 2.627 | + 5.985 | − 6.359 | + 2.852 | − 0.790 | − 1.209 | + 9.214 |
| $\gamma + \delta$ | + 1.718 | + 0.302 | + 2.517 | − 9.128 | + 1.224 | − 2.498 | − 2.243 | − 1.893 | − 9.401 |
| $\delta$ | − 0.292 | − 1.593 | − 1.343 | − 6.641 | − 0.610 | − 2.530 | − 1.897 | − 1.204 | − 16.110 |
| $\Delta' W$ | + 115.6 | + 181.3 | + 66.6 | + 820.7 | − 339.7 | + 298.3 | + 101.0 | + 22.2 | |
| $W' = \overline{W} + \Delta' W$ | + 33.6 | − 3.7 | − 47.4 | + 129.7 | − 135.7 | + 32.3 | − 6.0 | − 29.8 | |
| $10^5 \Delta^1 \overline{k}$ | − 11.39 | − 0.58 | + 5.96 | − 28.93 | + 36.94 | + 4.04 | + 7.49 | + 12.43 | + 25.96 |
| $\varkappa_4 \Delta^1 \overline{k}$ | − 0.113 | − 0.006 | + 0.059 | − 0.286 | + 0.366 | + 0.040 | + 0.074 | + 0.123 | + 0.257 |
| $\varkappa_5 \Delta^1 \overline{k}$ | − 263 | − 13 | + 138 | − 668 | + 853 | + 93 | + 173 | + 287 | + 600 |
| $\varkappa_7 \Delta^1 \overline{k}$ | − 338 | − 17 | + 177 | − 859 | + 1.097 | + 120 | + 222 | + 369 | + 771 |
| $\varkappa_8 \Delta^1 \overline{k}$ | − 413 | − 21 | + 216 | − 1.050 | + 1.340 | + 147 | + 272 | + 451 | + 942 |
| $v''$ $\alpha$ | − 0.263 | + 0.100 | + 0.144 | − 0.727 | + 1.139 | − 0.273 | + 0.133 | + 0.213 | + 0.466 |
| $\alpha + \beta$ | − 413 | + 317 | + 233 | − 1.227 | + 2.199 | − 950 | + 152 | + 229 | + 540 |
| $\gamma + \delta$ | + 396 | + 198 | − 1.075 | + 2.147 | − 1.220 | + 75 | + 97 | − 451 | + 167 |
| $\delta$ | + 257 | + 72 | − 424 | + 1.034 | − 0.813 | − 19 | − 50 | − 287 | − 230 |
| $\Delta'' W$ | − 41.1 | + 4.2 | + 64.6 | − 167.9 | + 179.0 | − 45.8 | + 5.5 | + 32.5 | |
| $W'' = W' + \Delta'' W$ | − 7.5 | + 0.5 | + 17.2 | − 38.2 | + 43.3 | − 13.5 | − 0.5 | + 2.7 | |
| $10^5 \Delta^2 \overline{k}$ | + 2.34 | − 0.49 | − 3.31 | + 7.75 | − 11.63 | + 0.66 | + 0.10 | − 0.87 | − 5.45 |
| $\varkappa_4 \Delta^2 \overline{k}$ | + 0.023 | − 0.005 | − 0.033 | + 0.077 | − 0.115 | + 0.007 | + 0.001 | − 0.009 | − 0.054 |
| $\varkappa_5 \Delta^2 \overline{k}$ | + 54 | − 11 | − 76 | + 179 | − 268 | + 15 | + 2 | − 20 | − 125 |
| $\varkappa_7 \Delta^2 \overline{k}$ | + 69 | − 15 | − 98 | + 230 | − 346 | + 20 | + 3 | − 26 | − 163 |
| $\varkappa_8 \Delta^2 \overline{k}$ | + 85 | − 18 | − 120 | + 281 | − 422 | + 24 | + 4 | − 32 | − 198 |
| $v'''$ $\alpha$ | + 0.054 | − 0.034 | − 0.071 | + 0.212 | − 0.345 | + 0.130 | − 0.005 | − 0.021 | − 0.080 |
| $\alpha + \beta$ | + 85 | − 87 | − 105 | + 379 | − 652 | + 370 | − 16 | − 35 | − 61 |
| $\gamma + \delta$ | − 100 | − 80 | + 350 | − 627 | + 442 | − 21 | − 30 | + 32 | − 34 |
| $\delta$ | − 59 | − 22 | + 153 | − 294 | + 275 | − 14 | − 11 | + 20 | + 48 |
| $\Delta''' W$ | + 9.2 | − 0.3 | − 22.8 | + 49.8 | − 57.2 | + 18.3 | + 0.7 | − 3.3 | |
| $W''' = W'' + \Delta''' W$ | + 1.7 | + 0.2 | − 5.6 | + 11.6 | − 13.9 | + 4.8 | + 0.2 | − 0.6 | |
| $10^5 \Delta^3 \overline{k}$ | − 0.52 | + 0.19 | + 1.18 | − 2.22 | + 3.76 | − 0.40 | − 0.15 | + 0.15 | + 1.99 |
| $\varkappa_4 \Delta^3 \overline{k}$ | − 0.005 | + 0.002 | + 0.012 | − 0.022 | + 0.037 | − 0.004 | − 0.001 | + 0.001 | + 0.020 |
| $\varkappa_5 \Delta^3 \overline{k}$ | − 12 | + 4 | + 27 | − 51 | + 87 | − 9 | − 3 | + 3 | + 46 |
| $\varkappa_7 \Delta^3 \overline{k}$ | − 15 | + 6 | + 35 | − 66 | + 112 | − 12 | − 4 | + 4 | + 60 |
| $\varkappa_8 \Delta^3 \overline{k}$ | − 19 | + 7 | + 43 | − 80 | + 136 | − 15 | − 5 | + 5 | + 72 |
| $v^{IV}$ $\alpha$ | − 0.012 | + 0.009 | + 0.025 | − 0.063 | + 0.109 | − 0.046 | + 0.001 | + 0.004 | + 0.027 |
| $\alpha + \beta$ | − 19 | + 22 | + 37 | − 115 | + 202 | − 127 | + 7 | + 9 | + 16 |
| $\gamma + \delta$ | + 25 | + 28 | − 109 | + 192 | − 148 | + 11 | + 9 | − 5 | + 3 |
| $\delta$ | + 14 | + 8 | − 49 | + 88 | − 91 | + 8 | + 4 | − 3 | − 21 |
| $\Delta^{IV} W$ | − 2.1 | − 0.2 | + 7.4 | − 15.1 | + 18.3 | − 6.5 | − 0.1 | + 0.7 | |
| $W^{IV} = W''' + \Delta^{IV} W$ | − 0.4 | 0.0 | + 1.8 | − 3.5 | + 4.4 | − 1.7 | + 0.1 | + 0.1 | |
| $10^5 \Delta^4 \overline{k}$ | + 0.10 | − 0.11 | − 0.43 | + 0.62 | − 1.20 | + 0.17 | + 0.01 | − 0.02 | − 0.86 |
| $\varkappa_4 \Delta^4 \overline{k}$ | + 0.001 | − 0.001 | − 0.004 | + 0.006 | − 0.012 | + 0.002 | + 0.000 | − 0.000 | − 0.008 |
| $\varkappa_5 \Delta^4 \overline{k}$ | + 2 | − 3 | − 10 | + 14 | − 28 | + 4 | + 0 | − 0 | − 21 |
| $\varkappa_7 \Delta^4 \overline{k}$ | + 3 | − 3 | − 13 | + 18 | − 36 | + 5 | + 0 | − 1 | − 27 |
| $\varkappa_8 \Delta^4 \overline{k}$ | + 4 | − 4 | − 16 | + 23 | − 44 | + 6 | + 0 | − 1 | − 32 |
| $v^{V}$ $\alpha$ | + 0.002 | − 0.004 | − 0.009 | + 0.018 | − 0.034 | + 0.016 | − 0.002 | − 0.000 | − 0.013 |
| $\alpha + \beta$ | + 4 | − 7 | − 13 | + 36 | − 62 | + 42 | − 5 | − 1 | − 6 |
| $\gamma + \delta$ | − 7 | − 9 | + 34 | − 59 | + 49 | − 6 | − 1 | + 1 | + 2 |
| $\delta$ | − 3 | − 1 | + 16 | − 26 | + 30 | − 4 | 0 | 0 | + 12 |
| $\Delta^{V} W$ | + 0.5 | + 0.0 | − 2.4 | + 4.6 | − 5.8 | + 2.3 | − 0.2 | − 0.1 | |
| $W^{V} = \overline{W}^{IV} + \Delta^{V} W$ | + 0.1 | 0.0 | − 0.6 | + 1.1 | − 1.4 | + 0.6 | − 0.1 | 0.0 | |

Tabelle 16 (Fortsetzung)

| Raute Nr. | 1 | 2 | 3 | 4 | 5 | 6 | 7 | 8 | Kontroll-Summe |
|---|---|---|---|---|---|---|---|---|---|
| $10^5 \bar{k}$ | + 69.21 | +153.06 | +201.86 | +304.56 | +120.44 | +158.83 | +111.96 | + 63.86 | +1183.78 |
| $\varkappa_1\ \bar{k}$ | + 0.228 | + 0.505 | + 0.666 | + 1.004 | + 0.397 | + 0.524 | + 0.369 | + 0.211 | + 3.904 |
| $\varkappa_2$ ,, | + 0.228 | + 0.505 | + 0.666 | + 1.004 | + 0.397 | + 0.524 | + 0.369 | + 0.211 | + 3.904 |
| $\varkappa_3$ ,, | + 1.370 | + 3.029 | + 3.995 | + 6.027 | + 2.383 | + 3.143 | + 2.216 | + 1.264 | + 23.427 |
| $\varkappa_4$ ,, | + 0.685 | + 1.514 | + 1.997 | + 3.013 | + 1.192 | + 1.572 | + 1.108 | + 0.632 | + 11.713 |
| $\varkappa_5$ ,, | + 1.598 | + 3.534 | + 4.660 | + 7.032 | + 2.781 | + 3.667 | + 2.585 | + 1.474 | + 27.331 |
| $\varkappa_6$ ,, | + 0.913 | + 2.019 | + 2.663 | + 4.018 | + 1.589 | + 2.095 | + 1.477 | + 0.842 | + 15.616 |
| $v(\alpha)$ | + 1.60 | + 2.85 | + 3.15 | + 5.04 | — 0.23 | + 2.48 | + 1.01 | + 0.37 | + 16.27 |
| $v(\beta)$ | + 0.91 | + 0.65 | — 0.37 | + 0.02 | — 4.44 | — 0.29 | — 1.67 | — 1.37 | — 6.56 |
| $v(\gamma)$ | + 2.12 | + 1.98 | + 3.36 | — 1.54 | + 1.55 | + 0.12 | — 0.21 | — 0.84 | + 6.44 |
| $v(\delta)$ | — 0.08 | — 1.53 | — 1.65 | — 5.84 | — 1.21 | — 2.56 | — 1.95 | — 1.47 | — 16.29 |

gleichung nicht $(\alpha + \beta)$, $(\gamma + \delta)$, sondern eigentlich die Winkel $180 - (\alpha + \beta)$, $180 - (\gamma + \delta)$ in Frage kommen. Die richtige Übernahme der Winkel wird einmal dadurch kontrolliert (Spalte A + B), daß $(\beta + \beta') + (\gamma + \gamma') = 360^0$, andererseits $\alpha + \alpha' = (4) - (2)$; $\delta + \delta' = (8) - (6)$ sein muß, während die beiden mittleren Summen durch horizontale und vertikale Addition geprüft werden. Die hier getroffene Anordnung ergibt nicht nur die Widersprüche $\bar{W}$ sehr einfach, sie erleichtert auch wesentlich die spätere Durchrechnung des Nadirzuges, insofern nämlich die unter dem Strich stehenden Logarithmensummen unmittelbar den Übertragungsfaktor von einer Seite der Nadirkette zur folgenden darstellen.

Nach diesen Vorbereitungen kann zur eigentlichen Ausgleichung geschritten werden, welche wir in doppelter Weise nach den in diesem Kapitel IX, 2 und 3 aufgestellten Grundsätzen durchführen. Einmal unter der Voraussetzung einer schematischen (Quadrat-)Kette ($\vartheta = 45^0$) mit Benutzung der hierfür geltenden früher aufgestellten Korrelatentabellen (Tab. 4 b) und zweitens unter Zugrundelegung des Rautenwinkels $\vartheta = 57^0\ 27'7$, welcher sich als Mittel aus allen $\alpha$, $\alpha'$, $\delta$, $\delta'$ ergibt. In diesem letzten Fall folgt aus Tabelle 13 b die Grundzahl $P = 2{,}589$, und nach (61 a) erhält man damit sukzessive $(U_{m+1} = PU_m - U_{m-1})$ alle in unserer Aufgabe ($n = 8$) erforderlichen Zahlen $U_i$ (Tab. 17 a), welche durch (74) kontrolliert und dann zur Berechnung der Korrelatentabelle 17 b gemäß den Formeln (84 b) verwendet werden.

Verweilen wir zunächst bei der ersten Ausgleichung ($\vartheta = 45^0$). Wir stellen die Bestimmung der Hilfsgrößen $\varkappa$ (132 c—f) an die Spitze (Tab. 16) und entnehmen aus Tab. 15 als Differenz der 5. und 7. Spalte die Widersprüche $\bar{W}$, mit denen wir in Tab. 4 b bei $n = 8$ eingehen, um die Korrelaten gemäß (132 a) zu finden. Zum Beispiel ergibt sich damit in erster Näherung $\Delta^0 \bar{k}_3 = -\Gamma_{3,i} \bar{W}_i = 10^{-10} \cdot (+5573 \cdot 82 + 16718 \cdot 185 + 44582 \cdot 114 + 17028 \cdot 691 - 6502 \cdot 204 + 2476 \cdot 266 + 929 \cdot 107 + 310 \cdot 52) = 198{,}46 \cdot 10^{-5}$, eine mit einer Maschine schnell und einfach auszuführende Rechnung. Hat man auf diese Weise alle 8 Korrelatenwerte gewonnen und durch die Summenkoeffizienten $(S)$ kontrolliert, so bildet man davon das $\varkappa_4$-, $\varkappa_5$-, $\varkappa_7$-, $\varkappa_8$-fache, womit sich ja nach (134 a, b) die Verbesserungen der Winkel $A$ $(\alpha,\ \alpha + \beta,\ \gamma + \delta,\ \delta)$ unmittelbar ergeben. Da sich nach den gleichen Formeln die Verbesserungen der Gruppe B $(\alpha',\ \alpha' + \beta',\ \gamma' + \delta',\ \delta')$ nur durch das Vorzeichen von jenen in Gruppe $A$ unterscheiden, andererseits beide Gruppen mit entgegengesetzten Vorzeichen die Seitengleichung beeinflussen (s. Tab. 15), so brauchen nur die Winkelverbesserungen $A$ mit den entsprechenden Werten $(\Delta_A + \Delta_B)$, welche zu diesem Zweck in Tabelle 15 aufgeführt sind, multipliziert und addiert zu werden, um die durch obige Ausgleichung hervorgerufene Änderung $\Delta' W$ des Widerspruchs zu erhalten. Die Gründe, weshalb diese Werte $\Delta' W$ die ursprünglichen Widersprüche $W$ nicht restlos kompensieren, sind bereits am Anfang dieses Abschnittes zur Sprache gekommen; es bleiben hier jedenfalls die neuen Widersprüche $W' = \bar{W} + \Delta' W$, welche, wie man sieht, schon erheblich kleiner geworden sind als jene vor dieser ersten Ausgleichung. Mit diesen Widersprüchen $W'$ fängt das Spiel von neuem an und es wiederholt sich so lange, bis praktisch alle Widersprüche beseitigt sind. Die endgültigen Korrelatenwerte sind dann

$$\bar{k} = \Delta^0 \bar{k} + \Delta^1 \bar{k} + \Delta^2 \bar{k} + \Delta^3 \bar{k} + \ldots,$$

Tabelle 17 a

| $i$ | $U_i$ |
|---|---|
| 1 | 1.00 |
| 2 | 2.59 |
| 3 | 5.71 |
| 4 | 12.20 |
| 5 | 25.89 |
| 6 | 54.86 |
| 7 | 116.20 |
| 8 | 246.10 |
| 9 | 521.20 |
| 10 | 1103.81 |
| $\sum_1^9 U_i$ | 985.75 |
| Kontrolle | 985.78 |

Tabelle 17 b

| | 1 | 2 | 3 | 4 | |
|---|---|---|---|---|---|
| 1 | 47 218 | 22 295 | 10 526 | 4 967 | 8 |
| 2 | 22 295 | 57 743 | 27 262 | 12 866 | 7 |
| 3 | 10 526 | 27 262 | 60 123 | 28 374 | 6 |
| 4 | 4 967 | 12 866 | 28 374 | 60 602 | 5 |
| 5 | 2 341 | 6 063 | 13 370 | 28 557 | 4 |
| 6 | 1 096 | 2 837 | 6 258 | 13 370 | 3 |
| 7 | 497 | 1 287 | 2 837 | 6 063 | 2 |
| 8 | 192 | 497 | 1 096 | 2 341 | 1 |
| S | 89 132 | 130 850 | 149 846 | 157 140 | S |
| | 8 | 7 | 6 | 5 | |

Tabelle 17 c

$\vartheta = 57^\circ 28'$ $\frac{1}{8}\frac{\varrho}{M} = 989.46$ ctg $= 0.63790$ $\varkappa_0 = 631.20$

$\varkappa_1$ 210.40 $\varkappa_2$ 299.08 $\varkappa_3$ 1262.4 $\varkappa_4$ 897.2 $\varkappa_5$ 1472.8 $\varkappa_6$ 1196.3 $\varkappa_7$ 2159.6 $\varkappa_8$ 2669.1

| Raute Nr. | 1 | 2 | 3 | 4 | 5 | 6 | 7 | 8 | Kontrolle Summe |
|---|---|---|---|---|---|---|---|---|---|
| $10^5 \overline{W}$ | − 82 | − 185 | − 114 | − 691 | + 204 | − 266 | − 107 | − 52 | |
| $10^5 \Delta^0 \overline{k}$ | +125.06 | +241.90 | +316.65 | +463.99 | +193.90 | +242.36 | +167.57 | + 84.78 | +1836.21 |
| $\varkappa_4 \Delta^0 \overline{k}$ | + 1.122 | + 2.170 | + 2.841 | + 4.163 | + 1.740 | + 2.175 | + 1.504 | + 0.761 | + 16.476 |
| $\varkappa_5$ „ | + 1.841 | + 3.563 | + 4.664 | + 6.834 | + 2.856 | + 3.569 | + 2.468 | + 1.249 | + 27.044 |
| $\varkappa_7$ „ | + 2.701 | + 5.224 | + 6.838 | + 10.020 | + 4.187 | + 5.234 | + 3.619 | + 1.831 | + 39.654 |
| $\varkappa_8$ „ | + 3.338 | + 6.457 | + 8.452 | + 12.384 | + 5.175 | + 6.469 | + 4.473 | + 2.263 | + 49.011 |
| $v'$ $\alpha$ | + 1.841 | + 2.441 | + 2.494 | + 3.993 | − 1.307 | + 1.829 | + 0.293 | − 0.255 | + 11.329 |
| $\alpha + \beta$ | + 3.338 | + 3.756 | + 3.228 | + 5.546 | − 4.845 | + 2.282 | − 0.761 | − 1.356 | + 11.188 |
| $\gamma + \delta$ | + 1.886 | + 0.381 | + 1.568 | − 8.197 | + 0.059 | − 2.850 | − 2.642 | − 2.263 | − 12.058 |
| $\delta$ | + 0.329 | − 0.722 | − 0.501 | − 5.094 | − 0.681 | − 2.065 | − 1.707 | − 1.249 | − 11.690 |
| $\Delta' W$ | +123.4 | +173.4 | +110.6 | +715.0 | −224.0 | +265.3 | +107.9 | + 17.6 | |
| $W' = \overline{W} + \Delta' W$ | + 41.4 | − 11.6 | − 3.4 | + 24.0 | − 20.0 | − 0.7 | + 0.9 | − 34.4 | |
| $10^5 \Delta^1 \overline{k}$ | − 17.26 | − 3.30 | − 2.89 | − 7.59 | + 7.25 | + 6.35 | + 8.50 | + 16.56 | + 7.62 |
| $\varkappa_4 \Delta^1 \overline{k}$ | − 0.155 | − 0.030 | − 0.026 | − 0.068 | + 0.065 | + 0.057 | + 0.076 | + 0.149 | + 0.068 |
| $\varkappa_5$ „ | − 254 | − 49 | − 43 | − 112 | + 107 | + 94 | + 125 | + 244 | + 112 |
| $\varkappa_7$ „ | − 373 | − 71 | − 62 | − 164 | + 157 | + 137 | + 184 | + 358 | + 166 |
| $\varkappa_8$ „ | − 461 | − 88 | − 77 | − 203 | + 194 | + 169 | + 227 | + 442 | + 203 |
| $v''$ $\alpha$ | − 0.254 | + 0.106 | − 0.013 | − 0.086 | + 0.175 | + 0.029 | + 0.068 | + 0.168 | + 0.193 |
| $\alpha + \beta$ | − 461 | + 285 | − 6 | − 141 | + 358 | + 12 | + 90 | + 258 | + 395 |
| $\gamma + \delta$ | + 390 | + 26 | − 87 | + 360 | − 57 | + 15 | + 131 | − 442 | + 336 |
| $\delta$ | + 224 | + 23 | − 25 | + 177 | − 50 | − 18 | + 24 | − 244 | + 111 |
| $\Delta'' W$ | − 42.5 | + 10.4 | + 3.7 | − 24.8 | + 21.6 | + 0.8 | − 0.8 | + 31.9 | |
| $W'' = W' + \Delta'' W$ | − 1.1 | − 1.2 | + 0.3 | − 0.8 | + 1.6 | + 0.1 | + 0.1 | − 2.5 | |
| $10^5 \Delta^2 \overline{k}$ | + 0.76 | + 0.87 | + 0.29 | + 0.07 | − 0.60 | − 0.14 | + 0.33 | + 1.19 | + 2.77 |
| $\varkappa_4 \Delta^2 \overline{k}$ | + 0.007 | + 0.008 | + 0.003 | + 0.001 | − 0.005 | − 0.001 | + 0.003 | + 0.011 | + 0.027 |
| $\varkappa_5$ „ | + 11 | + 13 | + 4 | + 1 | − 9 | − 2 | + 5 | + 18 | + 41 |
| $\varkappa_7$ „ | + 16 | + 19 | + 6 | + 2 | − 13 | − 3 | + 7 | + 26 | + 60 |
| $\varkappa_8$ „ | + 20 | + 23 | + 8 | + 2 | − 16 | − 4 | + 9 | + 32 | + 74 |
| $v'''$ $\alpha$ | + 0.011 | + 0.006 | − 0.004 | − 0.002 | − 0.010 | + 0.003 | + 0.006 | + 0.015 | + 0.025 |
| $\alpha + \beta$ | + 20 | + 7 | − 11 | − 4 | − 18 | + 9 | + 12 | + 25 | + 40 |
| $\gamma + \delta$ | − 1 | − 17 | − 6 | − 15 | + 13 | + 11 | + 17 | − 32 | − 30 |
| $\delta$ | − 3 | − 10 | − 3 | − 6 | + 8 | + 5 | + 6 | − 18 | − 21 |
| $\Delta''' W$ | + 1.2 | + 1.1 | − 0.2 | + 0.5 | − 1.6 | − 0.1 | − 0.2 | + 2.7 | |
| $W''' = W'' + \Delta''' W$ | + 0.1 | − 0.1 | + 0.1 | − 0.3 | 0.0 | 0.0 | − 0.1 | + 0.2 | |
| $10^5 \overline{k}$ | +108.56 | +239.47 | +314.05 | +456.47 | +200.55 | +248.57 | +176.40 | +102.53 | +1846.60 |
| $\varkappa_1 \overline{k}$ | + 0.228 | + 0.504 | + 0.661 | + 0.960 | + 0.422 | + 0.523 | + 0.371 | + 0.216 | + 3.885 |
| $\varkappa_2$ „ | + 0.325 | + 0.716 | + 0.939 | + 1.365 | + 0.600 | + 0.743 | + 0.528 | + 0.307 | + 5.523 |
| $\varkappa_3$ „ | + 1.370 | + 3.023 | + 3.965 | + 5.762 | + 2.532 | + 3.138 | + 2.227 | + 1.294 | + 23.311 |
| $\varkappa_4$ „ | + 0.974 | + 2.149 | + 2.818 | + 4.096 | + 1.799 | + 2.230 | + 1.583 | + 0.920 | + 16.569 |
| $\varkappa_5$ „ | + 1.599 | + 3.527 | + 4.625 | + 6.723 | + 2.954 | + 3.661 | + 2.598 | + 1.510 | + 27.197 |
| $\varkappa_6$ „ | + 1.299 | + 2.865 | + 3.757 | + 5.461 | + 2.399 | + 2.974 | + 2.110 | + 1.227 | + 22.092 |
| $v(\alpha)$ | + 1.60 | + 2.55 | + 2.48 | + 3.90 | − 1.14 | + 1.86 | + 0.37 | − 0.07 | + 11.55 |
| $v(\beta)$ | + 1.50 | + 1.29 | + 0.73 | + 1.50 | − 3.36 | + 0.44 | − 1.03 | − 1.00 | + 0.07 |
| $v(\gamma)$ | + 1.72 | + 1.10 | + 2.00 | − 2.93 | + 0.74 | − 0.75 | − 0.82 | − 1.23 | − 0.16 |
| $v(\delta)$ | + 0.55 | − 0.71 | − 0.53 | − 4.92 | − 0.72 | − 2.08 | − 1.68 | − 1.51 | − 11.60 |

Tabelle 18

| Raute Nr. | A {β, α, α+β, γ+δ, δ, γ} ° | ′ | B {β′, α′, α′+β′, γ′+δ′, δ′, γ′} ° | ′ | (E) log sin A | (E) log sin B |
|---|---|---|---|---|---|---|
| | 103 | 7.7 | 89 | 12.7 | | |
| | 49 | 39.6 | 61 | 33.6 | 9.88208 | 9.94414 |
| 1 | 152 | 47.3 | 150 | 46.3 | 0.33982 | 0.31132 |
| | 143 | 27.5 | 140 | 29.6 | 9.77482 | 9.80357 |
| | 51 | 34.2 | 64 | 43.3 | 0.10603 | 0.04371 |
| | 91 | 53.3 | 75 | 46.3 | 0.10275 | 0.10274 |
| | 90 | 56.4 | 89 | 6.7 | | |
| | 48 | 37.9 | 57 | 21.8 | 9.87534 | 9.92536 |
| 2 | 139 | 34.3 | 146 | 28.5 | 0.18809 | 0.25782 |
| | 139 | 52.1 | 149 | 28.0 | 9.80926 | 9.70590 |
| | 53 | 10.1 | 56 | 13.1 | 0.09669 | 0.08031 |
| | 86 | 42.0 | 93 | 14.9 | 9.96938 | 9.96939 |
| | 95 | 16.0 | 85 | 13.5 | | |
| | 51 | 16.7 | 64 | 8.7 | 9.89220 | 9.95419 |
| 3 | 146 | 32.7 | 149 | 22.2 | 0.25862 | 0.29286 |
| | 146 | 58.3 | 152 | 12.8 | 9.73644 | 9.66856 |
| | 56 | 37.5 | 63 | 3.1 | 0.07827 | 0.04992 |
| | 90 | 20.8 | 89 | 9.7 | 9.96553 | 9.96553 |
| | 95 | 2.2 | 93 | 9.3 | | |
| | 53 | 49.8 | 58 | 31.8 | 9.90702 | 9.93090 |
| 4 | 148 | 52.0 | 151 | 41.1 | 0.28648 | 0.32393 |
| | 142 | 52.4 | 152 | 32.5 | 9.78073 | 9.66380 |
| | 68 | 36.3 | 55 | 0.1 | 0.03100 | 0.08663 |
| | 74 | 16.1 | 97 | 32.4 | 0.00523 | 0.00526 |
| | 100 | 3.4 | 75 | 33.0 | | |
| | 50 | 59.9 | 73 | 58.8 | 9.89049 | 9.98280 |
| 5 | 151 | 3.3 | 149 | 31.8 | 0.31518 | 0.29492 |
| | 149 | 5.9 | 150 | 6.3 | 9.71060 | 9.69758 |
| | 51 | 20.6 | 63 | 28.0 | 0.10740 | 0.04833 |
| | 97 | 45.3 | 86 | 38.3 | 0.02367 | 0.02363 |
| | 83 | 56.8 | 110 | 2.8 | | |
| | 59 | 52.8 | 39 | 34.4 | 9.93701 | 9.80418 |
| 6 | 143 | 49.6 | 149 | 37.2 | 0.22898 | 0.29608 |
| | 147 | 19.6 | 145 | 52.0 | 9.73227 | 9.74906 |
| | 70 | 3.5 | 57 | 7.7 | 0.02684 | 0.07578 |
| | 77 | 16.1 | 88 | 44.3 | 9.92510 | 9.92510 |
| | 98 | 50.2 | 79 | 16.4 | | |
| | 52 | 1.9 | 72 | 7.6 | 9.89672 | 9.97851 |
| 7 | 150 | 52.1 | 151 | 24.0 | 0.31263 | 0.31994 |
| | 146 | 55.0 | 150 | 56.5 | 9.73708 | 9.68637 |
| | 53 | 56.6 | 62 | 1.5 | 0.09236 | 0.05396 |
| | 92 | 58.4 | 88 | 55.0 | 0.03879 | 0.03878 |
| | 90 | 45.4 | 110 | 6.1 | | |
| | 59 | 47.1 | 41 | 4.9 | 9.93659 | 9.81765 |
| 8 | 150 | 32.5 | 151 | 11.0 | 0.30822 | 0.31695 |
| | 143 | 18.4 | 133 | 13.2 | 9.77636 | 9.86257 |
| | 61 | 17.7 | 56 | 5.4 | 0.05695 | 0.08097 |
| | 82 | 0.7 | 77 | 7.8 | 0.07812 | 0.07814 |

welche mit $\varkappa_1$ bis $\varkappa_6$ multipliziert werden und dann gemäß (133) und (134 a) die endgültigen Richtungs- bzw. Winkelverbesserungen liefern.

Genau so verläuft die Behandlung des zweiten Falles in Tab. 17c, nur daß eben die Korrelatentabelle 17 b statt 4 b benutzt wird. Die bessere Konvergenz des Verfahrens ist unleugbar; schon nach der dritten Näherung sind ersichtlich die Widersprüche besser beseitigt als im ersten Fall (Tab. 16) nach fünf Näherungen. Da die Aufstellung der Tabellen 17 a, b nur etwa eine Stunde, jedenfalls weniger Zeit in Anspruch nimmt als die Durchführung einer einzigen Näherung, so lohnt sich diese geringe Mehrarbeit durchaus. Unter Umständen hätten hier sogar schon zwei Näherungen genügt, da bei konsequenter Beibehaltung der fünfstelligen Logarithmenrechnung durch die zahlreichen Abrundungen im Laufe der weiteren Rechnung die vollkommene Beseitigung der Widersprüche doch nicht erreicht wird. Überhaupt könnte man in praktischen Fällen auf eine Stelle bei der Durchrechnung der Tabellen 16 bzw. 17 c verzichten; die hohe Genauigkeit wurde hier nur zum Zwecke der Gegenüberstellung beider Verfahren beibehalten.

Vergleicht man die endgültigen Winkelverbesserungen am Schluß der Tabellen 16 und 17 c oder die Richtungsverbesserungen, welche in Tabelle 14 nebeneinander aufgeführt sind, so fällt auf, daß die Spitzenverbesserungen erheblich abgeglichen werden, wenn man auf die tatsächliche Rautenform Rücksicht nimmt, während im übrigen die Unterschiede nur geringfügig sind.

Für die weitere Rechnung wurden nur die Richtungsverbesserungen im zweiten Fall benutzt und außerdem Richtung (176° 15′,4) und Länge (3.48316) der ersten Seite $N_0 N_1$ als gegeben vorausgesetzt. Aus den damit leicht herzuleitenden ausgeglichenen Richtungen (Tab. 14) werden nochmals die Rautenwinkel gebildet und zur Schlußkontrolle die Seitengleichungen aufgestellt (Tab. 18). Mit den gleichzeitig gewonnenen Übertragungsfaktoren ergeben sich dann sukzessive auch die Längen $l$ aller Seiten des Nadirzuges (Tab. 14).

Der mittlere Fehler einer einmal beobachteten Richtung (Beobachtung vom Gewicht 1) beträgt $\mu = \sqrt{\frac{[pvv]}{8}}$. Die mit Hilfe der Verbesserungen aus Tabelle 14 gebildete Summe $[pvv]$ muß nach einer bekannten Rechenkontrolle mit $-[Wk]$ übereinstimmen. Wegen (18 b) und (132 b) ist auch $[Wk] = \frac{N}{8} \cos^2\vartheta \left(\frac{\varrho}{M}\right)^2 \overline{[Wk]}$, wobei $\overline{W}$ und $\bar{k}$ der Tabelle 16 bzw. 17 c zu entnehmen sind. Die Ausführung der Rechnung ergibt

$$\vartheta = 45^0 \qquad [pvv] = 112{,}06 \qquad [Wk] = 117{,}65 \qquad \mu = 3',7;$$
$$\vartheta = 57^0\,28' \qquad [pvv] = 101{,}89 \qquad [Wk] = 102{,}81 \qquad \mu = 3',6.$$

Bei kurzen Ketten mag es vorteilhafter sein, von den streng gültigen Bedingungsgleichungen (20) auszugehen, die Koeffizienten der wenigen Normalgleichungen zu bilden und diese direkt aufzulösen. Dagegen dürfte das hier gezeigte Approximationsverfahren für lange Ketten vorzuziehen sein.

Wie schon des öfteren erwähnt, kann man unter Verzicht auf die äußerste Genauigkeit auch einfacher die Nadirkette einmal mit Hilfe der oberhalb und ein zweites Mal mit den darunter liegenden Dreiecken durchrechnen und das arithmetische Mittel nehmen. Ein kurzer Vergleich der in der 5. und 7. Spalte von Tabelle 15 gebildeten Summen mit den entsprechenden von Tab. 18 zeigt schon, daß die letzten annähernd mit dem arithmetischen Mittel der ersten beiden übereinstimmen.

# Fehler-Tabellen

## Erläuterung

Die Tabelle gibt die Quadrate der Längs-, Quer- und Punktfehler von 15 aufeinanderfolgenden Nadiren einer Rautenkette. Ihr Anfangspunkt Nadir Nr. 0 und der Nadir Nr. $s$ sind Festpunkte, wobei alle Möglichkeiten ($s = 1, 2, \dots 15$) ausgeschöpft sind.

Für Winkelmessungen ($W$) wurde vorausgesetzt, daß alle Winkel unabhängig voneinander je mit dem mittleren Fehler $\mu \sqrt{2}$ gemessen wurden, entsprechend dem mittleren Fehler $\mu$ für eine einmal beobachtete Richtung. Bei Richtungsbeobachtungen ($R$) wurde sowohl der einfach beobachtete Richtungssatz ($e$) betrachtet, wie auch der optimal beobachtete Richtungssatz ($o$). In diesem sind die Richtungen zwischen den Nadiren je einmal, jene nach den Hilfspunkten dagegen je dreimal gemessen, wodurch eine nahezu kreisförmige Fehlerellipse für den eingeschalteten Nadir erreicht wird.

Da die Genauigkeit eines Punktes von der Auswahl der zu seiner Berechnung herangezogenen Beobachtungen abhängt, mußten mehrere (auch praktisch mögliche) Fälle ins Auge gefaßt werden.

($ü$) Für die Punkteinschaltung wurde keine überschüssige Beobachtung und nur eine überschlagene Dreieckskette benutzt, welche ganz auf einer Seite des Nadirzuges liegt.

($m$) Der Punkt wurde einmal wie unter ($ü$) eingeschaltet und ein zweites Mal ebenso mit Hilfe der ganz auf der anderen Seite des Nadirzuges gelegenen Dreieckskette, wobei dieselben Beobachtungen zwischen den aufeinanderfolgenden Nadiren verwendet wurden. Das darauf gebildete arithmetische Mittel aus den beiden Ergebnissen erfaßt also alle Beobachtungen in dem Stück der Rautenkette, das zwischen den Festpunkten und dem Neupunkt liegt.

($a$) Es wurden sämtliche Beobachtungen herangezogen und nach der Methode der kleinsten Fehlerquadratsumme streng ausgeglichen. Die Genauigkeit hängt etwas von der Kettenlänge ab und erfordert die Betrachtung der wichtigsten Spezialfälle.

•—• Die Kette ist zwischen den Punkten $(0, s)$ ausgespannt — minimale Länge.

•→ Ein Festpunkt (Nadir 0) begrenzt die Kette auf der einen Seite, während sie sich nach der anderen Seite ins Unendliche erstreckt.

←→ Die Kette ist beiderseits nach Unendlich ausgedehnt.

Sobald der äußerste Nadir kein Festpunkt ist, kann die Kette praktisch wie eine nach dieser Seite ins Unendliche gehende aufgefaßt werden.

Bei den Tabellenwerten $m'^2_k$ ist die schematische Rautenkette ($\vartheta = 45^0$) zugrunde gelegt und die Festpunkte selbst sind als fehlerfrei vorausgesetzt. Berücksichtigt man auch deren Lagefehler (Längs-, Quer- oder Punktfehler) $\pm m_o$ bzw. $\pm m_s$, so erhält man für den Fehler des Nadirs Nr. $k$

$$m^2_k = g_o m^2_o + g_s m^2_s + m'^2_k \left(l \frac{\mu}{\varrho}\right)^2,$$

wo die Werte $g_o = \left(\frac{k-s}{s}\right)^2$ und $g_s = \left(\frac{k}{s}\right)^2$ ebenfalls in der Tabelle angegeben sind und $l$ der Abstand zweier aufeinanderfolgender Nadire (= halbe Rautendiagonale) bedeutet. Der Faktor $\left(l \frac{\mu}{\varrho}\right)$ kann aus Tab. 9, S. 60 entnommen werden; $m_k$ wird in Metern erhalten, wenn auch $\left(l \frac{\mu}{\varrho}\right)$, $m_o$ und $m_s$ in dieser Einheit eingeführt sind.

Der Querfehler ist von $\vartheta$ unabhängig. Beim Längsfehler kann man die tatsächliche Rautenform ($2\vartheta$ = mittlerer Rautenwinkel im Nadir) in den Fällen $(m, a)$ berücksichtigen, indem die entsprechenden Tabellenwerte $m'_k$ mit $\varepsilon(\vartheta)$ — s. Tab. 12a, b, S. 71 — multipliziert werden.

**$S = 1$**

| | Nadir Nr. | | | $N_0$ | $N_1$ | $N_2$ | $N_3$ | $N_4$ | $N_5$ | $N_6$ | $N_7$ | $N_8$ | $N_9$ | $N_{10}$ | $N_{11}$ | $N_{12}$ | $N_{13}$ | $N_{14}$ | $N_{15}$ |
|---|---|---|---|---|---|---|---|---|---|---|---|---|---|---|---|---|---|---|---|
| | | | $g_o$ | 1 | 0 | 1 | 4 | 9 | 16 | 25 | 36 | 49 | 64 | 81 | 100 | 121 | 144 | 169 | 196 |
| | | | $g_s$ | 0 | 1 | 4 | 9 | 16 | 25 | 36 | 49 | 64 | 81 | 100 | 121 | 144 | 169 | 196 | 225 |
| Längsfehler | *W* | — | *ü* | | | 20,00 | 100,00 | 280,00 | 600,00 | 1100,00 | 1820,0 | 2800,0 | 4080,0 | 5700,0 | 7700,0 | 10120,0 | 13000,0 | 16380,0 | 20300,0 |
| | *W* | — | *m, a* | | | 10,00 | 50,00 | 140,00 | 300,00 | 550,00 | 910,0 | 1400,0 | 2040,0 | 2850,0 | 3850,0 | 5060,0 | 6500,0 | 8190,0 | 10150,0 |
| | *R* | *e* | *ü* | | | 22,00 | 94,00 | 244,00 | 500,00 | 890,00 | 1442,0 | 2184,0 | 3144,0 | 4350,0 | 5830,0 | 7612,0 | 9724,0 | 12194,0 | 15050,0 |
| | *R* | *e* | *m, a* | | | 6,00 | 30,00 | 84,00 | 180,00 | 330,00 | 546,0 | 840,0 | 1224,0 | 1710,0 | 2310,0 | 3036,0 | 3900,0 | 4914,0 | 6090,0 |
| | *R* | *o* | *ü* | | | 14,00 | 54,00 | 132,00 | 260,00 | 450,00 | 714,0 | 1064,0 | 1512,0 | 2070,0 | 2750,0 | 3564,0 | 4524,0 | 5642,0 | 6930,0 |
| | *R* | *o* | *m, a* | | | 2,00 | 10,00 | 28,00 | 60,00 | 110,00 | 182,0 | 280,0 | 408,0 | 570,0 | 770,0 | 1012,0 | 1300,0 | 1638,0 | 2030,0 |
| Querfehler | *W* | — | *ü* | | | 4,00 | 20,00 | 56,00 | 120,00 | 220,00 | 364,0 | 560,0 | 816,0 | 1140,0 | 1540,0 | 2024,0 | 2600,0 | 3276,0 | 4060,0 |
| | *W* / *R* | — / *e, o* | *m, a* / *ü, m* | | | 2,00 | 10,00 | 28,00 | 60,00 | 110,00 | 182,0 | 280,0 | 408,0 | 570,0 | 770,0 | 1012,0 | 1300,0 | 1638,0 | 2030,0 |
| | *R* | *e* | *a*·—· | | | (2,00) | — | — | — | — | — | — | — | — | — | — | — | — | — |
| | *R* | *e* | *a*·→ | | | 1,71 | 8,31 | 24,08 | 53,19 | 99,73 | 167,7 | 261,2 | 384,1 | 540,0 | 734,3 | 969,6 | 1250,4 | 1580,6 | 1964,3 |
| | *R* | *e* | *a*←→ | | | 1,46 | 7,03 | 20,84 | 47,06 | 89,76 | 153,0 | 240,7 | 357,0 | 505,8 | 691,2 | 917,1 | 1187,5 | 1506,5 | 1878,0 |
| | *R* | *o* | *a*·—· | | | (2,00) | — | — | — | — | — | — | — | — | — | — | — | — | — |
| | *R* | *o* | *a*·→ | | | 1,56 | 7,45 | 21,92 | 49,26 | 93,68 | 159,2 | 250,0 | 370,0 | 523,2 | 713,7 | 945,4 | 1222,3 | 1548,5 | 1927,8 |
| | *R* | *o* | *a*←→ | | | 1,24 | 5,60 | 16,93 | 39,42 | 77,24 | 134,5 | 215,2 | 323,5 | 463,2 | 638,5 | 853,3 | 1111,6 | 1417,5 | 1774,9 |
| Punktfehler | *W* | — | *ü* | | | 24,00 | 120,00 | 336,00 | 720,00 | 1320,00 | 2184,0 | 3360,0 | 4896,0 | 6840,0 | 9240,0 | 12144,0 | 15600,0 | 19656,0 | 24360,0 |
| | *W* | — | *m, a* | | | 12,00 | 60,00 | 168,00 | 360,00 | 660,00 | 1092,0 | 1680,0 | 2448,0 | 3420,0 | 4620,0 | 6072,0 | 7800,0 | 9828,0 | 12180,0 |
| | *R* | *e* | *ü* | | | 24,00 | 104,00 | 272,00 | 560,00 | 1000,00 | 1624,0 | 2464,0 | 3552,0 | 4920,0 | 6600,0 | 8624,0 | 11024,0 | 13832,0 | 17080,0 |
| | *R* | *e* | *m* | | | 8,00 | 40,00 | 112,00 | 240,00 | 440,00 | 728,0 | 1120,0 | 1632,0 | 2280,0 | 3080,0 | 4048,0 | 5200,0 | 6552,0 | 8120,0 |
| | *R* | *e* | *a*←→ | | | 7,46 | 37,03 | 104,84 | 227,06 | 419,76 | 699,0 | 1080,7 | 1581,0 | 2215,8 | 3001,2 | 3953,1 | 5087,5 | 6420,5 | 7968,0 |
| | *R* | *o* | *ü* | | | 16,00 | 64,00 | 160,00 | 320,00 | 560,00 | 896,0 | 1344,0 | 1920,0 | 2640,0 | 3520,0 | 4576,0 | 5824,0 | 7280,0 | 8960,0 |
| | *R* | *o* | *m* | | | 4,00 | 20,00 | 56,00 | 120,00 | 220,00 | 364,0 | 560,0 | 816,0 | 1140,0 | 1540,0 | 2024,0 | 2600,0 | 3276,0 | 4060,0 |
| | *R* | *o* | *a*←→ | | | 3,24 | 15,60 | 44,93 | 99,42 | 187,24 | 316,5 | 495,2 | 731,5 | 1033,2 | 1408,5 | 1865,3 | 2411,6 | 3055,5 | 3804,9 |

**S** = 2

| | Nadir Nr. | $N_0$ | $N_1$ | $N_2$ | $N_3$ | $N_4$ | $N_5$ | $N_6$ | $N_7$ | $N_8$ | $N_9$ | $N_{10}$ | $N_{11}$ | $N_{12}$ | $N_{13}$ | $N_{14}$ | $N_{15}$ |
|---|---|---|---|---|---|---|---|---|---|---|---|---|---|---|---|---|---|
| | $g_o$ | 1 | 0,25 | 0 | 0,25 | 1 | 2,25 | 4 | 6,25 | 9 | 12,25 | 16 | 20,25 | 25 | 30,25 | 36 | 42,25 |
| | $g_s$ | 0 | 0,25 | 1 | 2,25 | 4 | 6,25 | 9 | 12,25 | 16 | 20,25 | 25 | 30,25 | 36 | 42,25 | 49 | 56,25 |
| Längsfehler | *W — ü* | | 5,00 | | 25,00 | 120,00 | 325,00 | 680,00 | 1225,00 | 2000,0 | 3045,0 | 4400,0 | 6105,0 | 8200,0 | 10725,0 | 13720,0 | 17225,0 |
| | *W — m, a* | | 2,50 | | 12,50 | 60,00 | 162,50 | 340,00 | 612,50 | 1000,0 | 1522,5 | 2200,0 | 3052,5 | 4100,0 | 5362,5 | 6860,0 | 8612,5 |
| | *R e ü* | | 5,50 | | 23,50 | 100,00 | 257,50 | 524,00 | 927,50 | 1496,0 | 2257,5 | 3240,0 | 4471,5 | 5980,0 | 7793,5 | 9940,0 | 12447,5 |
| | *R e m, a* | | 1,50 | | 7,50 | 36,00 | 97,50 | 204,00 | 367,50 | 600,0 | 913,5 | 1320,0 | 1831,5 | 2460,0 | 3217,5 | 4116,0 | 5167,5 |
| | *R o ü* | | 3,50 | | 13,50 | 52,00 | 127,50 | 252,00 | 437,50 | 696,0 | 1039,5 | 1480,0 | 2029,5 | 2700,0 | 3503,5 | 4452,0 | 5557,5 |
| | *R o m, a* | | 0,50 | | 2,50 | 12,00 | 32,50 | 68,00 | 122,50 | 200,0 | 304,5 | 440,0 | 610,5 | 820,0 | 1072,5 | 1372,0 | 1722,5 |
| Querfehler | *W — ü* | | 1,00 | | 5,00 | 24,00 | 65,00 | 136,00 | 245,00 | 400,0 | 609,0 | 880,0 | 1221,0 | 1640,0 | 2145,0 | 2744,0 | 3445,0 |
| | *W — m, a* } *R e, o ü, m* } | | 0,50 | | 2,50 | 12,00 | 32,50 | 68,00 | 122,50 | 200,0 | 304,5 | 440,0 | 610,5 | 820,0 | 1072,5 | 1372,0 | 1722,5 |
| | *R e a* ·—· | | 0,50 | | — | — | — | — | — | — | — | — | — | — | — | — | — |
| | *R e a* ·→ | | 0,43 | | 1,91 | 9,35 | 26,69 | 58,11 | 107,70 | 179,4 | 277,3 | 405,4 | 567,6 | 768,0 | 1010,6 | 1299,5 | 1638,4 |
| | *R e a* ←→ | | 0,36 | | 1,76 | 8,71 | 25,18 | 55,35 | 103,29 | 173,0 | 268,6 | 393,9 | 553,0 | 750,0 | 988,7 | 1273,3 | 1607,6 |
| | *R o a* ·—· | | 0,50 | | — | — | — | — | — | — | — | — | — | — | — | — | — |
| | *R o a* ·→ | | 0,81 | | 3,90 | 18,90 | 53,23 | 115,13 | 212,78 | 354,3 | 547,6 | 800,9 | 1122,0 | 1519,1 | 2000,0 | 2572,9 | 3245,7 |
| | *R o a* ←→ | | 0,31 | | 1,40 | 6,90 | 20,73 | 47,13 | 90,28 | 154,3 | 243,1 | 360,9 | 511,5 | 699,1 | 927,5 | 1200,9 | 1523,2 |
| Punktfehler | *W — ü* | | 6,00 | | 30,00 | 144,00 | 390,00 | 816,00 | 1470,00 | 2400,0 | 3654,0 | 5280,0 | 7326,0 | 9840,0 | 12870,0 | 16464,0 | 20670,0 |
| | *W — m, a* | | 3,00 | | 15,00 | 72,00 | 195,00 | 408,00 | 735,00 | 1200,0 | 1827,0 | 2640,0 | 3663,0 | 4920,0 | 6435,0 | 8232,0 | 10335,0 |
| | *R e ü* | | 6,00 | | 26,00 | 112,00 | 290,00 | 592,00 | 1050,00 | 1696,0 | 2562,0 | 3680,0 | 5082,0 | 6800,0 | 8866,0 | 11312,0 | 14170,0 |
| | *R e m* | | 2,00 | | 10,00 | 48,00 | 130,00 | 272,00 | 490,00 | 800,0 | 1218,0 | 1760,0 | 2442,0 | 3280,0 | 4290,0 | 5488,0 | 6890,0 |
| | *R e a* ←→ | | 1,86 | | 9,26 | 44,71 | 122,68 | 259,35 | 470,79 | 773,0 | 1182,1 | 1713,9 | 2384,5 | 3210,0 | 4206,2 | 5389,3 | 6775,1 |
| | *R o ü* | | 4,00 | | 16,00 | 64,00 | 160,00 | 320,00 | 560,00 | 896,0 | 1344,0 | 1920,0 | 2640,0 | 3520,0 | 4576,0 | 5824,0 | 7280,0 |
| | *R o m* | | 1,00 | | 5,00 | 24,00 | 65,00 | 136,00 | 245,00 | 400,0 | 609,0 | 880,0 | 1221,0 | 1640,0 | 2145,0 | 2744,0 | 3445,0 |
| | *R o a* ←→ | | 0,81 | | 3,90 | 18,90 | 53,23 | 115,13 | 212,78 | 354,3 | 547,6 | 800,9 | 1122,0 | 1519,1 | 2000,0 | 2572,9 | 3245,7 |

**$S = 3$**

| | Nadir Nr. | $N_0$ | $N_1$ | $N_2$ | $N_3$ | $N_4$ | $N_5$ | $N_6$ | $N_7$ | $N_8$ | $N_9$ | $N_{10}$ | $N_{11}$ | $N_{12}$ | $N_{13}$ | $N_{14}$ | $N_{15}$ |
|---|---|---|---|---|---|---|---|---|---|---|---|---|---|---|---|---|---|
| | $g_o$ | 1 | 0,44 | 0,11 | 0 | 0,11 | 0,44 | 1 | 1,78 | 2,78 | 4 | 5,44 | 7,11 | 9 | 11,11 | 13,44 | 16 |
| | $g_s$ | 0 | 0,11 | 0,44 | 1 | 1,78 | 2;78 | 4 | 5,44 | 7,11 | 9 | 11,11 | 13,44 | 16 | 18,78 | 21,78 | 25 |
| Längsfehler | *W* — *ü* | | 11,11 | 11,11 | | 31,11 | 144,44 | 380,00 | 777,78 | 1377,8 | 2220,0 | 3344,4 | 4791,1 | 6600,0 | 8811,1 | 11464,4 | 14600,0 |
| | *W* — *m, a* | | 5,56 | 5,56 | | 25,56 | 72,22 | 190,00 | 338,89 | 688,9 | 1110,0 | 1672,2 | 2395,6 | 3300,0 | 4405,6 | 5732,2 | 7300,0 |
| | *R e ü* | | 10,44 | 10,44 | | 27,11 | 114,44 | 290,00 | 581,78 | 1017,8 | 1626,0 | 2434,4 | 3471,1 | 4764,0 | 6341,1 | 8230,4 | 10460,0 |
| | *R e m, a* | | 3,33 | 3,33 | | 9,33 | 43,33 | 114,00 | 233,33 | 413,3 | 666,0 | 1003,3 | 1437,3 | 1980,0 | 2643,3 | 3439,3 | 4380,0 |
| | *R o ü* | | 6,00 | 6,00 | | 14,67 | 56,67 | 138,00 | 270,67 | 466,7 | 738,0 | 1096,7 | 1554,7 | 2124,0 | 2816,7 | 3644,7 | 4620,0 |
| | *R o m, a* | | 1,11 | 1,11 | | 3,11 | 14,44 | 38,00 | 77,78 | 137,8 | 222,0 | 334,4 | 479,1 | 660,0 | 881,1 | 1146,4 | 1460,0 |
| Querfehler | *W* — *ü* | | 2,22 | 2,22 | | 6,22 | 28,89 | 76,00 | 155,56 | 275,6 | 444,0 | 668,9 | 958,2 | 1320,0 | 1762,2 | 2292,9 | 2920,0 |
| | *W* — *m, a* }<br>*R e, o ü, m* } | | 1,11 | 1,11 | | 3,11 | 14,44 | 38,00 | 77,78 | 137,8 | 222,0 | 334,4 | 479,1 | 660,0 | 881,1 | 1146,4 | 1460,0 |
| | *R e a* ·—· | | 0,99 | 0,99 | | — | — | — | — | — | — | — | — | — | — | — | — |
| | *R e a* ·→ | | 0,92 | 0,85 | | 2,40 | 11,54 | 31,86 | 67,55 | 122,6 | 201,2 | 307,2 | 444,6 | 617,5 | 829,9 | 1085,7 | 1388,8 |
| | *R e a* ←→ | | 0,78 | 0,78 | | 2,32 | 11,19 | 31,06 | 66,11 | 120,4 | 197,9 | 302,7 | 438,8 | 610,1 | 820,7 | 1074,6 | 1375,7 |
| | *R o a* ·—· | | 0,96 | 0,96 | | — | — | — | — | — | — | — | — | — | — | — | — |
| | *R o a* ·→ | | 0,83 | 0,74 | | 2,06 | 9,97 | 28,21 | 61,09 | 112,7 | 187,3 | 288,8 | 421,1 | 588,4 | 794,6 | 1043,8 | 1339,9 |
| | *R o a* ←→ | | 0,62 | 0,62 | | 1,88 | 9,21 | 26,43 | 57,84 | 107,6 | 179,8 | 278,4 | 407,5 | 571,1 | 773,2 | 1017,8 | 1308,9 |
| Punktfehler | *W* — *ü* | | 13,33 | 13,33 | | 37,33 | 173,33 | 456,00 | 933,33 | 1653,3 | 2664,0 | 4013,3 | 5749,3 | 7920,0 | 10573,3 | 13757,3 | 17520,0 |
| | *W* — *m, a* | | 6,67 | 6,67 | | 18,67 | 86,67 | 228,00 | 466,67 | 826,7 | 1332,0 | 2006,7 | 2874,7 | 3960,0 | 5286,7 | 6878,7 | 8760,0 |
| | *R e ü* | | 11,55 | 11,55 | | 30,22 | 128,88 | 328,00 | 659,56 | 1155,6 | 1848,0 | 2768,8 | 3950,2 | 5424,0 | 7222,2 | 9376,8 | 11920,0 |
| | *R e m* | | 4,44 | 4,44 | | 12,44 | 57,77 | 152,00 | 311,11 | 551,1 | 888,0 | 1337,7 | 1916,4 | 2640,0 | 3524,4 | 4585,7 | 5840,0 |
| | *R e a* ←→ | | 4,11 | 4,11 | | 11,65 | 54,52 | 145,06 | 299,44 | 533,7 | 863,9 | 1306,0 | 1876,1 | 2590,1 | 3464,0 | 4513,9 | 5755,7 |
| | *R o ü* | | 7,11 | 7,11 | | 17,78 | 71,11 | 176,00 | 348,45 | 604,5 | 960,0 | 1431,1 | 2033,8 | 2784,0 | 3697,8 | 4791,1 | 6080,0 |
| | *R o m* | | 2,22 | 2,22 | | 6,22 | 28,89 | 76,00 | 155,56 | 275,6 | 444,0 | 668,9 | 958,2 | 1320,0 | 1762,2 | 2292,9 | 2920,0 |
| | *R o a* ←→ | | 1,73 | 1,73 | | 4,99 | 23,65 | 64,43 | 135,62 | 245,4 | 401,8 | 612,8 | 886,6 | 1231,1 | 1654,3 | 2164,2 | 2768,9 |

**$S = 4$**

| | Nadir Nr. | $N_0$ | $N_1$ | $N_2$ | $N_3$ | $N_4$ | $N_5$ | $N_6$ | $N_7$ | $N_8$ | $N_9$ | $N_{10}$ | $N_{11}$ | $N_{12}$ | $N_{13}$ | $N_{14}$ | $N_{15}$ |
|---|---|---|---|---|---|---|---|---|---|---|---|---|---|---|---|---|---|
| | $g_o$ | 1 | 0,56 | 0,25 | 0,06 | 0 | 0,06 | 0,25 | 0,56 | 1 | 1,56 | 2,25 | 3,06 | 4 | 5,06 | 6,25 | 7,56 |
| | $g_s$ | 0 | 0,06 | 0,25 | 0,56 | 1 | 1,56 | 2,25 | 3,06 | 4 | 5,06 | 6,25 | 7,56 | 9 | 10,56 | 12,25 | 14,06 |
| Längsfehler | *W* — *ü* | | 17,50 | 30,00 | 17,50 | | 37,50 | 170,00 | 437,50 | 880,00 | 1537,5 | 2450,0 | 3657,5 | 5200,0 | 7117,5 | 9450,0 | 12237,5 |
| | *W* — *m, a* | | 8,75 | 15,00 | 8,75 | | 18,75 | 85,00 | 218,75 | 440,00 | 768,8 | 1225,0 | 1828,8 | 2600,0 | 3558,8 | 4725,0 | 6118,8 |
| | *R e ü* | | 15,25 | 25,00 | 15,25 | | 31,25 | 131,00 | 327,25 | 648,00 | 1121,2 | 1775,0 | 2637,2 | 5736,0 | 5099,2 | 6755,0 | 8731,2 |
| | *R e m, a* | | 5,25 | 9,00 | 5,25 | | 11,25 | 51,00 | 131,25 | 264,00 | 461,2 | 735,0 | 1097,2 | 1560,0 | 2135,2 | 2835,0 | 3671,2 |
| | *R o ü* | | 8,25 | 13,00 | 8,25 | | 16,25 | 63,00 | 152,25 | 296,00 | 506,2 | 795,0 | 1174,2 | 1656,0 | 2252,2 | 2975,0 | 3836,2 |
| | *R o m, a* | | 1,75 | 3,00 | 1,75 | | 3,75 | 17,00 | 43,75 | 88,00 | 153,8 | 245,0 | 365,8 | 520,0 | 711,8 | 945,0 | 1223,8 |
| Querfehler | *W* — *ü* | | 3,50 | 6,00 | 3,50 | | 7,50 | 34,00 | 87,50 | 176,00 | 307,5 | 490,0 | 731,5 | 1040,0 | 1423,5 | 1890,0 | 2447,5 |
| | *W* — *m, a* }<br>*R e, o ü, m* } | | 1,75 | 3,00 | 1,75 | | 3,75 | 17,00 | 43,75 | 88,00 | 153,8 | 245,0 | 365,8 | 520,0 | 711,8 | 945,0 | 1223,8 |
| | *R e a*·—· | | 1,55 | 2,50 | 1,55 | | — | — | — | — | — | — | — | — | — | — | — |
| | *R e a*·→ | | 1,50 | 2,34 | 1,35 | | 2,99 | 14,05 | 37,66 | 78,01 | 139,2 | 225,1 | 339,9 | 487,5 | 671,9 | 897,1 | 1167,3 |
| | *R e a*←→ | | 1,30 | 2,18 | 1,30 | | 2,94 | 13,84 | 37,19 | 77,16 | 137,8 | 223,2 | 337,3 | 484,4 | 667,6 | 891,8 | 1160,8 |
| | *R o a*·—· | | 1,48 | 2,33 | 1,48 | | — | — | — | — | — | — | — | — | — | — | — |
| | *R o a*·→ | | 1,37 | 2,02 | 1,16 | | 2,58 | 12,28 | 33,67 | 71,28 | 128,6 | 210,5 | 320,6 | 463,1 | 641,8 | 860,8 | 1124,3 |
| | *R o a*←→ | | 1,06 | 1,73 | 1,06 | | 2,46 | 11,78 | 32,53 | 69,04 | 125,5 | 205,9 | 314,3 | 454,7 | 631,2 | 847,8 | 1108,4 |
| Punktfehler | *W* — *ü* | | 21,00 | 36,00 | 21,00 | | 45,00 | 204,00 | 525,00 | 1056,00 | 1845,0 | 2940,0 | 4389,0 | 6240,0 | 8541,0 | 11340,0 | 14685,0 |
| | *W* — *m, a* | | 10,50 | 18,00 | 10,50 | | 22,50 | 102,00 | 262,50 | 528,00 | 922,5 | 1470,0 | 2194,5 | 3120,0 | 4270,5 | 5670,0 | 7342,5 |
| | *R e ü* | | 17,00 | 28,00 | 17,00 | | 35,00 | 148,00 | 371,00 | 736,00 | 1275,0 | 2020,0 | 3003,0 | 4256,0 | 5811,0 | 7700,0 | 9955,0 |
| | *R e m* | | 7,00 | 12,00 | 7,00 | | 15,00 | 68,00 | 175,00 | 352,00 | 615,0 | 980,0 | 1463,0 | 2080,0 | 2847,0 | 3780,0 | 4895,0 |
| | *R e a*←→ | | 6,55 | 11,18 | 6,55 | | 14,19 | 64,84 | 168,44 | 341,16 | 599,0 | 958,2 | 1434,5 | 2044,4 | 2802,8 | 3726,8 | 4832,0 |
| | *R o ü* | | 10,00 | 16,00 | 10,00 | | 20,00 | 80,00 | 196,00 | 384,00 | 660,0 | 1040,0 | 1540,0 | 2176,0 | 2964,0 | 3920,0 | 5060,0 |
| | *R o m* | | 3,50 | 6,00 | 3,50 | | 7,50 | 34,00 | 87,50 | 176,00 | 307,5 | 490,0 | 731,5 | 1040,0 | 1423,5 | 1890,0 | 2447,5 |
| | *R o a*←→ | | 2,81 | 4,73 | 2,81 | | 6,21 | 28,78 | 76,28 | 157,04 | 279,3 | 450,9 | 680,1 | 974,7 | 1343,0 | 1792,8 | 2332,2 |

**S = 5**

| | Nadir Nr. | $N_0$ | $N_1$ | $N_2$ | $N_3$ | $N_4$ | $N_5$ | $N_6$ | $N_7$ | $N_8$ | $N_9$ | $N_{10}$ | $N_{11}$ | $N_{12}$ | $N_{13}$ | $N_{14}$ | $N_{15}$ |
|---|---|---|---|---|---|---|---|---|---|---|---|---|---|---|---|---|---|
| | $g_o$ | 1 | 0,64 | 0,36 | 0,16 | 0,04 | 0 | 0,04 | 0,16 | 0,36 | 0,64 | 1 | 1,44 | 1,96 | 2,56 | 3,24 | 4 |
| | $g_s$ | 0 | 0,04 | 0,16 | 0,36 | 0,64 | 1 | 1,44 | 1,96 | 2,56 | 3,24 | 4 | 4,84 | 5,76 | 6,76 | 7,84 | 9 |
| Längsfehler | *W* — *ü* | | 24,00 | 52,00 | 52,00 | 24,00 | | 44,00 | 196,00 | 496,00 | 984,00 | 1700,0 | 2684,0 | 3976,0 | 5616,0 | 7644,0 | 10100,0 |
| | *W* — *m, a* | | 12,00 | 26,00 | 26,00 | 12,00 | | 22,00 | 98,00 | 248,00 | 492,00 | 850,0 | 1342,0 | 1988,0 | 2808,0 | 3822,0 | 5050,0 |
| | *R e ü* | | 20,00 | 41,20 | 41,20 | 20,00 | | 35,60 | 148,40 | 366,40 | 717,60 | 1230,0 | 1931,6 | 2850,4 | 4014,4 | 5451,6 | 7190,0 |
| | *R e m, a* | | 7,20 | 15,60 | 15,60 | 7,20 | | 13,20 | 58,80 | 148,80 | 295,20 | 510,0 | 805,2 | 1192,8 | 1684,8 | 2293,2 | 3030,0 |
| | *R o ü* | | 10,40 | 20,40 | 20,40 | 10,40 | | 18,00 | 70,00 | 168,00 | 324,00 | 550,0 | 858,0 | 1260,0 | 1768,0 | 2394,0 | 3150,0 |
| | *R o m, a* | | 2,40 | 5,20 | 5,20 | 2,40 | | 4,40 | 19,60 | 49,60 | 98,40 | 170,0 | 268,4 | 397,6 | 561,6 | 764,4 | 1010,0 |
| Querfehler | *W* — *ü* | | 4,80 | 10,40 | 10,40 | 4,80 | | 8,80 | 39,20 | 99,20 | 196,80 | 340,0 | 536,8 | 795,2 | 1123,2 | 1528,8 | 2020,0 |
| | *W* — *m, a* }<br>*R e, o ü, m* } | | 2,40 | 5,20 | 5,20 | 2,40 | | 4,40 | 19,60 | 49,60 | 98,40 | 170,0 | 268,4 | 397,6 | 561,6 | 764,4 | 1010,0 |
| | *R e a*·—· | | 2,16 | 4,40 | 4,40 | 2,16 | | — | — | — | — | — | — | — | — | — | — |
| | *R e a*·→ | | 2,13 | 4,27 | 4,16 | 1,92 | | 3,62 | 16,66 | 43,65 | 88,76 | 156,0 | 249,5 | 373,2 | 531,1 | 727,2 | 965,6 |
| | *R e a*←→ | | 1,88 | 4,03 | 4,03 | 1,88 | | 3,59 | 16,53 | 43,34 | 88,21 | 155,2 | 248,3 | 371,5 | 528,9 | 724,4 | 962,1 |
| | *R o a*·—· | | 2,05 | 4,06 | 4,06 | 2,05 | | — | — | — | — | — | — | — | — | — | — |
| | *R o a*·→ | | 1,97 | 3,78 | 3,59 | 1,65 | | 3,17 | 14,78 | 39,50 | 81,67 | 145,4 | 234,9 | 354,0 | 506,9 | 697,5 | 929,8 |
| | *R o a*←→ | | 1,58 | 3,32 | 3,32 | 1,58 | | 3,09 | 14,44 | 38,73 | 80,29 | 143,3 | 231,8 | 349,8 | 501,3 | 690,4 | 921,1 |
| Punktfehler | *W* — *ü* | | 28,80 | 62,40 | 62,40 | 28,80 | | 52,80 | 235,20 | 595,20 | 1180,80 | 2040,0 | 3220,8 | 4771,2 | 6739,2 | 9172,8 | 12120,0 |
| | *W* — *m, a* | | 14,40 | 31,20 | 31,20 | 14,40 | | 26,40 | 117,60 | 297,60 | 590,40 | 1020,0 | 1610,4 | 2385,6 | 3369,6 | 4586,4 | 6060,0 |
| | *R e ü* | | 22,40 | 46,40 | 46,40 | 22,40 | | 40,00 | 168,00 | 416,00 | 816,00 | 1400,0 | 2200,0 | 3248,0 | 4576,0 | 6216,0 | 8200,0 |
| | *R e m* | | 9,60 | 20,80 | 20,80 | 9,60 | | 17,60 | 78,40 | 198,40 | 393,60 | 680,0 | 1073,6 | 1590,4 | 2246,4 | 3057,6 | 4040,0 |
| | *R e a*←→ | | 9,08 | 19,63 | 19,63 | 9,08 | | 16,79 | 75,33 | 192,14 | 383,41 | 665,2 | 1053,5 | 1564,3 | 2213,7 | 3017,6 | 3992,1 |
| | *R o ü* | | 12,80 | 25,60 | 25,60 | 12,80 | | 22,40 | 89,60 | 217,60 | 422,40 | 720,0 | 1126,4 | 1657,6 | 2329,6 | 3158,4 | 4160,0 |
| | *R o m* | | 4,80 | 10,40 | 10,40 | 4,80 | | 8,80 | 39,20 | 99,20 | 196,80 | 340,0 | 536,8 | 795,2 | 1123,2 | 1528,8 | 2020,0 |
| | *R o a*←→ | | 3,98 | 8,52 | 8,52 | 3,98 | | 7,49 | 34,04 | 88,33 | 178,69 | 313,3 | 500,2 | 747,4 | 1062,9 | 1454,8 | 1931,1 |

**$S=6$**

| | Nadir Nr. | $N_0$ | $N_1$ | $N_2$ | $N_3$ | $N_4$ | $N_5$ | $N_6$ | $N_7$ | $N_8$ | $N_9$ | $N_{10}$ | $N_{11}$ | $N_{12}$ | $N_{13}$ | $N_{14}$ | $N_{15}$ |
|---|---|---|---|---|---|---|---|---|---|---|---|---|---|---|---|---|---|
| | $g_o$ | 1 | 0,69 | 0,44 | 0,25 | 0,11 | 0,03 | 0 | 0,03 | 0,11 | 0,25 | 0,44 | 0,69 | 1 | 1,36 | 1,78 | 2,25 |
| | $g_s$ | 0 | 0,03 | 0,11 | 0,25 | 0,44 | 0,69 | 1 | 1,36 | 1,78 | 2,25 | 2,78 | 3,36 | 4 | 4,69 | 5,44 | 6,25 |
| Längsfehler | *W* — *ü* | | 30,56 | 75,56 | 95,00 | 75,56 | 30,56 | | 50,56 | 222,22 | 555,00 | 1088,89 | 1863,9 | 2920,0 | 4297,2 | 6035,6 | 8175,0 |
| | *W* — *m, a* | | 15,28 | 37,78 | 47,50 | 37,78 | 15,28 | | 25,28 | 111,11 | 277,50 | 544,44 | 931,9 | 1460,0 | 2148,6 | 3017,8 | 4087,5 |
| | *R e ü* | | 24,72 | 58,22 | 72,50 | 58,22 | 24,72 | | 40,06 | 166,22 | 406,50 | 788,89 | 1341,4 | 2092,0 | 3068,7 | 4299,6 | 5812,5 |
| | *R e m, a* | | 9,17 | 22,67 | 28,50 | 22,67 | 9,17 | | 15,17 | 66,67 | 166,50 | 326,67 | 559,2 | 876,0 | 1289,2 | 1810,7 | 2452,5 |
| | *R o ü* | | 12,49 | 27,99 | 34,50 | 27,99 | 12,49 | | 19,83 | 77,33 | 184,50 | 353,33 | 595,8 | 924,0 | 1349,8 | 1885,3 | 2542,5 |
| | *R o m, a* | | 3,06 | 7,56 | 9,50 | 7,56 | 3,06 | | 5,06 | 22,22 | 55,50 | 108,89 | 186,4 | 292,0 | 429,7 | 603,6 | 817,5 |
| Querfehler | *W* — *ü* | | 6,11 | 15,11 | 19,00 | 15,11 | 6,11 | | 10,11 | 44,44 | 111,00 | 217,78 | 372,8 | 584,0 | 859,4 | 1207,1 | 1635,0 |
| | *W* — *m, a* } *R c, o ü, m* | | 3,06 | 7,56 | 9,50 | 7,56 | 3,06 | | 5,06 | 22,22 | 55,50 | 108,89 | 186,4 | 292,0 | 429,7 | 603,6 | 817,5 |
| | *R e a* ·—· | | 2,79 | 6,55 | 8,17 | 6,55 | 2,79 | | — | — | — | — | — | — | — | — | — |
| | *R e a* ·→ | | 2,77 | 6,46 | 7,97 | 6,24 | 2,52 | | 4,27 | 19,32 | 49,70 | 99,58 | 173,0 | 274,1 | 406,7 | 574,9 | 782,7 |
| | *R e a* ←→ | | 2,49 | 6,15 | 7,77 | 6,15 | 2,49 | | 4,25 | 19,22 | 49,48 | 99,20 | 172,4 | 273,2 | 405,5 | 573,3 | 780,7 |
| | *R o a* ·—· | | 2,66 | 6,07 | 7,50 | 6,07 | 2,66 | | — | — | — | — | — | — | — | — | — |
| | *R o a* ·→ | | 2,60 | 5,84 | 7,05 | 5,45 | 2,20 | | 3,79 | 17,39 | 45,49 | 92,51 | 162,5 | 259,6 | 387,8 | 551,1 | 753,6 |
| | *R o a* ←→ | | 2,15 | 5,24 | 6,61 | 5,24 | 2,15 | | 3,74 | 17,14 | 44,94 | 91,49 | 160,9 | 257,4 | 384,8 | 547,2 | 748,7 |
| Punktfehler | *W* — *ü* | | 36,67 | 90,67 | 114,00 | 90,67 | 36,67 | | 60,67 | 266,66 | 666,00 | 1306,67 | 2236,7 | 3504,0 | 5156,6 | 7242,7 | 9810,0 |
| | *W* — *m, a* | | 18,33 | 45,33 | 57,00 | 45,33 | 18,33 | | 30,33 | 133,33 | 333,00 | 653,33 | 1118,3 | 1752,0 | 2578,3 | 3621,4 | 4905,0 |
| | *R e ü* | | 27,78 | 65,78 | 82,00 | 65,78 | 27,78 | | 45,12 | 188,44 | 462,00 | 897,78 | 1527,8 | 2384,0 | 3498,4 | 4903,2 | 6630,0 |
| | *R e m* | | 12,23 | 30,23 | 38,00 | 30,23 | 12,23 | | 20,23 | 88,89 | 222,00 | 435,56 | 745,6 | 1168,0 | 1718,9 | 2414,3 | 3270,0 |
| | *R e a* ←→ | | 11,66 | 28,82 | 36,27 | 28,82 | 11,66 | | 19,42 | 85,89 | 215,98 | 425,87 | 731,6 | 1149,2 | 1694,7 | 2384,0 | 3233,2 |
| | *R o ü* | | 15,55 | 35,55 | 44,00 | 35,55 | 15,55 | | 24,89 | 99,55 | 240,00 | 462,22 | 782,2 | 1216,0 | 1779,5 | 2488,9 | 3360,0 |
| | *R o m* | | 6,11 | 15,11 | 19,00 | 15,11 | 6,11 | | 10,11 | 44,44 | 111,00 | 217,78 | 372,8 | 584,0 | 859,4 | 1207,4 | 1635,0 |
| | *R o a* ←→ | | 5,21 | 12,80 | 16,11 | 12,30 | 5,21 | | 8,80 | 39,36 | 100 44 | 200,38 | 347,3 | 549,4 | 814,5 | 1150,8 | 1566,2 |

**$S = 7$**

| | Nadir Nr. | $N_0$ | $N_1$ | $N_2$ | $N_3$ | $N_4$ | $N_5$ | $N_6$ | $N_7$ | $N_8$ | $N_9$ | $N_{10}$ | $N_{11}$ | $N_{12}$ | $N_{13}$ | $N_{14}$ | $N_{15}$ |
|---|---|---|---|---|---|---|---|---|---|---|---|---|---|---|---|---|---|
| | $g_o$ | 1 | 0,73 | 0,51 | 0,33 | 0,18 | 0,08 | 0,02 | 0 | 0,02 | 0,08 | 0,18 | 0,33 | 0,51 | 0,73 | 1 | 1,31 |
| | $g_s$ | 0 | 0,02 | 0,08 | 0,18 | 0,33 | 0,51 | 0,73 | 1 | 1,31 | 1,65 | 2,04 | 2,47 | 2,94 | 3,45 | 4 | 4,59 |
| Längsfehler | *W* — *ü* | | 37,14 | 100,00 | 142,86 | 142,86 | 100,00 | 37,14 | | 57,14 | 248,57 | 614,29 | 1194,3 | 2028,6 | 3157,1 | 4620,0 | 6457,1 |
| | *W* — *m, a* | | 18,57 | 50,00 | 71,43 | 71,43 | 50,00 | 18,57 | | 28,57 | 124,29 | 307,14 | 597,1 | 1014,3 | 1578,6 | 2310,0 | 3228,6 |
| | *R e ü* | | 29,43 | 75,71 | 106,86 | 106,86 | 75,71 | 29,43 | | 44,57 | 184,29 | 447,14 | 861,1 | 1454,3 | 2254,6 | 3290,0 | 5234,3 |
| | *R e m, a* | | 11,14 | 30,00 | 42,86 | 42,86 | 30,00 | 11,14 | | 17,14 | 74,57 | 184,29 | 358,3 | 608,6 | 947,1 | 1386,0 | 1937,1 |
| | *R o ü* | | 14,58 | 35,71 | 49,71 | 49,71 | 35,71 | 14,58 | | 21,72 | 84,86 | 201,42 | 383,5 | 642,8 | 991,8 | 1442,0 | 2005,7 |
| | *R o m, a* | | 3,71 | 10,00 | 14,29 | 14,29 | 10,00 | 3,71 | | 5,71 | 24,86 | 61,43 | 119,4 | 202,9 | 315,7 | 462,0 | 645,7 |
| Querfehler | *W* — *ü* | | 7,43 | 20,00 | 28,57 | 28,57 | 20,00 | 7,43 | | 11,43 | 49,71 | 122,86 | 238,9 | 405,7 | 631,4 | 924,0 | 1291,4 |
| | *W* — *m, a*<br>*R e, o ü, m* | | 3,71 | 10,00 | 14,29 | 14,29 | 10,00 | 3,71 | | 5,71 | 24,86 | 61,43 | 119,4 | 202,9 | 315,7 | 462,0 | 645,7 |
| | *R e a*·—· | | 3,44 | 8,86 | 12,56 | 12,56 | 8,86 | 3,44 | | — | — | — | — | — | — | — | — |
| | *R e a*·→ | | 3,42 | 8,79 | 12,41 | 12,30 | 8,50 | 3,14 | | 4,93 | 22,00 | 55,76 | 110,4 | 190,0 | 298,6 | 440,1 | 618,6 |
| | *R e a*←→ | | 3,12 | 8,43 | 12,14 | 12,14 | 8,43 | 3,12 | | 4,91 | 21,92 | 55,60 | 110,1 | 189,6 | 297,9 | 439,2 | 617,4 |
| | *R o a*· · | | 3,29 | 8,27 | 11,59 | 11,59 | 8,27 | 3,29 | | — | — | — | — | — | — | — | — |
| | *R o a*·→ | | 3,25 | 8,09 | 11,22 | 10,99 | 7,45 | 2,79 | | 4,44 | 20,02 | 51,54 | 103,4 | 179,5 | 284,3 | 421,6 | 595,5 |
| | *R o a*←→ | | 2,74 | 7,37 | 10,62 | 10,62 | 7,37 | 2,74 | | 4,39 | 19,85 | 51,14 | 102,6 | 178,5 | 282,7 | 419,4 | 592,6 |
| Punktfehler | *W* — *ü* | | 44,57 | 120,00 | 171,43 | 171,43 | 120,00 | 44,57 | | 68,57 | 298,28 | 737,15 | 1433,2 | 2434,5 | 3788,5 | 5544,0 | 7748,5 |
| | *W* — *m, a* | | 22,28 | 60,00 | 85,72 | 85,72 | 60,00 | 22,28 | | 34,28 | 149,15 | 368,57 | 716,4 | 1217,2 | 1894,3 | 2772,0 | 3874,3 |
| | *R e ü* | | 33,14 | 85,71 | 121,15 | 121,15 | 85,71 | 33,14 | | 50,28 | 209,15 | 508,57 | 980,5 | 1657,2 | 2570,3 | 3752,0 | 5880,0 |
| | *R e m* | | 14,85 | 40,00 | 57,15 | 57,15 | 40,00 | 14,85 | | 22,85 | 99,43 | 245,72 | 477,7 | 811,5 | 1262,8 | 1848,0 | 2582,8 |
| | *R e a*←→ | | 14,26 | 38,43 | 55,00 | 55,00 | 38,43 | 14,26 | | 22,05 | 96,49 | 239,89 | 468,4 | 798,2 | 1245,0 | 1825,2 | 2554,5 |
| | *R o ü* | | 18,29 | 45,71 | 64,00 | 64,00 | 45,71 | 18,29 | | 27,43 | 109,72 | 262,85 | 502,9 | 845,7 | 1307,5 | 1904,0 | 2651,4 |
| | *R o m* | | 7,43 | 20,00 | 28,57 | 28,57 | 20,00 | 7,43 | | 11,43 | 49,71 | 122,86 | 238,9 | 405,7 | 631,4 | 924,0 | 1291,4 |
| | *R o a*←→ | | 6,45 | 17,37 | 24,91 | 24,91 | 17,37 | 6,45 | | 10,10 | 44,71 | 112,57 | 222,0 | 381,4 | 598,4 | 881,4 | 1238,3 |

**$S = 8$**

| | Nadir Nr. | $N_0$ | $N_1$ | $N_2$ | $N_3$ | $N_4$ | $N_5$ | $N_6$ | $N_7$ | $N_8$ | $N_9$ | $N_{10}$ | $N_{11}$ | $N_{12}$ | $N_{13}$ | $N_{14}$ | $N_{15}$ |
|---|---|---|---|---|---|---|---|---|---|---|---|---|---|---|---|---|---|
| | $g_o$ | 1 | 0,77 | 0,56 | 0,39 | 0,25 | 0,14 | 0,06 | 0,02 | 0 | 0,02 | 0,06 | 0,14 | 0,25 | 0,39 | 0,56 | 0,77 |
| | $g_s$ | 0 | 0,02 | 0,06 | 0,14 | 0,25 | 0,39 | 0,56 | 0,77 | 1 | 1,27 | 1,56 | 1,89 | 2,25 | 2,64 | 3,06 | 3,52 |
| Längsfehler | *W* — *ü* | | 43,75 | 125,00 | 193,75 | 220,00 | 193,75 | 125,00 | 43,75 | | 63,75 | 275,00 | 673,75 | 1300,0 | 2193,8 | 3395,0 | 4943,8 |
| | *W* — *m, a* | | 21,88 | 62,50 | 96,88 | 110,00 | 96,88 | 62,50 | 21,88 | | 31,88 | 137,50 | 336,88 | 650,0 | 1096,9 | 1697,5 | 2471,9 |
| | *R e ü* | | 34,12 | 93,50 | 143,12 | 162,00 | 143,12 | 93,50 | 34,12 | | 49,12 | 202,50 | 488,12 | 934,0 | 1568,1 | 2418,5 | 3513,1 |
| | *R e m, a* | | 13,12 | 37,50 | 58,12 | 66,00 | 58,12 | 37,50 | 13,12 | | 19,12 | 82,50 | 202,12 | 390,0 | 658,1 | 1018,5 | 1483,1 |
| | *R o ü* | | 16,62 | 43,50 | 65,62 | 74,00 | 65,62 | 43,50 | 16,62 | | 23,62 | 92,50 | 218,62 | 414,0 | 690,6 | 1060,5 | 1535,6 |
| | *R o m, a* | | 4,38 | 12,50 | 19,38 | 22,00 | 19,38 | 12,50 | 4,38 | | 6,38 | 27,50 | 67,38 | 130,0 | 219,4 | 339,5 | 494,4 |
| Querfehler | *W* — *ü* | | 8,75 | 25,00 | 38,75 | 44,00 | 38,75 | 25,00 | 8,75 | | 12,75 | 55,00 | 134,75 | 260,0 | 438,8 | 679,0 | 988,8 |
| | *W* — *m, a* } *R c, o ü, m* | | 4,38 | 12,50 | 19,38 | 22,00 | 19,38 | 12,50 | 4,38 | | 6,38 | 27,50 | 67,38 | 130,0 | 219,4 | 339,5 | 494,4 |
| | *R e a*·—· | | 4,09 | 11,27 | 17,37 | 19,71 | 17,37 | 11,27 | 4,09 | | — | — | — | — | — | — | — |
| | *R e a*·→ | | 4,08 | 11,21 | 17,25 | 19,50 | 17,05 | 10,87 | 3,78 | | 5,59 | 24,67 | 61,82 | 121,3 | 207,0 | 323,0 | 473,4 |
| | *R e a*←→ | | 3,76 | 10,81 | 16,93 | 19,29 | 16,93 | 10,81 | 3,76 | | 5,58 | 24,62 | 61,70 | 121,1 | 206,6 | 322,5 | 472,7 |
| | *R o a*·—· | | 3,94 | 10,59 | 16,16 | 18,29 | 16,16 | 10,59 | 3,94 | | — | — | — | — | — | — | — |
| | *R o a*·→ | | 3,91 | 10,46 | 15,85 | 17,72 | 15,42 | 9,78 | 3,39 | | 5,08 | 22,69 | 57,62 | 114,2 | 196,7 | 309,1 | 455,4 |
| | *R o a*←→ | | 3,36 | 9,64 | 15,13 | 17,26 | 15,13 | 9,64 | 3,36 | | 5,05 | 22,55 | 57,31 | 113,7 | 195,8 | 307,8 | 453,7 |
| Punktfehler | *W* — *ü* | | 52,50 | 150,00 | 232,50 | 264,00 | 232,50 | 150,00 | 52,50 | | 76,50 | 330,00 | 808,50 | 1560,0 | 2632,6 | 4074,0 | 5932,6 |
| | *W* — *m, a* | | 26,26 | 75,00 | 116,26 | 132,00 | 116,26 | 75,00 | 26,26 | | 38,26 | 165,00 | 404,26 | 780,0 | 1316,3 | 2037,0 | 2966,3 |
| | *R e ü* | | 38,50 | 106,00 | 162,50 | 184,00 | 162,50 | 106,00 | 38,50 | | 55,50 | 230,00 | 555,50 | 1064,0 | 1787,5 | 2758,0 | 4007,5 |
| | *R e m* | | 17,50 | 50,00 | 77,50 | 88,00 | 77,50 | 50,00 | 17,50 | | 25,50 | 110,00 | 269,50 | 520,0 | 877,5 | 1358,0 | 1977,5 |
| | *R e a*←→ | | 16,88 | 48,31 | 75,05 | 85,29 | 75,05 | 48,31 | 16,88 | | 24,70 | 107,12 | 263,82 | 511,1 | 864,7 | 1341,0 | 1955,8 |
| | *R o ü* | | 21,00 | 56,00 | 85,00 | 96,00 | 85,00 | 56,00 | 21,00 | | 30,00 | 120,00 | 286,00 | 544,0 | 910,0 | 1400,0 | 2030,0 |
| | *R o m* | | 8,75 | 25,00 | 38,75 | 44,00 | 38,75 | 25,00 | 8,75 | | 12,75 | 55,00 | 134,75 | 260,0 | 438,8 | 679,0 | 988,8 |
| | *R o a*←→ | | 7,74 | 22,14 | 34,51 | 39,26 | 34,51 | 22,14 | 7,74 | | 11,43 | 50,05 | 124,69 | 243,7 | 415,2 | 647,3 | 948,1 |

## $S = 9$

| | Nadir Nr. | $N_0$ | $N_1$ | $N_2$ | $N_3$ | $N_4$ | $N_5$ | $N_6$ | $N_7$ | $N_8$ | $N_9$ | $N_{10}$ | $N_{11}$ | $N_{12}$ | $N_{13}$ | $N_{14}$ | $N_{15}$ |
|---|---|---|---|---|---|---|---|---|---|---|---|---|---|---|---|---|---|
| | $g_o$ | 1 | 0,79 | 0,60 | 0,44 | 0,31 | 0,20 | 0,11 | 0,05 | 0,01 | 0 | 0,01 | 0,05 | 0,11 | 0,20 | 0,31 | 0,44 |
| | $g_s$ | 0 | 0,01 | 0,05 | 0,11 | 0,20 | 0,31 | 0,44 | 0,60 | 0,79 | 1 | 1,23 | 1,49 | 1,78 | 2,09 | 2,42 | 2,78 |
| Längsfehler | *W* — *ü* | | 50,37 | 150,37 | 246,67 | 303,70 | 303,70 | 246,67 | 150,37 | 50,37 | | 70,37 | 301,48 | 733,33 | 1405,9 | 2359,3 | 3633,3 |
| | *W* — *m, a* | | 25,19 | 75,19 | 123,33 | 151,85 | 151,85 | 123,33 | 75,19 | 25,19 | | 35,19 | 150,74 | 366,67 | 703,0 | 1179,6 | 1816,7 |
| | *R e ü* | | 38,81 | 111,48 | 180,67 | 221,48 | 221,48 | 180,67 | 111,48 | 38,81 | | 53,70 | 220,81 | 529,33 | 1007,3 | 1682,6 | 2583,3 |
| | *R e m, a* | | 15,11 | 45,11 | 74,00 | 91,11 | 91,11 | 74,00 | 45,11 | 15,11 | | 21,11 | 90,44 | 220,00 | 421,8 | 707,8 | 1090,0 |
| | *R o ü* | | 18,66 | 51,33 | 82,00 | 100,00 | 100,00 | 82,00 | 51,33 | 18,66 | | 25,56 | 100,22 | 236,00 | 444,9 | 738,9 | 1130,3 |
| | *R o m, a* | | 5,04 | 15,04 | 24,67 | 30,37 | 30,37 | 24,67 | 15,04 | 5,04 | | 7,04 | 30,15 | 73,33 | 140,6 | 235,9 | 363,3 |
| Querfehler | *W* — *ü* | | 10,07 | 30,07 | 49,33 | 60,74 | 60,74 | 49,33 | 30,07 | 10,07 | | 14,07 | 60,30 | 146,67 | 281,2 | 471,9 | 726,7 |
| | *W* — *m, a* } *R e, o ü, m* | | 5,04 | 15,04 | 24,67 | 30,37 | 30,37 | 24,67 | 15,04 | 5,04 | | 7,04 | 30,15 | 73,33 | 140,6 | 235,9 | 363,3 |
| | *R e a*·—· | | 4,75 | 13,74 | 22,45 | 27,66 | 27,66 | 22,45 | 13,74 | 4,75 | | — | — | — | — | — | — |
| | *R e a*·→ | | 4,74 | 13,69 | 22,35 | 27,49 | 27,39 | 22,09 | 13,30 | 4,42 | | 6,26 | 27,35 | 67,89 | 132,0 | 223,9 | 347,4 |
| | *R e a*←→ | | 4,41 | 13,26 | 21,99 | 27,22 | 27,22 | 21,99 | 13,26 | 4,41 | | 6,25 | 27,31 | 67,79 | 131,9 | 223,6 | 347,0 |
| | *R o a*·—· | | 4,60 | 13,01 | 21,05 | 25,85 | 25,85 | 21,05 | 13,01 | 4,60 | | — | — | — | — | — | — |
| | *R o a*·→ | | 4,57 | 12,90 | 20,81 | 25,42 | 25,21 | 20,22 | 12,11 | 4,02 | | 5,74 | 25,37 | 63,71 | 125,1 | 213,8 | 333,8 |
| | *R o a*←→ | | 3,99 | 12,01 | 19,97 | 24,78 | 24,78 | 19,97 | 12,01 | 3,99 | | 5,72 | 25,26 | 63,46 | 124,7 | 213,7 | 332,8 |
| Punktfehler | *W* — *ü* | | 60,44 | 180,44 | 296,00 | 364,44 | 364,44 | 296,00 | 180,44 | 60,44 | | 84,44 | 361,78 | 880,00 | 1687,1 | 2831,2 | 4360,0 |
| | *W* — *m, a* | | 30,23 | 90,23 | 148,00 | 182,22 | 182,22 | 148,00 | 90,23 | 30,23 | | 42,23 | 180,89 | 440,00 | 843,6 | 1415,5 | 2180,0 |
| | *R e ü* | | 43,85 | 126,52 | 205,34 | 251,85 | 251,85 | 205,34 | 126,52 | 43,85 | | 60,74 | 250,96 | 602,66 | 1147,9 | 1918,5 | 2946,6 |
| | *R e m* | | 20,15 | 60,15 | 98,67 | 121,48 | 121,48 | 98,67 | 60,15 | 20,15 | | 28,15 | 120,59 | 293,33 | 562,4 | 943,7 | 1453,3 |
| | *R e a*←→ | | 19,52 | 58,37 | 95,99 | 118,33 | 118,33 | 95,99 | 58,37 | 19,52 | | 27,36 | 117,75 | 287,79 | 553,7 | 931,4 | 1437,0 |
| | *R o ü* | | 23,70 | 66,37 | 106,67 | 130,37 | 130,37 | 106,67 | 66,37 | 23,70 | | 32,60 | 130,37 | 309,33 | 585,5 | 974,8 | 1493,6 |
| | *R o m* | | 10,07 | 30,07 | 49,33 | 60,74 | 60,74 | 49,33 | 30,07 | 10,07 | | 14,07 | 60,30 | 146,67 | 281,2 | 471,9 | 726,6 |
| | *R o a*←→ | | 9,03 | 27,05 | 44,64 | 55,15 | 55,15 | 44,64 | 27,05 | 9,03 | | 12,76 | 55,41 | 136,79 | 265,3 | 449,6 | 696,1 |

**S = 10**

| | Nadir Nr. | $N_0$ | $N_1$ | $N_2$ | $N_3$ | $N_4$ | $N_5$ | $N_6$ | $N_7$ | $N_8$ | $N_9$ | $N_{10}$ | $N_{11}$ | $N_{12}$ | $N_{13}$ | $N_{14}$ | $N_{15}$ |
|---|---|---|---|---|---|---|---|---|---|---|---|---|---|---|---|---|---|
| | $g_o$ | 1 | 0,81 | 0,64 | 0,49 | 0,36 | 0,25 | 0,16 | 0,09 | 0,04 | 0,01 | 0 | 0,01 | 0,04 | 0,09 | 0,16 | 0,25 |
| | $g_s$ | 0 | 0,01 | 0,04 | 0,09 | 0,16 | 0,25 | 0,36 | 0,49 | 0,64 | 0,81 | 1 | 1,21 | 1,44 | 1,69 | 1,96 | 2,25 |
| Längsfehler | *W* — *ü* | | 57,00 | 176,00 | 301,00 | 392,00 | 425,00 | 392,00 | 301,00 | 176,00 | 57,00 | | 77,00 | 328,00 | 793,00 | 1512,0 | 2525,0 |
| | *W* — *m, a* | | 28,50 | 88,00 | 150,50 | 196,00 | 212,50 | 196,00 | 150,50 | 88,00 | 28,50 | | 38,50 | 164,00 | 396,50 | 756,0 | 1262,5 |
| | *R e ü* | | 43,50 | 129,60 | 219,10 | 284,00 | 307,50 | 284,00 | 219,10 | 129,60 | 43,50 | | 58,30 | 239,20 | 570,70 | 1080,8 | 1797,5 |
| | *R e m, a* | | 17,10 | 52,80 | 90,30 | 117,60 | 127,50 | 117,60 | 90,30 | 52,80 | 17,10 | | 23,10 | 98,40 | 237,90 | 453,6 | 757,5 |
| | *R o ü* | | 20,70 | 59,20 | 98,70 | 127,20 | 137,50 | 127,20 | 98,70 | 59,20 | 20,70 | | 27,50 | 108,00 | 253,50 | 476,0 | 787,5 |
| | *R o m, a* | | 5,70 | 17,60 | 30,10 | 39,20 | 42,50 | 39,20 | 30,10 | 17,60 | 5,70 | | 7,70 | 32,80 | 79,30 | 151,2 | 252,5 |
| Querfehler | *W* — *ü* | | 11,40 | 35,20 | 60,20 | 78,40 | 85,00 | 78,40 | 60,20 | 35,20 | 11,40 | | 15,40 | 65,60 | 158,60 | 302,4 | 505,0 |
| | *W* — *m, a* / *R c, o ü, m* | | 5,70 | 17,60 | 30,10 | 39,20 | 42,50 | 39,20 | 30,10 | 17,60 | 5,70 | | 7,70 | 32,80 | 79,30 | 151,2 | 252,5 |
| | *R e a*·—· | | 5,41 | 16,25 | 27,72 | 36,16 | 39,23 | 36,16 | 27,72 | 16,25 | 5,41 | | — | — | — | — | — |
| | *R e a*·→ | | 5,40 | 16,21 | 27,65 | 36,05 | 39,01 | 35,85 | 27,32 | 15,79 | 5,07 | | 6,92 | 30,03 | 73,94 | 142,8 | 240,8 |
| | *R e a*←→ | | 5,06 | 15,76 | 27,24 | 35,71 | 38,80 | 35,71 | 27,24 | 15,76 | 5,06 | | 6,91 | 30,00 | 73,86 | 142,7 | 240,5 |
| | *R o a*·—· | | 5,25 | 15,48 | 26,18 | 34,04 | 36,90 | 34,04 | 26,18 | 15,48 | 5,25 | | — | — | — | — | — |
| | *R o a*·→ | | 5,23 | 15,39 | 25,99 | 33,69 | 36,36 | 33,29 | 25,26 | 14,52 | 4,65 | | 6,41 | 28,05 | 69,79 | 136,0 | 230,8 |
| | *R o a*←→ | | 4,63 | 14,43 | 25,06 | 32,94 | 35,82 | 32,94 | 25,06 | 14,43 | 4,63 | | 6,39 | 27,96 | 69,59 | 135,6 | 230,3 |
| Punktfehler | *W* — *ü* | | 68,40 | 211,20 | 361,20 | 470,40 | 510,00 | 470,40 | 361,20 | 211,20 | 68,40 | | 92,40 | 393,60 | 951,60 | 1814,4 | 3030,0 |
| | *W* — *m, a* | | 34,20 | 105,60 | 180,60 | 235,20 | 255,00 | 235,20 | 180,60 | 105,60 | 34,20 | | 46,20 | 196,80 | 475,80 | 907,2 | 1515,0 |
| | *R e ü* | | 49,20 | 147,20 | 249,20 | 323,20 | 350,00 | 323,20 | 249,20 | 147,20 | 49,20 | | 66,00 | 272,00 | 650,00 | 1232,0 | 2050,0 |
| | *R e m* | | 22,80 | 70,40 | 120,40 | 156,80 | 170,00 | 156,80 | 120,40 | 70,40 | 22,80 | | 30,80 | 131,20 | 317,20 | 604,8 | 1010,0 |
| | *R e a*←→ | | 22,16 | 68,56 | 117,54 | 153,31 | 166,30 | 153,31 | 117,54 | 68,56 | 22,16 | | 30,01 | 128,40 | 311,76 | 596,3 | 998,0 |
| | *R o ü* | | 26,40 | 76,80 | 128,80 | 166,40 | 180,00 | 166,40 | 128,80 | 76,80 | 26,40 | | 35,20 | 140,80 | 332,80 | 627,2 | 1040,0 |
| | *R o m* | | 11,40 | 35,20 | 60,20 | 78,40 | 85,00 | 78,40 | 60,20 | 35,20 | 11,40 | | 15,40 | 65,60 | 158,60 | 302,4 | 505,0 |
| | *R o a*←→ | | 10,33 | 32,03 | 55,16 | 72,14 | 78,32 | 72,14 | 55,16 | 32,03 | 10,33 | | 14,09 | 60,76 | 148,89 | 286,8 | 482,8 |

## $S = 11$

| | Nadir Nr. | $N_0$ | $N_1$ | $N_2$ | $N_3$ | $N_4$ | $N_5$ | $N_6$ | $N_7$ | $N_8$ | $N_9$ | $N_{10}$ | $N_{11}$ | $N_{12}$ | $N_{13}$ | $N_{14}$ | $N_{15}$ |
|---|---|---|---|---|---|---|---|---|---|---|---|---|---|---|---|---|---|
| | $g_o$ | 1 | 0,83 | 0,67 | 0,53 | 0,40 | 0,30 | 0,21 | 0,13 | 0,07 | 0,03 | 0,01 | 0 | 0,01 | 0,03 | 0,07 | 0,13 |
| | $g_s$ | 0 | 0,01 | 0,03 | 0,07 | 0,13 | 0,21 | 0,30 | 0,40 | 0,53 | 0,67 | 0,83 | 1 | 1,19 | 1,40 | 1,62 | 1,86 |
| Längsfehler | *W* — *ü* | | 63,64 | 201,82 | 356,36 | 483,64 | 554,55 | 554,55 | 483,64 | 356,36 | 201,82 | 63,64 | | 83,64 | 354,55 | 852,73 | 1618,2 |
| | *W* — *m, a* | | 31,82 | 100,91 | 178,18 | 241,82 | 277,27 | 277,27 | 241,82 | 178,18 | 100,91 | 31,82 | | 41,82 | 177,27 | 426,36 | 809,1 |
| | *R e ü* | | 48,18 | 147,82 | 258,18 | 348,73 | 399,09 | 399,09 | 348,73 | 258,18 | 147,82 | 48,18 | | 62,91 | 257,64 | 612,18 | 1154,6 |
| | *R e m, a* | | 19,09 | 60,55 | 106,91 | 145,09 | 166,36 | 166,36 | 145,09 | 106,91 | 60,55 | 19,09 | | 25,09 | 106,36 | 255,82 | 485,4 |
| | *R o ü* | | 22,73 | 67,09 | 115,63 | 155,28 | 177,28 | 177,28 | 155,28 | 115,63 | 67,09 | 22,73 | | 29,46 | 115,83 | 271,09 | 507,4 |
| | *R o m, a* | | 6,36 | 20,18 | 35,64 | 48,36 | 55,45 | 55,45 | 48,36 | 35,64 | 20,18 | 6,36 | | 8,36 | 35,45 | 85,27 | 161,8 |
| Querfehler | *W* — *ü* | | 12,73 | 40,36 | 71,27 | 96,73 | 110,91 | 110,91 | 96,73 | 71,27 | 40,36 | 12,73 | | 16,73 | 70,91 | 170,55 | 323,6 |
| | *W* — *m, a* } *R e, o ü, m* | | 6,36 | 20,18 | 35,64 | 48,36 | 55,45 | 55,45 | 48,36 | 35,64 | 20,18 | 6,36 | | 8,36 | 35,45 | 85,27 | 161,8 |
| | *R e a*·—· | | 6,08 | 18,79 | 33,14 | 45,06 | 51,74 | 51,74 | 45,06 | 33,14 | 18,79 | 6,08 | | — | — | — | — |
| | *R e a*·→ | | 6,07 | 18,76 | 33,07 | 44,94 | 51,56 | 51,48 | 44,71 | 32,70 | 18,31 | 5,72 | | 7,59 | 32,71 | 80,00 | 153,7 |
| | *R e a*←→ | | 5,71 | 18,28 | 32,64 | 44,60 | 51,30 | 51,30 | 44,60 | 32,64 | 18,28 | 5,71 | | 7,58 | 32,68 | 79,93 | 153,5 |
| | *R o a*·—· | | 5,92 | 17,99 | 31,49 | 42,70 | 48,98 | 49,98 | 42,70 | 31,49 | 17,99 | 5,92 | | — | — | — | — |
| | *R o a*·→ | | 5,90 | 17,92 | 32,32 | 42,41 | 48,53 | 48,34 | 41,85 | 30,47 | 16,98 | 5,30 | | 7,07 | 30,74 | 75,88 | 146,9 |
| | *R o a*←→ | | 5,28 | 19,61 | 30,31 | 41,36 | 47,88 | 47,88 | 41,56 | 30,31 | 16,91 | 5,28 | | 7,05 | 30,66 | 75,71 | 146,6 |
| Punktfehler | *W* — *ü* | | 76,37 | 242,18 | 427,63 | 580,37 | 665,46 | 665,46 | 580,37 | 427,63 | 242,18 | 76,37 | | 100,37 | 425,46 | 1023,28 | 1941,8 |
| | *W* — *m, a* | | 38,18 | 121,09 | 213,82 | 290,18 | 332,72 | 332,72 | 290,18 | 213,82 | 121,09 | 38,18 | | 50,18 | 212,72 | 511,63 | 970,9 |
| | *R e ü* | | 54,54 | 168,00 | 293,82 | 397,09 | 454,54 | 454,54 | 397,09 | 293,82 | 168,00 | 54,54 | | 71,27 | 293,09 | 697,45 | 1316,4 |
| | *R e m* | | 25,45 | 80,73 | 142,55 | 193,45 | 221,81 | 221,81 | 193,45 | 142,55 | 80,73 | 25,45 | | 33,45 | 141,81 | 341,09 | 647,2 |
| | *R e a*←→ | | 24,80 | 78,83 | 139,55 | 189,69 | 217,66 | 217,66 | 189,69 | 139,55 | 78,83 | 24,80 | | 32,67 | 139,04 | 335,75 | 638,9 |
| | *R o ü* | | 29,09 | 87,27 | 151,27 | 203,64 | 232,73 | 232,73 | 203,64 | 151,27 | 87,27 | 29,09 | | 37,82 | 151,28 | 356,36 | 669,2 |
| | *R o m* | | 12,73 | 40,36 | 71,27 | 96,73 | 110,91 | 110,91 | 96,73 | 71,27 | 40,36 | 12,73 | | 16,73 | 70,91 | 170,55 | 323,6 |
| | *R o a*←→ | | 11,64 | 39,79 | 65,95 | 89,92 | 103,33 | 103,33 | 89,92 | 65,95 | 37,09 | 11,64 | | 15,41 | 66,11 | 160,98 | 308,4 |

$S = 12$

| | Nadir Nr. | $N_0$ | $N_1$ | $N_2$ | $N_3$ | $N_4$ | $N_5$ | $N_6$ | $N_7$ | $N_8$ | $N_9$ | $N_{10}$ | $N_{11}$ | $N_{12}$ | $N_{13}$ | $N_{14}$ | $N_{15}$ |
|---|---|---|---|---|---|---|---|---|---|---|---|---|---|---|---|---|---|
| | $g_o$ | 1 | 0,84 | 0,69 | 0,56 | 0,44 | 0,34 | 0,25 | 0,17 | 0,11 | 0,06 | 0,03 | 0,01 | 0 | 0,01 | 0,03 | 0,06 |
| | $g_s$ | 0 | 0,01 | 0,03 | 0,06 | 0,11 | 0,17 | 0,25 | 0,34 | 0,44 | 0,56 | 0,69 | 0,84 | 1 | 1,17 | 1,36 | 1,56 |
| Längsfehler | *W* — *ü* | | 70,28 | 227,78 | 412,50 | 577,78 | 690,28 | 730,00 | 690,28 | 577,78 | 412,50 | 227,78 | 70,28 | | 90,28 | 381,11 | 912,50 |
| | *W* — *m, a* | | 35,14 | 113,89 | 206,25 | 288,89 | 345,14 | 365,00 | 345,14 | 288,89 | 206,25 | 113,89 | 35,14 | | 45,14 | 190,56 | 456,25 |
| | *R e ü* | | 52,86 | 166,11 | 297,75 | 415,11 | 494,86 | 523,00 | 494,86 | 415,11 | 297,75 | 166,11 | 52,86 | | 67,53 | 276,11 | 653,75 |
| | *R e m, a* | | 21,08 | 68,33 | 123,75 | 173,33 | 207,08 | 219,00 | 207,08 | 173,33 | 123,75 | 68,33 | 21,08 | | 27,08 | 114,33 | 273,75 |
| | *R o ü* | | 24,75 | 75,00 | 132,75 | 184,00 | 218,75 | 231,00 | 218,75 | 184,00 | 132,75 | 75,00 | 24,75 | | 31,42 | 123,67 | 288,75 |
| | *R o m, a* | | 7,03 | 22,78 | 41,25 | 57,78 | 69,03 | 73,00 | 69,03 | 57,78 | 41,25 | 22,78 | 7,03 | | 9,03 | 38,11 | 91,25 |
| Querfehler | *W* — *ü* | | 14,06 | 45,56 | 82,50 | 115,56 | 138,06 | 146,00 | 138,06 | 115,56 | 82,50 | 45,56 | 14,06 | | 18,06 | 76,22 | 182,50 |
| | *W* — *m, a* } *R e, o ü, m* } | | 7,03 | 22,78 | 41,25 | 57,78 | 69,03 | 73,00 | 69,03 | 57,78 | 41,25 | 22,78 | 7,03 | | 9,03 | 38,11 | 91,25 |
| | *R e a*·—· | | 6,74 | 21,36 | 38,65 | 54,26 | 64,95 | 68,73 | 64,95 | 54,26 | 38,65 | 21,36 | 6,74 | | — | — | — |
| | *R e a*·→ | | 6,73 | 21,33 | 38,59 | 54,16 | 64,80 | 68,51 | 64,65 | 53,91 | 38,19 | 20,86 | 6,37 | | 8,25 | 35,40 | 86,10 |
| | *R e a*←→ | | 6,37 | 20,83 | 38,16 | 53,83 | 64,50 | 68,30 | 64,50 | 53,83 | 38,16 | 20,83 | 6,37 | | 8,25 | 35,37 | 85,98 |
| | *R o a*·—· | | 6,58 | 20,54 | 36,91 | 51,70 | 61,85 | 65,44 | 61,85 | 51,70 | 36,91 | 20,54 | 6,58 | | — | — | — |
| | *R o a*·→ | | 6,56 | 20,47 | 36,77 | 51,45 | 61,46 | 64,89 | 61,11 | 50,77 | 35,84 | 19,48 | 5,94 | | 7,73 | 33,42 | 81,95 |
| | *R o a*←→ | | 5,93 | 19,42 | 35,70 | 50,53 | 60,72 | 64,34 | 60,72 | 50,33 | 35,70 | 19,42 | 5,93 | | 7,72 | 33,36 | 81,81 |
| Punktfehler | *W* — *ü* | | 84,34 | 273,34 | 495,00 | 693,34 | 828,34 | 876,00 | 828,34 | 693,34 | 495,00 | 273,34 | 84,34 | | 108,34 | 457,33 | 1095,00 |
| | *W* — *m, a* | | 42,17 | 136,67 | 247,50 | 346,67 | 414,17 | 438,00 | 414,17 | 346,67 | 247,50 | 136,67 | 42,17 | | 54,17 | 228,67 | 547,50 |
| | *R e ü* | | 59,89 | 188,89 | 339,00 | 472,89 | 563,89 | 596,00 | 563,89 | 472,89 | 339,00 | 188,89 | 59,89 | | 76,56 | 314,22 | 745,00 |
| | *R e m* | | 28,11 | 91,11 | 165,00 | 231,11 | 276,11 | 292,00 | 276,11 | 231,11 | 165,00 | 91,11 | 28,11 | | 36,11 | 152,44 | 365,00 |
| | *R e a*←→ | | 27,45 | 89,16 | 161,91 | 227,16 | 271,58 | 287,30 | 271,58 | 227,16 | 161,91 | 89,16 | 27,45 | | 35,33 | 149,70 | 359,73 |
| | *R o ü* | | 31,78 | 97,78 | 174,00 | 241,78 | 287,78 | 304,00 | 287,78 | 241,78 | 174,00 | 97,78 | 31,78 | | 40,45 | 161,78 | 380,00 |
| | *R o m* | | 14,06 | 45,56 | 82,50 | 115,56 | 138,06 | 146,00 | 138,06 | 115,56 | 82,50 | 45,56 | 14,06 | | 18,06 | 76,22 | 182,50 |
| | *R o a*←→ | | 12,96 | 42,20 | 76,95 | 108,31 | 129,75 | 137,34 | 129,75 | 108,31 | 76,95 | 42,20 | 12,96 | | 16,75 | 71,47 | 173,06 |

**S = 13**

| | Nadir Nr. | $N_0$ | $N_1$ | $N_2$ | $N_3$ | $N_4$ | $N_5$ | $N_6$ | $N_7$ | $N_8$ | $N_9$ | $N_{10}$ | $N_{11}$ | $N_{12}$ | $N_{13}$ | $N_{14}$ | $N_{15}$ |
|---|---|---|---|---|---|---|---|---|---|---|---|---|---|---|---|---|---|
| | $g_o$ | 1 | 0,85 | 0,72 | 0,59 | 0,48 | 0,38 | 0,29 | 0,21 | 0,15 | 0,09 | 0,05 | 0,02 | 0,01 | 0 | 0,01 | 0,02 |
| | $g_s$ | 0 | 0,01 | 0,02 | 0,05 | 0,09 | 0,15 | 0,21 | 0,29 | 0,38 | 0,48 | 0,59 | 0,72 | 0,85 | 1 | 1,16 | 1,33 |
| Längsfehler | W — ü | | 76,92 | 253,85 | 469,23 | 673,85 | 830,77 | 915,38 | 915,38 | 830,77 | 673,85 | 469,23 | 253,85 | 76,92 | | 96,92 | 407,69 |
| | W — m, a | | 38,46 | 126,92 | 234,62 | 336,92 | 415,38 | 457,69 | 457,69 | 415,38 | 336,92 | 234,62 | 126,92 | 38,46 | | 48,46 | 203,85 |
| | R e ü | | 57,54 | 184,46 | 337,69 | 482,77 | 593,85 | 653,69 | 653,69 | 593,85 | 482,77 | 337,69 | 184,46 | 57,54 | | 72,15 | 294,62 |
| | R e m, a | | 23,08 | 76,15 | 140,77 | 202,15 | 249,23 | 274,62 | 274,62 | 249,23 | 202,15 | 140,77 | 76,15 | 23,08 | | 29,08 | 122,31 |
| | R o ü | | 26,77 | 82,93 | 150,00 | 213,24 | 261,54 | 287,54 | 287,54 | 261,54 | 213,24 | 150,00 | 82,93 | 26,77 | | 33,38 | 131,54 |
| | R o m, a | | 7,69 | 25,38 | 46,92 | 67,38 | 83,08 | 91,54 | 91,54 | 83,08 | 67,38 | 46,92 | 25,38 | 7,69 | | 9,69 | 40,77 |
| Querfehler | W — ü | | 15,38 | 50,77 | 93,85 | 134,77 | 166,15 | 183,08 | 183,08 | 166,15 | 134,77 | 93,85 | 50,77 | 15,38 | | 19,38 | 81,54 |
| | W — m, a <br> R e, o ü, m | | 7,69 | 25,38 | 46,92 | 67,38 | 83,08 | 91,54 | 91,54 | 83,08 | 67,38 | 46,92 | 25,38 | 7,69 | | 9,69 | 40,77 |
| | R e a·—· | | 7,40 | 23,94 | 44,24 | 63,69 | 78,70 | 86,81 | 86,81 | 78,70 | 63,49 | 44,24 | 23,94 | 7,40 | | — | — |
| | R e a·→ | | 7,40 | 23,92 | 44,19 | 63,61 | 78,57 | 86,83 | 86,56 | 78,37 | 63,29 | 43,75 | 23,42 | 7,03 | | 8,92 | 38,12 |
| | R e a←→ | | 7,03 | 23,40 | 43,71 | 63,20 | 78,24 | 86,38 | 86,38 | 78,24 | 63,20 | 43,71 | 23,40 | 7,03 | | 8,91 | 38,05 |
| | R o a·—· | | 7,25 | 23,10 | 42,44 | 60,98 | 75,31 | 83,08 | 83,08 | 75,31 | 60,98 | 42,44 | 23,10 | 7,25 | | — | — |
| | R o a·→ | | 7,23 | 23,05 | 42,32 | 60,77 | 74,98 | 82,61 | 82,44 | 74,49 | 59,98 | 41,30 | 22,01 | 6,59 | | 8,40 | 36,10 |
| | R o a←→ | | 6,58 | 21,95 | 41,18 | 59,76 | 74,16 | 81,97 | 81,97 | 74,16 | 59,76 | 41,18 | 21,95 | 6,58 | | 8,39 | 36,05 |
| Punktfehler | W — ü | | 92,30 | 304,62 | 563,08 | 808,62 | 996,92 | 1098,46 | 1098,46 | 996,92 | 808,62 | 563,08 | 304,62 | 92,30 | | 116,30 | 489,23 |
| | W — m, a | | 46,15 | 152,31 | 281,54 | 404,31 | 498,46 | 549,23 | 549,23 | 498,46 | 404,31 | 281,54 | 152,31 | 46,15 | | 58,15 | 244,62 |
| | R e ü | | 65,23 | 209,84 | 384,61 | 550,15 | 676,93 | 745,23 | 745,23 | 676,93 | 550,15 | 384,61 | 209,84 | 65,23 | | 81,84 | 335,39 |
| | R e m | | 30,77 | 101,53 | 187,69 | 269,53 | 332,31 | 366,16 | 366,16 | 332,31 | 269,53 | 187,69 | 101,53 | 30,77 | | 38,77 | 163,08 |
| | R e a←→ | | 30,11 | 99,55 | 184,48 | 265,33 | 327,47 | 361,00 | 361,00 | 327,47 | 265,35 | 184,48 | 99,55 | 30,11 | | 37,99 | 160,36 |
| | R o ü | | 34,46 | 108,31 | 196,92 | 280,62 | 344,62 | 379,08 | 379,08 | 344,62 | 280,62 | 196,92 | 108,31 | 34,46 | | 43,07 | 172,31 |
| | R o m | | 15,38 | 50,77 | 93,85 | 134,77 | 166,15 | 183,08 | 183,08 | 166,15 | 134,77 | 93,85 | 50,77 | 15,38 | | 19,38 | 81,54 |
| | R o a←→ | | 14,27 | 47,33 | 88,10 | 127,14 | 157,24 | 173,51 | 173,51 | 157,24 | 127,14 | 88,10 | 47,33 | 14,27 | | 18,08 | 76,82 |

**S = 14**

| | Nadir Nr. | $N_0$ | $N_1$ | $N_2$ | $N_3$ | $N_4$ | $N_5$ | $N_6$ | $N_7$ | $N_8$ | $N_9$ | $N_{10}$ | $N_{11}$ | $N_{12}$ | $N_{13}$ | $N_{14}$ | $N_{15}$ |
|---|---|---|---|---|---|---|---|---|---|---|---|---|---|---|---|---|---|
| | $g_o$ | 1 | 0,86 | 0,73 | 0,62 | 0,51 | 0,41 | 0,33 | 0,25 | 0,18 | 0,13 | 0,08 | 0,05 | 0,02 | 0,01 | 0 | 0,01 |
| | $g_s$ | 0 | 0,01 | 0,02 | 0,05 | 0,08 | 0,13 | 0,18 | 0,25 | 0,33 | 0,41 | 0,51 | 0,62 | 0,73 | 0,86 | 1 | 1,15 |
| Längsfehler | *W* — *ü* | | 83,57 | 280,00 | 526,43 | 771,43 | 975,00 | 1108,6 | 1155,0 | 1108,6 | 975,00 | 771,43 | 526,43 | 280,00 | 83,57 | | 103,57 |
| | *W* — *m, a* | | 41,79 | 140,00 | 263,21 | 385,71 | 487,50 | 554,3 | 577,5 | 554,3 | 487,50 | 385,71 | 263,21 | 140,00 | 41,79 | | 51,79 |
| | *R e ü* | | 62,21 | 202,86 | 377,93 | 551,43 | 695,36 | 789,7 | 822,5 | 789,7 | 695,36 | 551,43 | 377,93 | 202,86 | 62,21 | | 76,79 |
| | *R e m, a* | | 25,07 | 84,00 | 157,93 | 231,43 | 292,50 | 332,6 | 346,5 | 332,6 | 292,50 | 231,43 | 157,93 | 84,00 | −25,07 | | 31,07 |
| | *R o ü* | | 28,79 | 90,86 | 167,36 | 242,86 | 305,36 | 346,2 | 360,5 | 346,2 | 305,36 | 242,86 | 167,36 | 90,86 | 28,79 | | 35,36 |
| | *R o m, a* | | 8,36 | 28,00 | 52,64 | 77,14 | 97,50 | 110,9 | 115,5 | 110,9 | 97,50 | 77,14 | 52,64 | 28,00 | 8,36 | | 10,36 |
| Querfehler | *W* — *ü* | | 16,71 | 56,00 | 105,29 | 154,29 | 195,00 | 221,7 | 231,0 | 221,7 | 195,00 | 154,29 | 105,29 | 56,00 | 16,71 | | 20,71 |
| | *W* — *m, a* } *R e, o ü, m* | | 8,36 | 28,00 | 52,64 | 77,14 | 97,50 | 110,9 | 115,5 | 110,9 | 97,50 | 77,14 | 52,64 | 28,00 | 8,36 | | 10,36 |
| | *R e a* ·—· | | 8,07 | 26,54 | 49,89 | 73,31 | 92,87 | 105,7 | 110,2 | 105,7 | 92,87 | 73,31 | 49,89 | 26,54 | 8,07 | | — |
| | *R e a* ·→ | | 8,06 | 26,52 | 49,85 | 73,24 | 92,76 | 105,6 | 110,0 | 105,5 | 92,52 | 72,87 | 49,39 | 26,01 | 7,69 | | 9,62 |
| | *R e a* ←→ | | 7,69 | 25,98 | 49,34 | 72,80 | 92,40 | 105,3 | 109,8 | 105,3 | 92,40 | 72,80 | 49,34 | 25,98 | 7,69 | | 9,58 |
| | *R o a* ·—· | | 7,91 | 25,69 | 48,03 | 70,46 | 89,25 | 101,6 | 106,0 | 101,6 | 89,25 | 70,46 | 48,03 | 25,69 | 7,91 | | — |
| | *R o a* ·→ | | 7,90 | 25,64 | 47,93 | 70,28 | 88,97 | 101,2 | 105,4 | 100,9 | 88,35 | 69,39 | 46,84 | 24,55 | 7,24 | | 9,06 |
| | *R o a* ←→ | | 7,23 | 24,51 | 46,74 | 69,21 | 88,06 | 100,5 | 104,8 | 100,5 | 88,06 | 69,21 | 46,74 | 24,51 | 7,23 | | 9,06 |
| Punktfehler | *W* — *ü* | | 100,28 | 336,00 | 631,72 | 925,72 | 1170,00 | 1330,3 | 1386,0 | 1330,3 | 1170,00 | 925,72 | 631,72 | 336,00 | 100,28 | | 124,28 |
| | *W* — *m, a* | | 50,14 | 168,00 | 315,86 | 462,86 | 585,00 | 665,2 | 693,0 | 665,2 | 585,00 | 462,86 | 315,86 | 168,00 | 50,14 | | 62,15 |
| | *R e ü* | | 70,57 | 230,86 | 430,57 | 628,57 | 792,86 | 900,6 | 938,0 | 900,6 | 792,86 | 628,57 | 430,57 | 230,86 | 70,57 | | 87,15 |
| | *R e m* | | 33,43 | 112,00 | 210,57 | 308,57 | 390,00 | 443,5 | 462,0 | 443,5 | 390,00 | 308,57 | 210,57 | 112,00 | 33,43 | | 41,43 |
| | *R e a* ←→ | | 32,76 | 109,98 | 207,27 | 304,23 | 384,90 | 437,9 | 456,3 | 437,9 | 384,90 | 304,23 | 207,27 | 109,98 | 32,76 | | 40,65 |
| | *R o ü* | | 37,15 | 118,86 | 220,00 | 320,00 | 402,86 | 457,1 | 476,0 | 457,1 | 402,86 | 320,00 | 220,00 | 118,86 | 37,15 | | 45,72 |
| | *R o m* | | 16,71 | 56,00 | 105,29 | 154,29 | 195,00 | 221,7 | 231,0 | 221,7 | 195,00 | 154,29 | 105,29 | 56,00 | 16,71 | | 20,71 |
| | *R o a* ←→ | | 15,59 | 52,51 | 99,38 | 146,35 | 185,56 | 211,4 | 220,3 | 211,4 | 185,56 | 146,35 | 99,38 | 52,51 | 15,59 | | 19,42 |

**S = 15**

| | Nadir Nr. | $N_0$ | $N_1$ | $N_2$ | $N_3$ | $N_4$ | $N_5$ | $N_6$ | $N_7$ | $N_8$ | $N_9$ | $N_{10}$ | $N_{11}$ | $N_{12}$ | $N_{13}$ | $N_{14}$ | $N_{15}$ |
|---|---|---|---|---|---|---|---|---|---|---|---|---|---|---|---|---|---|
| | $g_o$ | 1 | 0,87 | 0,75 | 0,64 | 0,54 | 0,44 | 0,36 | 0,28 | 0,22 | 0,16 | 0,11 | 0,07 | 0,04 | 0,02 | 0,00 | 0 |
| | $g_s$ | 0 | 0,00 | 0,02 | 0,04 | 0,07 | 0,11 | 0,16 | 0,22 | 0,28 | 0,36 | 0,44 | 0,54 | 0,64 | 0,75 | 0,87 | 1 |
| Längsfehler | W — ü | | 90,22 | 306,22 | 584,00 | 870,22 | 1122,2 | 1308,0 | 1406,2 | 1406,2 | 1308,0 | 1122,2 | 870,22 | 584,00 | 306,22 | 90,22 | |
| | W — m, a | | 45,11 | 153,11 | 292,00 | 435,11 | 561,1 | 654,0 | 703,1 | 703,1 | 654,0 | 561,1 | 435,11 | 292,00 | 153,11 | 45,11 | |
| | R c ü | | 66,89 | 221,29 | 418,40 | 620,89 | 798,9 | 930,0 | 999,3 | 999,3 | 930,0 | 798,9 | 620,89 | 418,40 | 221,29 | 66,89 | |
| | R c m, a | | 27,07 | 91,87 | 175,20 | 261,07 | 336,7 | 392,4 | 421,9 | 421,9 | 392,4 | 336,7 | 261,07 | 175,20 | 91,87 | 27,07 | |
| | R ·o ü | | 30,80 | 98,80 | 184,80 | 272,80 | 350,0 | 406,8 | 436,8 | 436,8 | 406,8 | 350,0 | 272,80 | 184,80 | 98,80 | 30,80 | |
| | R o m, a | | 9,02 | 30,62 | 58,40 | 87,02 | 112,2 | 130,8 | 140,6 | 140,6 | 130,8 | 112,2 | 87,02 | 58,40 | 30,62 | 9,02 | |
| Querfehler | W — ü | | 18,04 | 61,24 | 116,80 | 174,04 | 224,4 | 261,6 | 281,2 | 281,2 | 261,6 | 224,4 | 174,04 | 116,80 | 61,24 | 18,04 | |
| | W — m, a; R c, o ü, m | | 9,02 | 30,62 | 58,40 | 87,02 | 112,2 | 130,8 | 140,6 | 140,6 | 130,8 | 112,2 | 87,02 | 58,40 | 30,62 | 9,02 | |
| | R c a·—· | | 8,73 | 29,14 | 55,59 | 83,06 | 107,4 | 125,4 | 134,9 | 134,9 | 125,4 | 107,4 | 83,06 | 55,59 | 29,14 | 8,73 | |
| | R c a·→ | | 8,73 | 29,13 | 55,56 | 83,01 | 107,3 | 125,2 | 134,7 | 134,7 | 125,1 | 107,0 | 82,64 | 55,10 | 28,63 | 8,38 | |
| | R c a←→ | | 8,35 | 28,58 | 55,03 | 82,54 | 106,9 | 124,9 | 134,5 | 134,5 | 124,9 | 106,9 | 82,54 | 55,03 | 28,58 | 8,35 | |
| | R o a·—· | | 8,58 | 28,28 | 53,69 | 80,11 | 103,6 | 120,9 | 130,2 | 130,2 | 120,9 | 103,6 | 80,11 | 53,69 | 28,28 | 8,58 | |
| | R o a·→ | | 8,57 | 28,24 | 53,60 | 79,95 | 103,3 | 120,6 | 129,7 | 129,6 | 120,1 | 102,6 | 78,98 | 52,45 | 27,12 | 7,90 | |
| | R o a←→ | | 7,89 | 27,08 | 52,36 | 78,82 | 102,3 | 119,8 | 129,0 | 129,0 | 119,8 | 102,3 | 78,82 | 52,36 | 27,08 | 7,89 | |
| Punktfehler | W — ü | | 108,26 | 367,46 | 700,80 | 1044,26 | 1346,6 | 1569,6 | 1687,4 | 1687,4 | 1569,6 | 1346,6 | 1044,26 | 700,80 | 367,46 | 108,26 | |
| | W — m, a | | 54,13 | 183,73 | 350,40 | 522,13 | 673,3 | 784,8 | 843,7 | 843,7 | 784,8 | 673,3 | 522,13 | 350,40 | 183,73 | 54,13 | |
| | R c ü | | 75,91 | 251,91 | 476,80 | 707,91 | 911,1 | 1060,8 | 1139,9 | 1139,9 | 1060,8 | 911,1 | 707,91 | 476,80 | 251,91 | 75,91 | |
| | R c m | | 36,09 | 122,49 | 233,60 | 348,09 | 448,9 | 523,2 | 562,5 | 562,5 | 523,2 | 448,9 | 348,09 | 233,60 | 122,49 | 36,09 | |
| | R c a←→ | | 35,42 | 120,45 | 230,23 | 343,61 | 443,6 | 517,3 | 556,4 | 556,4 | 517,3 | 443,6 | 343,61 | 230,23 | 120,45 | 35,42 | |
| | R o ü | | 39,82 | 129,42 | 243,20 | 359,82 | 462,2 | 537,6 | 577,4 | 577,4 | 537,6 | 462,2 | 359,82 | 243,20 | 129,42 | 39,82 | |
| | R o m | | 18,04 | 61,24 | 116,80 | 174,04 | 224,4 | 261,6 | 281,2 | 281,2 | 261,6 | 224,4 | 174,04 | 116,80 | 61,24 | 18,04 | |
| | R o a←→ | | 16,91 | 57,70 | 110,76 | 165,84 | 214,5 | 250,6 | 269,9 | 269,6 | 250,6 | 214,5 | 165,84 | 110,76 | 57,70 | 16,91 | |

# Schrifttum


1. E. Lucas, Theorie des fonctions numériques simplement périodiques. Bruxelles 1878.
2. Sigm. Günther, Die Lehre von den gewöhnlichen und verallgemeinerten Hyperbelfunktionen. L. Nebert, Halle 1881.
3. Paul Simon, Gewichtsbestimmungen für Seitenverhältnisse in schematischen Dreiecksnetzen. Veröff. d. preuß. Geod. Inst., Berlin 1889.
4. Rob. Helmert, Die Ausgleichungsrechnung nach der Methode der kleinsten Quadrate. 2. Aufl. Teubner, Leipzig 1907.
5. G. van Iterson jun., Mathematische und mikroskopisch-anatomische Studien über Blattstellungen. Fischer, Jena 1907.
6. Ernst Rudel, Darstellung eines nahezu ebenen Geländes nach Fliegeraufnahmen bei spärlich vorhandenen Festpunkten. Sitzungsber. d. Bayr. Akad. d. Wiss., 1921.
7. S. Finsterwalder, Bemerkungen und Ergänzungen zu der vorstehenden Abhandlung. Berichte d. Bayr. Akad. d. Wiss., München 1921.
8. M. Näbauer, Genauigkeit der Diagonalen in Dreiecksketten. Der Bauingenieur, 1921, Heft 22, u. Festschrift d. Techn. Hochschule Karlsruhe.
9. P. Werkmeister, Richtungssätze aus Aufnahmen aus dem Luftfahrzeug mit ungefähr vertikaler Bildachse, Bildmessung u. Luftbildwesen 2 (1927).
10. G. Schütz, Fehlerellipsen in schematischen Dreiecksnetzen. Zeitschr. f. Verm. 56 (1927).
11. Ivar Jung, Genauigkeitsbestimmungen im Anschluß an Jacobis Satz bei Ausgleichung vermittelnder Beobachtungen. Zeitschr. f. Vermessungsw. 1927.
12. O. v. Gruber, Fortschritte der Aerotriangulation. Bildmess. u. Luftbildw. 3 (1928).
13. Joh. Koppmair, Nadirtriangulierung. Allgem. Verm.-Nachr. 41 (1929).
14. R. E. Rehn, Fehleruntersuchungen zur Nadirpunkttriangulation. Bildmess. u. Luftbildw. 4 (1929).
15. O. v. Gruber, Die Radial-Methode. Vermessungstechn. Rundschau VI (1929).
16. A. Buchholtz, Über die Ausgleichung von Bildtriangulationen. Bildmess. u. Luftbildw. 5 (1930).
17. G. Schweizer, Untersuchung und praktische Durchführung einer Radialtriangulation im Hügelland. Univ.-Verlag R. Noske, Leipzig 1931.
18. S. Finsterwalder, Über die zweckmäßigste Verwendung der geographischen Ortsbestimmungen bei der Nadirtriangulation. Intern. Archiv f. Photogr. VII, 2 (1931).
19. S. Finsterwalder, Über die Ausfüllung eines festen Rahmens durch Nadirtriangulation. Festschrift Ed. Dolezal. 1932.
20. S. Finsterwalder, Die Fehlergesetze gleichförmig gestreckter Dreiecksketten. Sitzungsber. d. Bayr. Akad. d. Wiss., München 1933.
21. A. Buchholtz, Zur Fehlertheorie des Rautenzugs. Intern. Archiv f. Photogr. VIII, 1 (1934).
22. O. v. Gruber, Beitrag zur Theorie und Praxis von Aeropolygonierung und Aeronivellement. Bildmess. u. Luftbildw. 10 (1935).
23. A. Kint, Auswertung der Radialtriangulation in Niederländisch-Indien. Bildmess. u. Luftbildw. 10 (1935).
24. Jordan-Eggert, Handbuch der Vermessungskunde. I. Ausgleichungsrechnung nach der Methode der kleinsten Quadrate. 8. Aufl. 1935.
25. H. Kaspar, Zur Fehlerfortpflanzung in überbestimmten Quadratketten. Schweiz. Zeitschr. f. Vermess. u. Kulturt. 33 (1935).
26. H. Kaspar, Beitrag zur Gewichtsbestimmung in schematischen Triangulierungsketten. Zeitschr. f. Vermessungsw. 65 (1936).
27. A. Buchholtz, Zur Ausgleichung von Rautenzügen. Acta Universitatis. Riga 1936.
28. A. Buchholtz, Aus Rautenzügen gebildete Dreiecksketten. Acta Universitatis. Riga 1936.
29. H. Schmehl, Das arithmetische Mittel und die Ausgleichung vermittelnder Beobachtungen. Allgem. Verm.-Nachr. 1937 u. 1938.
30. Chi-Cho Wang, Der Einfluß systematischer Maßstabs- und Konvergenzfehler bei Aerotriangulationen mittels Mehrbild-Kartiergeräten. Dissertation. Berlin 1938.
31. W. Schermerhorn u. K. Neumaier, Systematische Fehler bei der Ärotriangulation. Photogrammetria 1938/39.
32. Chien-Pai Hsia, Die Fehlerfortpflanzung in Doppelketten. Verlag K. Triltsch, Würzburg 1939.
33. W. Schermerhorn, Introduction to the Theory of Error of Aerial Triangulation in Space. Photogrammetria 1940.
34. R. Roeloefs, The Accuracy of the Radial Line Method, Photogrammetria 1940. „Genauigkeitsuntersuchungen der Radialtriangulation (Deutsche Zusammenfassung)."

35. F. Nowatzky, Bildtriangulation zur Bestimmung von Paßpunkten. Mitt. d. Reichsamts f. Landesaufn., 1940, S. 47—68.

36. F. Nowatzky, Bildtriangulation in festpunktarmen Gebieten. Photogrammetria 1942, Nr. 4, S. 89—106.

37. P. Tham, Die vollständige Lösung des Rückwärtseinschnittes. Die genaue Bestimmung der Flughöhe über Grund. Zeitschr. f. Vermessungsw. 72 (1943).

38. Burckhardt, Die Ortung von Senkrechtaufnahmen durch Bildvergleich. Bildmess. u. Luftbildw. 1943.

39. E. Gotthardt, Der Einfluß unregelmäßiger Fehler auf Luftbildtriangulationen. Zeitschr. f. Vermessungsw. 73 (1944).

40. K. Reicheneder, Algebraische Darstellung der geodätischen Ausgleichungsrechnung, insbesondere beim Aufbau großer Dreiecksnetze. Verhandl. d. Balt. Geod. Kommission, Helsinki 1944.

41. K. Reicheneder, Der Indizeskalkül und seine Anwendung in der Algebra. Bulletin de l'école polytechnique de Jassy (Rumänien), Bd. 3, 1948.